LINEAR ALGEBRA

线性代数

黄玉梅　陈熙德 / 主编

西南师范大学出版社
国家一级出版社　全国百佳图书出版单位

图书在版编目(CIP)数据

线性代数 / 黄玉梅，陈熙德主编. — 重庆 ：西南师范大学出版社，2019.7
ISBN 978-7-5621-9851-2

Ⅰ. ①线… Ⅱ. ①黄… ②陈… Ⅲ. ①线性代数—教材 Ⅳ. ①O151.2

中国版本图书馆 CIP 数据核字(2019)第 119993 号

线性代数

XIANXING DAISHU

主　编　黄玉梅　陈熙德
副主编(排名不分先后)
　　李　彦　陈　群　林亨成
　　梁　斌　彭　涛　廖钰靓

责任编辑:张燕妮
责任校对:鲁　艺
封面设计:元明设计
出版发行:西南师范大学出版社
　　地址:重庆市北碚区天生路 1 号
　　邮编:400715　市场营销部电话:023-68868624
　　http://www.xscbs.com
经　　销:新华书店
印　　刷:重庆紫石东南印务有限公司
幅面尺寸:185mm×260mm
印　　张:13
字　　数:279 千字
版　　次:2019 年 8 月　第 1 版
印　　次:2020 年 4 月　第 2 次印刷
书　　号:ISBN 978-7-5621-9851-2

定　　价:35.00 元

前　言

线性代数是数学学科的一个重要分支。它在经济学、管理学、理学、工学、农学及其他大量的技术学科中有着十分广泛的应用。其基本知识及分析问题、处理问题的思维和方法有助于提升学生的数学素养，增长学生的科学智能。

随着社会的快速进步，传统的过于强化手工计算、缺乏现代应用的线性代数教材从效率及应用等角度已经无法完全满足人们在生产应用和科学研究中的实际需求。为此，我们组织编写了线性代数教材，力求做到以下三点：

1. 重视传统线性代数的基本概念、基本理论、基本方法；

2. 适度展现线性代数在现代生产应用及科学研究中的价值和魅力；

3. 强化计算机技术在线性代数计算问题中的应用。

借西南大学面向全校教师公开征集“十三五”校级规划教材之机，我们参考了国内外线性代数教材的体系，获成功申报。在此对有关部门的支持表示感谢！

本教材全体参编人员均是从教 10 年以上的教师，具有丰富的教学经验。各部分具体内容由以下教师编写：林亨成（第一章：行列式）、彭涛（第二章：矩阵）、廖钰靓（第三章：线性方程组与向量组的线性相关性）、黄玉梅（第四章：矩阵相似对角化）、梁斌（第五章：二次型）、陈群（第六章：线性空间与线性变换）、李彦（第七章：常用数学软件），陈熙德老师负责全书内容的统筹。对各位老师的辛勤付出深表感谢！为了整本教材的系统性与完整性，结合教育部颁发的线性代数课程的基本要求，第六章和第七章作为选学（讲）内容。

由于编写组成员水平有限，教材中难免存在不足之处，恳请读者提出宝贵意见和建议！

编写组

2019.5.6

目录

第一章　行列式

第一节　行列式的定义 …… 1
第二节　行列式的性质 …… 5
第三节　行列式按行(列)展开 …… 8
习题一 …… 16

第二章　矩阵

第一节　矩阵的概念 …… 19
第二节　矩阵的运算 …… 23
第三节　逆矩阵 …… 30
第四节　矩阵的分块 …… 34
第五节　矩阵的初等变换 …… 39
第六节　矩阵的秩 …… 44
习题二 …… 48

第三章　线性方程组与向量组的线性相关性

第一节　线性方程组及其可解性 …… 52
第二节　向量及其线性运算 …… 66
第三节　向量组的线性相关性 …… 70
第四节　向量组的秩 …… 74
第五节　线性方程组解的结构 …… 78
第六节　向量空间 …… 89
习题三 …… 92

第四章　矩阵相似对角化

第一节　向量的内积及正交性 …… 97

第二节　矩阵的特征值与特征向量 …………………………… 104
第三节　相似矩阵与矩阵相似对角化 …………………………… 110
第四节　实对称矩阵的相似对角化 …………………………… 117
习题四 …………………………… 122

第五章　二次型

第一节　基本概念 …………………………… 126
第二节　二次型的标准形与规范形 …………………………… 129
第三节　二次型和对称矩阵的有定性 …………………………… 137
习题五 …………………………… 143

***第六章　线性空间与线性变换**

第一节　线性空间 …………………………… 146
第二节　维数、基与坐标 …………………………… 149
第三节　基变换与坐标变换 …………………………… 151
第四节　线性变换 …………………………… 153
第五节　线性变换的矩阵 …………………………… 155
习题六 …………………………… 157

***第七章　常用数学软件**

第一节 LINGO 的基本操作 …………………………… 160
第二节 MATLAB 的基本操作 …………………………… 174

习题参考答案 …………………………… 187
参考文献 …………………………… 199

第一章 行列式

行列式是线性代数的一个基础概念，它在判断方阵是否可逆、求矩阵的秩、解某些线性方程组等方面都有着十分重要的作用，本章将系统地介绍 n 阶行列式的一般概念、性质及计算方法。

第一节 行列式的定义

为便于介绍行列式的常用数学定义，我们先引入全排列及其逆序数等概念。

一、全排列

定义 1 把自然数 $1,2,\cdots,n$ 按一定次序排成一排，将形成一个 n 元有序数组，称这个 n 元有序数组为由 $1,2,\cdots,n$ 所形成的一个全排列或 n 级排列，简称**排列**，其中每个数据均称为该排列的一个元素，从左到右按自然数顺序所形成的排列 $12\cdots n$ 叫由 $1,2,\cdots,n$ 所形成的**标准排列**，其排列次序叫**标准次序**。

例如：由 1,2,3 所形成的排列共有六个，分别是：

$$123,132,213,231,312,321。$$

其中 123 是标准排列。

由定义 1 易知：由 $1,2,\cdots,n$ 所形成的不同全排列的个数必为 $n!$。

注：本章所涉及的由 n 个元素形成的排列均指由 $1,2,\cdots,n$ 所形成的全排列。

二、逆序数

定义 2 设 $i_1i_2\cdots i_n$ 是由 $1,2,\cdots,n$ 所形成的一个排列，若 $i_1i_2\cdots i_n$ 中某两个数据的先后次序与标准次序不同，就说排列 $i_1i_2\cdots i_n$ 中有一个逆序，排列 $i_1i_2\cdots i_n$ 中所有逆序的总数叫作排列 $i_1i_2\cdots i_n$ 的**逆序数**，记为 $\tau(i_1i_2\cdots i_n)$。

设 $i_1i_2\cdots i_n$ 是由 $1,2,\cdots,n$ 所形成的一个排列，在 $i_1i_2\cdots i_n$ 中，如果比 i_p 大的且排在 i_p 前面的数据有 $\tau_p(p=1,2,\cdots,n)$ 个，就说 τ_p 是 i_p 的逆序数。于是有 $i_1i_2\cdots i_n$ 的逆序数

$$\tau(i_1i_2\cdots i_n)=\tau_1+\tau_2+\cdots+\tau_n=\sum_{p=1}^{n}\tau_p。$$

定义 3　逆序数为奇数的排列叫作**奇排列**，逆序数为偶数的排列叫作**偶排列**。

例 1　判断由1,2,3,4,5所形成的排列32415是奇排列还是偶排列。

解　在排列32415中，

3排在首位，所以3的前面比3大的数有0个，故3的逆序数为0；

2的前面比2大的数只有一个“3”，故2的逆序数为1；

4的前面比4大的数有0个，故4的逆序数为0；

1的前面比1大的数有三个“3,2,4”，故1的逆序数为3；

5是最大的数，所以5的前面比5大的数有0个，故5的逆序数为0；

于是排列32415的逆序数为$\tau(32415)=0+1+0+3+0=4$，所以32415为偶排列。

三、对换

定义 4　在排列中，将任意两个元素对调，其余元素不动，就得到另一个排列，称这种变换为(对给定排列施行的一次)**对换**。将排列中相邻两个元素对换，叫作**相邻对换**。

定理　将奇排列中的任意两个元素对换，其结果必为偶排列；将偶排列中的任意两个元素对换，其结果必为奇排列。

如将奇排列3215中的2和1对换，得到偶排列3125。

由定理可知：在$n!$个n级排列中，有$\frac{n!}{2}$个奇排列，有$\frac{n!}{2}$个偶排列。

四、n阶行列式

定义 5　设有n^2个数，排成n行n列的数表

$$\begin{matrix} a_{11} & a_{12} & \cdots & a_{1n} \\ a_{21} & a_{22} & \cdots & a_{2n} \\ \vdots & \vdots & & \vdots \\ a_{n1} & a_{n2} & \cdots & a_{nn} \end{matrix} \tag{2}$$

作出表中位于不同行不同列的n个数的乘积，并冠以符号$(-1)^{\tau}$，得到形如

$$(-1)^{\tau(p_1p_2\cdots p_n)}a_{1p_1}a_{2p_2}\cdots a_{np_n} \tag{3}$$

的项，其中$p_1p_2\cdots p_n$为由自然数$1,2,\cdots,n$形成的一个排列，$\tau(p_1p_2\cdots p_n)$为这个排列的逆序数。由于这样的排列共有$n!$个，因而形如(3)式的项共有$n!$项。所有这$n!$项的代数和

$$\sum(-1)^{\tau(p_1p_2\cdots p_n)}a_{1p_1}a_{2p_2}\cdots a_{np_n},$$

称为(2)对应的**行列式**，记作

$$\begin{vmatrix} a_{11} & a_{12} & \cdots & a_{1n} \\ a_{21} & a_{22} & \cdots & a_{2n} \\ \vdots & \vdots & & \vdots \\ a_{n1} & a_{n2} & \cdots & a_{nn} \end{vmatrix},$$

即有

$$\begin{vmatrix} a_{11} & a_{12} & \cdots & a_{1n} \\ a_{21} & a_{22} & \cdots & a_{2n} \\ \vdots & \vdots & & \vdots \\ a_{n1} & a_{n2} & \cdots & a_{nn} \end{vmatrix} = \sum (-1)^{\tau(p_1 p_2 \cdots p_n)} a_{1p_1} a_{2p_2} \cdots a_{np_n}, \tag{4}$$

常称(4)式右端对应的数值为(4)式左端**行列式的值**。

应用中,常用 D 或 D_n 或 $\det(a_{ij})$ 表示 $\begin{vmatrix} a_{11} & a_{12} & \cdots & a_{1n} \\ a_{21} & a_{22} & \cdots & a_{2n} \\ \vdots & \vdots & & \vdots \\ a_{n1} & a_{n2} & \cdots & a_{nn} \end{vmatrix}$。

由定理和定义 5 可以证明

$$\begin{vmatrix} a_{11} & a_{12} & \cdots & a_{1n} \\ a_{21} & a_{22} & \cdots & a_{2n} \\ \vdots & \vdots & & \vdots \\ a_{n1} & a_{n2} & \cdots & a_{nn} \end{vmatrix} = \sum (-1)^{\tau(p_1 p_2 \cdots p_n)} a_{p_1 1} a_{p_2 2} \cdots a_{p_n n}, \tag{5}$$

所以用(4)式与用(5)式计算行列式的值,它们的结果是相同的。

对于行列式 $D = \begin{vmatrix} a_{11} & a_{12} & \cdots & a_{1n} \\ a_{21} & a_{22} & \cdots & a_{2n} \\ \vdots & \vdots & & \vdots \\ a_{n1} & a_{n2} & \cdots & a_{nn} \end{vmatrix}$,

约定:

①D 叫 ***n* 阶行列式**,n 叫行列式 D 的**阶数**;

②$a_{ij}(i,j=1,2,\cdots,n)$表示行列式 D 的第 i 行与第 j 列交叉点处的元素;

③$a_{11},a_{22},\cdots,a_{nn}$ 和 $a_{1n},a_{2,n-1},\cdots,a_{n1}$ 所在的两条直线段分别叫行列式 D 的**主对角线**和**次对角线**;

④当 $n=1$ 时,$D=|a_{11}|=a_{11}$。

例 2 求二阶行列式 $\begin{vmatrix} a_{11} & a_{12} \\ a_{21} & a_{22} \end{vmatrix}$ 的值。

解 由行列式的定义知

$$\begin{vmatrix} a_{11} & a_{12} \\ a_{21} & a_{22} \end{vmatrix} = \sum (-1)^{\tau(p_1 p_2)} a_{1p_1} a_{2p_2},$$

其中 p_1p_2 是由 1,2 形成的全排列，所有可能的排列形式有两种，分别是 12 和 21，所以

$$\sum (-1)^{\tau(p_1p_2)} a_{1p_1}a_{2p_2} = (-1)^{\tau(12)} a_{11}a_{22} + (-1)^{\tau(21)} a_{12}a_{21} = a_{11}a_{22} - a_{12}a_{21},$$

即

$$\begin{vmatrix} a_{11} & a_{12} \\ a_{21} & a_{22} \end{vmatrix} = a_{11}a_{22} - a_{12}a_{21}。$$

由此可以看出，二阶行列式的值等于主对角线上的两个元素的乘积减去次对角线上的两个元素的乘积。

例 3 求三阶行列式 $\begin{vmatrix} a_{11} & a_{12} & a_{13} \\ a_{21} & a_{22} & a_{23} \\ a_{31} & a_{32} & a_{33} \end{vmatrix}$ 的值。

解 由行列式的定义

$$\begin{vmatrix} a_{11} & a_{12} & a_{13} \\ a_{21} & a_{22} & a_{23} \\ a_{31} & a_{32} & a_{33} \end{vmatrix} = \sum (-1)^{\tau(p_1p_2p_3)} a_{1p_1}a_{2p_2}a_{3p_3},$$

其中 $p_1p_2p_3$ 是由 1,2,3 三个数形成的全排列。这样的排列共有 6 种，分别是 123,231,312,132,213,321，经计算可知前三个排列都是偶排列，而后三个排列都是奇排列。

所以

$$\begin{vmatrix} a_{11} & a_{12} & a_{13} \\ a_{21} & a_{22} & a_{23} \\ a_{31} & a_{32} & a_{33} \end{vmatrix} = a_{11}a_{22}a_{33} + a_{12}a_{23}a_{31} + a_{13}a_{21}a_{32}$$

$$- a_{11}a_{23}a_{32} - a_{12}a_{21}a_{33} - a_{13}a_{22}a_{31}。$$

例 4 求 n 阶行列式

$$D = \begin{vmatrix} a_{11} & a_{12} & a_{13} & \cdots & a_{1,n-2} & a_{1,n-1} & a_{1n} \\ 0 & a_{22} & a_{23} & \cdots & a_{2,n-2} & a_{2,n-1} & a_{2n} \\ 0 & 0 & a_{33} & \cdots & a_{3,n-2} & a_{3,n-1} & a_{3n} \\ \vdots & \vdots & \vdots & & \vdots & \vdots & \vdots \\ 0 & 0 & 0 & \cdots & a_{n-2,n-2} & a_{n-2,n-1} & a_{n-2,n} \\ 0 & 0 & 0 & \cdots & 0 & a_{n-1,n-1} & a_{n-1,n} \\ 0 & 0 & 0 & \cdots & 0 & 0 & a_{nn} \end{vmatrix}$$ 的值。

解 由行列式的定义有

$$D = \sum (-1)^{\tau(p_1p_2\cdots p_n)} a_{1p_1}a_{2p_2}\cdots a_{np_n},$$

其中 $p_1p_2\cdots p_n$ 是 $1,2,\cdots,n$ 的全排列，它一共有 $n!$ 种，但只有 $p_n=n, p_{n-1}=n-1,\cdots, p_2=2, p_1=1$ 时，$a_{1p_1}a_{2p_2}\cdots a_{np_n}$ 才可能不为 0。

所以

$$D=(-1)^{\tau(12\cdots n)}a_{11}a_{22}\cdots a_{nn}=a_{11}a_{22}\cdots a_{nn}。$$

例 4 表明，行列式的主对角线以下的元素都为 0 时，行列式的值就是主对角线上的元的乘积。

用与例 4 类似的分析方法可得

$$D_1=\begin{vmatrix} a_{11} & a_{12} & a_{13} & \cdots & a_{1,n-2} & a_{1,n-1} & a_{1n} \\ a_{21} & a_{22} & a_{23} & \cdots & a_{2,n-2} & a_{2,n-1} & 0 \\ a_{31} & a_{32} & a_{33} & \cdots & a_{3,n-2} & 0 & 0 \\ \vdots & \vdots & \vdots & & \vdots & \vdots & \vdots \\ a_{n-2,1} & a_{n-2,2} & a_{n-2,3} & \cdots & 0 & 0 & 0 \\ a_{n-1,1} & a_{n-1,2} & 0 & \cdots & 0 & 0 & 0 \\ a_{n1} & 0 & 0 & \cdots & 0 & 0 & 0 \end{vmatrix}=(-1)^{\frac{n(n-1)}{2}}a_{1n}a_{2,n-1}\cdots a_{n1}。$$

第二节　行列式的性质

由第一节知，利用行列式的定义可以计算行列式的值，但当行列式的阶数较高、零元较少时，用定义直接计算行列式的值通常较为艰辛。为此，我们介绍行列式的一些常用性质，以期简化行列式的计算。

记

$$D=\begin{vmatrix} a_{11} & a_{12} & \cdots & a_{1n} \\ a_{21} & a_{22} & \cdots & a_{2n} \\ \vdots & \vdots & & \vdots \\ a_{n1} & a_{n2} & \cdots & a_{nn} \end{vmatrix}, D^{\mathrm{T}}=\begin{vmatrix} a_{11} & a_{21} & \cdots & a_{n1} \\ a_{12} & a_{22} & \cdots & a_{n2} \\ \vdots & \vdots & & \vdots \\ a_{1n} & a_{2n} & \cdots & a_{nn} \end{vmatrix},$$

行列式 D^{T} 称为行列式 D 的**转置行列式**。

性质 1　行列式的值与它的转置行列式的值相等。

证明　记 $D=\det(a_{ij})$ 的转置行列式

$$D^{\mathrm{T}}=\begin{vmatrix} b_{11} & b_{12} & \cdots & b_{1n} \\ b_{21} & b_{22} & \cdots & b_{2n} \\ \vdots & \vdots & & \vdots \\ b_{n1} & b_{n2} & \cdots & b_{nn} \end{vmatrix},$$

即 $b_{ij}=a_{ji}$，$(i,j=1,2,\cdots,n)$，由第一节定义 5 知

$$D^{\mathrm{T}}=\sum(-1)^{\tau(p_1p_2\cdots p_n)}b_{1p_1}b_{2p_2}\cdots b_{np_n}=\sum(-1)^{\tau(p_1p_2\cdots p_n)}a_{p_11}a_{p_22}\cdots a_{p_nn},$$

而由第一节定义 5 的(5)式，有

$$D=\sum(-1)^{\tau(p_1p_2\cdots p_n)}a_{p_11}a_{p_22}\cdots a_{p_nn}。$$

故

$$D^{\mathrm{T}} = D。$$

证毕。

由此性质可知，行列式中的行与列具有同等地位，行列式的性质凡是对行成立的对列也同样成立，反之亦然。

性质 2 互换行列式的两行(列)，行列式的值改变符号。

证明 设行列式

$$D_1 = \begin{vmatrix} b_{11} & b_{12} & \cdots & b_{1n} \\ b_{21} & b_{22} & \cdots & b_{2n} \\ \vdots & \vdots & \ddots & \vdots \\ b_{n1} & b_{n2} & \cdots & b_{nn} \end{vmatrix},$$

是由行列式 $D = \det(a_{ij})$ 交换 i,j 两行得到的，即 $b_{ip} = a_{jp}$，$b_{jp} = a_{ip}$，当 $k \neq i,j$ 时，$b_{kp} = a_{kp}(p = 1,2,\cdots,n)$，为叙述方便，不妨设 $i<j$，于是

$$\begin{aligned} D_1 &= \sum (-1)^{\tau(p_1 \cdots p_i \cdots p_j \cdots p_n)} b_{1p_1} \cdots b_{ip_i} \cdots b_{jp_j} \cdots b_{np_n} \\ &= \sum (-1)^{\tau(p_1 \cdots p_i \cdots p_j \cdots p_n)} a_{1p_1} \cdots a_{jp_i} \cdots a_{ip_j} \cdots a_{np_n} \\ &= \sum (-1)^{\tau(p_1 \cdots p_i \cdots p_j \cdots p_n)} a_{1p_1} \cdots a_{ip_j} \cdots a_{jp_i} \cdots a_{np_n} \\ &= -\sum (-1)^{\tau(p_1 \cdots p_j \cdots p_i \cdots p_n)} a_{1p_1} \cdots a_{ip_j} \cdots a_{jp_i} \cdots a_{np_n} \\ &= -D。 \end{aligned}$$

证毕。

为了下面叙述方便，约定以 r_i 表示行列式的第 i 行，以 c_i 表示行列式的第 i 列。互换 i,j 两行记作 $r_i \leftrightarrow r_j$，互换 i,j 两列记作 $c_i \leftrightarrow c_j$。

推论 如果行列式有两行(列)完全相同，则此行列式的值为零。

证明 把行列式 D 中完全相同的两行(列)互换，有 $D = -D$，故 $D = 0$。证毕。

性质 3 行列式的某一行(列)中所有的元素都乘以同一数 k，其值等于用数 k 乘此行列式的值。

约定：第 i 行(或列)乘以数 k，记作 kr_i(或 kc_i)。

性质 4 行列式中如果有两行(列)对应元素成比例，则此行列式的值等于零。

性质 5 若 n 阶行列式 D 的第 i 列(行)的 n 个元素依次为 $b_1 + c_1, b_2 + c_2, \cdots, b_n + c_n$，则 $D = D_1 + D_2$，其中 D_1, D_2 的第 i 列(行)是分别用 $b_1, b_2, \cdots, b_n$ 和 $c_1, c_2, \cdots, c_n$ 依次置换 D 的第 i 列(行)中的 $b_1 + c_1, b_2 + c_2, \cdots, b_n + c_n$ 所得的两个 n 阶行列式。

例如

$$\begin{vmatrix} a_{11} & a_{12} & b_1 + c_1 & a_{14} \\ a_{21} & a_{22} & b_2 + c_2 & a_{24} \\ a_{31} & a_{32} & b_3 + c_3 & a_{34} \\ a_{41} & a_{42} & b_4 + c_4 & a_{44} \end{vmatrix} = \begin{vmatrix} a_{11} & a_{12} & b_1 & a_{14} \\ a_{21} & a_{22} & b_2 & a_{24} \\ a_{31} & a_{32} & b_3 & a_{34} \\ a_{41} & a_{42} & b_4 & a_{44} \end{vmatrix} + \begin{vmatrix} a_{11} & a_{12} & c_1 & a_{14} \\ a_{21} & a_{22} & c_2 & a_{24} \\ a_{31} & a_{32} & c_3 & a_{34} \\ a_{41} & a_{42} & c_4 & a_{44} \end{vmatrix}。$$

又如

$$\begin{vmatrix} a_{11} & a_{12} & a_{13} & a_{14} \\ b_1+c_1 & b_2+c_2 & b_3+c_3 & b_4+c_4 \\ a_{31} & a_{32} & a_{33} & a_{34} \\ a_{41} & a_{42} & a_{43} & a_{44} \end{vmatrix} = \begin{vmatrix} a_{11} & a_{12} & a_{13} & a_{14} \\ b_1 & b_2 & b_3 & b_4 \\ a_{31} & a_{32} & a_{33} & a_{34} \\ a_{41} & a_{42} & a_{43} & a_{44} \end{vmatrix} + \begin{vmatrix} a_{11} & a_{12} & a_{13} & a_{14} \\ c_1 & c_2 & c_3 & c_4 \\ a_{31} & a_{32} & a_{33} & a_{34} \\ a_{41} & a_{42} & a_{43} & a_{44} \end{vmatrix}。$$

性质 6　把行列式的某一行(列)的各元素乘以同一数然后加到另一行(列)上去,行列式的值不变。

例如以数 2 乘 3 阶行列式的第 3 列加到第 1 列上去(记作 c_1+2c_3),有

$$\begin{vmatrix} a_{11} & a_{12} & a_{13} \\ a_{21} & a_{22} & a_{23} \\ a_{31} & a_{32} & a_{33} \end{vmatrix} \xlongequal{c_1+2c_3} \begin{vmatrix} a_{11}+2a_{13} & a_{12} & a_{13} \\ a_{21}+2a_{23} & a_{22} & a_{23} \\ a_{31}+2a_{33} & a_{32} & a_{33} \end{vmatrix}。$$

一般地以数 k 乘第 i 列加到第 j 列($i \neq j$)上去记作 c_j+kc_i,以数 k 乘第 j 行加到第 i 行($i \neq j$)上去记作 r_i+kr_j。

性质 3 至性质 6 的证明,请读者自行完成。这些性质可用于简化行列式的计算。

例 1　计算

$$D=\begin{vmatrix} 7 & 5 & 3 & 1 \\ 3 & 2 & 1 & 0 \\ 2 & 1 & -1 & 1 \\ 5 & 3 & -2 & 1 \end{vmatrix}。$$

解

$$D \xlongequal{c_1 \leftrightarrow c_4} -\begin{vmatrix} 1 & 5 & 3 & 7 \\ 0 & 2 & 1 & 3 \\ 1 & 1 & -1 & 2 \\ 1 & 3 & -2 & 5 \end{vmatrix} \xlongequal[r_4-r_1]{r_3-r_1} -\begin{vmatrix} 1 & 5 & 3 & 7 \\ 0 & 2 & 1 & 3 \\ 0 & -4 & -4 & -5 \\ 0 & -2 & -5 & -2 \end{vmatrix}$$

$$\xlongequal[r_4+r_2]{r_3+2r_2} -\begin{vmatrix} 1 & 5 & 3 & 7 \\ 0 & 2 & 1 & 3 \\ 0 & 0 & -2 & 1 \\ 0 & 0 & -4 & 1 \end{vmatrix} \xlongequal{r_4-2r_3} -\begin{vmatrix} 1 & 5 & 3 & 7 \\ 0 & 2 & 1 & 3 \\ 0 & 0 & -2 & 1 \\ 0 & 0 & 0 & -1 \end{vmatrix} = -4。$$

例 2　计算

$$D=\begin{vmatrix} b & a & a & a \\ a & b & a & a \\ a & a & b & a \\ a & a & a & b \end{vmatrix} \quad (其中\ 3a+b \neq 0)。$$

解　这个行列式的特点是各列 4 个数之和都是 $3a+b$。今把第 2 行、3 行、4 行同时加到第 1 行,提出公因子 $3a+b$,然后各行减去第 1 行的 a 倍:

$$D \xlongequal{r_1+r_2} \begin{vmatrix} a+b & a+b & 2a & 2a \\ a & b & a & a \\ a & a & b & a \\ a & a & a & b \end{vmatrix} \xlongequal{r_1+r_3} \begin{vmatrix} 2a+b & 2a+b & 2a+b & 3a \\ a & b & a & a \\ a & a & b & a \\ a & a & a & b \end{vmatrix}$$

$$\xlongequal{r_1+r_4} \begin{vmatrix} 3a+b & 3a+b & 3a+b & 3a+b \\ a & b & a & a \\ a & a & b & a \\ a & a & a & b \end{vmatrix} \xlongequal{\frac{1}{3a+b}r_1} (3a+b) \begin{vmatrix} 1 & 1 & 1 & 1 \\ a & b & a & a \\ a & a & b & a \\ a & a & a & b \end{vmatrix}$$

$$\xlongequal{r_2-ar_1} (3a+b) \begin{vmatrix} 1 & 1 & 1 & 1 \\ 0 & b-a & 0 & 0 \\ a & a & b & a \\ a & a & a & b \end{vmatrix}$$

$$\xlongequal[r_4-ar_1]{r_3-ar_1} (3a+b) \begin{vmatrix} 1 & 1 & 1 & 1 \\ 0 & b-a & 0 & 0 \\ 0 & 0 & b-a & 0 \\ 0 & 0 & 0 & b-a \end{vmatrix} = (3a+b)(b-a)^3。$$

思考 若 $3a+b=0$，D 的值将如何？若将第 2 列，第 3 列，第 4 列同时加到第 1 列，接下来又可怎样计算？

第三节 行列式按行（列）展开

一、行列式按一行(列)展开

一般来说，低阶行列式的计算比高价行列式的计算要简便，于是，我们自然地考虑到能否用低价行列式来表示高阶行列式的问题。为此，先引进余子式和代数余子式的概念。

定义 1 在 n 阶行列式 $\begin{vmatrix} a_{11} & a_{12} & \cdots & a_{1n} \\ a_{21} & a_{22} & \cdots & a_{2n} \\ \vdots & \vdots & & \vdots \\ a_{n1} & a_{n2} & \cdots & a_{nn} \end{vmatrix}$ 中，把元素 a_{ij} 所在的第 i 行和第 j 列划去后，留下来的 $n-1$ 阶行列式称为这个元素 a_{ij} 的**余子式**，记作 M_{ij}；记

$$A_{ij}=(-1)^{i+j}M_{ij}$$

称 A_{ij} 为元素 a_{ij} 的**代数余子式**。

例如三阶行列式 $\begin{vmatrix} 1 & 2 & 3 \\ 4 & 5 & 6 \\ 7 & 8 & 9 \end{vmatrix}$ 中，

$$M_{23}=\begin{vmatrix}1 & 2\\ 7 & 8\end{vmatrix}=-6, A_{23}=(-1)^{2+3}M_{23}=6。$$

引理　设 D 是一个 n 阶行列式，若 D 中第 i 行所有元素除 a_{ij} 外都为零，则 $D=a_{ij}A_{ij}$。

证明　先证 a_{ij} 位于第 1 行第 1 列的情形，此时

$$D=\begin{vmatrix}a_{11} & 0 & \cdots & 0\\ a_{21} & a_{22} & \cdots & a_{2n}\\ \vdots & \vdots & & \vdots\\ a_{n1} & a_{n2} & \cdots & a_{nn}\end{vmatrix}。$$

根据第一节行列式的定义，有

$$\begin{aligned}D &= \sum(-1)^{\tau(p_1p_2\cdots p_n)}a_{1p_1}a_{2p_2}\cdots a_{np_n}\\ &= \sum(-1)^{\tau(p_2\cdots p_n)}a_{11}a_{2p_2}\cdots a_{np_n}\\ &= a_{11}\sum(-1)^{\tau(p_2\cdots p_n)}a_{2p_2}\cdots a_{np_n}\text{（其中 } p_2,p_3\cdots,p_n \text{ 是 } 2,3,\cdots,n \text{ 的排列）。}\end{aligned}$$

依然由行列式的定义知

$$\sum(-1)^{\tau(p_2\cdots p_n)}a_{2p_2}\cdots a_{np_n}=\begin{vmatrix}a_{22} & a_{23} & \cdots & a_{2n}\\ a_{32} & a_{33} & \cdots & a_{3n}\\ \vdots & \vdots & & \vdots\\ a_{n2} & a_{n2} & \cdots & a_{nn}\end{vmatrix}。$$

不难发现，它就是 D 中的 M_{11}，所以

$$D=a_{11}M_{11},$$

又

$$A_{11}=(-1)^{1+1}M_{11}=M_{11},$$

从而

$$D=a_{11}A_{11}。$$

再证一般情形。

此时

$$D=\begin{vmatrix}a_{11} & a_{12} & \cdots & a_{1,j-1} & a_{1j} & a_{1,j+1} & \cdots & a_{1n}\\ a_{21} & a_{22} & \cdots & a_{2,j-1} & a_{2j} & a_{2,j+1} & \cdots & a_{2n}\\ \vdots & \vdots & & \vdots & \vdots & \vdots & & \vdots\\ a_{i-1,1} & a_{i-1,2} & \cdots & a_{i-1,j-1} & a_{i-1,j} & a_{i-1,j+1} & \cdots & a_{i-1,n}\\ 0 & 0 & \cdots & 0 & a_{ij} & 0 & \cdots & 0\\ a_{i+1,1} & a_{i+1,2} & \cdots & a_{i+1,j-1} & a_{i+1,j} & a_{i+1,j+1} & \cdots & a_{i+1,n}\\ \vdots & \vdots & & \vdots & \vdots & \vdots & & \vdots\\ a_{n1} & a_{n2} & \cdots & a_{n,j-1} & a_{nj} & a_{n,j+1} & \cdots & a_{nn}\end{vmatrix},$$

为了利用前面的结果，把 D 的行列作如下调换：把 D 的第 i 行依次与第 $i-1$ 行、第 $i-2$

行、…、第 1 行对调，这样 a_{ij} 就调到原来 a_{1j} 的位置上，调换的次数为 $i-1$。再把第 j 列依次与第 $j-1$ 列、第 $j-2$ 列、…、第 1 列对调，这样 a_{ij} 就调到左上角，调换的次数为 $j-1$。总之，经过 $i+j-2$ 次对调，把 a_{ij} 调到左上角，所得的行列式记为 D_1，则有

$$D=(-1)^{i+j-2}D_1=(-1)^{i+j}D_1,$$

不难发现，D_1 中第一行第一列这个位置的余子式等于 D 中的余子式 M_{ij}。

由于 a_{ij} 位于 D_1 的左上角，利用前面的结果，有

$$D_1=a_{ij}M_{ij}。$$

于是

$$D=(-1)^{i+j}D_1=(-1)^{i+j}a_{ij}M_{ij}=a_{ij}A_{ij}。$$

证毕。

定理 1 设 D 是一个 n 阶行列式，则 D 等于它的任一行(列)的各元素与该行(列)的代数余子式乘积之和，即

$$D=a_{i1}A_{i1}+a_{i2}A_{i2}+\cdots+a_{in}A_{in}(i=1,2,\cdots,n),$$

或

$$D=a_{1j}A_{1j}+a_{2j}A_{2j}+\cdots+a_{nj}A_{nj}(j=1,2,\cdots,n)。$$

证明 设 $D=\begin{vmatrix} a_{11} & a_{12} & \cdots & a_{1n} \\ \vdots & \vdots & & \vdots \\ a_{i-1,1} & a_{i-1,2} & \cdots & a_{i-1,n} \\ a_{i1} & a_{i2} & \cdots & a_{in} \\ a_{i+1,1} & a_{i+1,2} & \cdots & a_{i+1,n} \\ \vdots & \vdots & & \vdots \\ a_{n1} & a_{n2} & \cdots & a_{nn} \end{vmatrix}$，

则

$$D=\begin{vmatrix} a_{11} & a_{12} & \cdots & a_{1n} \\ \vdots & \vdots & & \vdots \\ a_{i-1,1} & a_{i-1,2} & \cdots & a_{i-1,n} \\ a_{i1}+0+0+\cdots+0 & 0+a_{i2}+0+\cdots+0 & \cdots & 0+0+\cdots+0+a_{in} \\ a_{i+1,1} & a_{i+1,2} & \cdots & a_{i+1,n} \\ \vdots & \vdots & & \vdots \\ a_{n1} & a_{n2} & \cdots & a_{nn} \end{vmatrix}$$

$$=\begin{vmatrix} a_{11} & a_{12} & a_{13} & \cdots & a_{1n} \\ \vdots & \vdots & \vdots & & \vdots \\ a_{i-1,1} & a_{i-1,2} & a_{i-1,3} & \cdots & a_{i-1,n} \\ a_{i1} & 0 & 0 & \cdots & 0 \\ a_{i+1,1} & a_{i+1,2} & a_{i+1,3} & \cdots & a_{i+1,n} \\ \vdots & \vdots & \vdots & & \vdots \\ a_{n1} & a_{n2} & a_{n3} & \cdots & a_{nn} \end{vmatrix} + \begin{vmatrix} a_{11} & a_{12} & a_{13} & \cdots & a_{1n} \\ \vdots & \vdots & \vdots & & \vdots \\ a_{i-1,1} & a_{i-1,2} & a_{i-1,3} & \cdots & a_{i-1,n} \\ 0 & a_{i2} & 0 & \cdots & 0 \\ a_{i+1,1} & a_{i+1,2} & a_{i+1,3} & \cdots & a_{i+1,n} \\ \vdots & \vdots & \vdots & & \vdots \\ a_{n1} & a_{n2} & a_{n3} & \cdots & a_{nn} \end{vmatrix}$$

$$+\cdots+\begin{vmatrix} a_{11} & a_{12} & \cdots & a_{1,n-1} & a_{1n} \\ \vdots & \vdots & & \vdots & \vdots \\ a_{i-1,1} & a_{i-1,2} & \cdots & a_{i-1,n-1} & a_{i-1,n} \\ 0 & 0 & \cdots & 0 & a_{in} \\ a_{i+1,1} & a_{i+1,2} & \cdots & a_{i+1,n-1} & a_{i+1,n} \\ \vdots & \vdots & & \vdots & \vdots \\ a_{n1} & a_{n2} & \cdots & a_{n,n-1} & a_{nn} \end{vmatrix}。$$

根据引理可知

$$D=a_{i1}A_{i1}+a_{i2}A_{i2}+\cdots+a_{in}A_{in}\,(i=1,2,\cdots,n)。\tag{1}$$

类似地，若按列证明，可得

$$D=a_{1j}A_{1j}+a_{2j}A_{2j}+\cdots+a_{nj}A_{nj}\,(j=1,2,\cdots,n)。\tag{2}$$

证毕。

(1)式称为**行列式按第 i 行展开**，(2)式称为**行列式按第 j 列展开**，利用展开法则并结合行列式的性质，可以简化行列式的计算。

例 1　请用定理 1 提供的方法计算第 2 节例 1 的行列式

$$D=\begin{vmatrix} 7 & 5 & 3 & 1 \\ 3 & 2 & 1 & 0 \\ 2 & 1 & -1 & 1 \\ 5 & 3 & -2 & 1 \end{vmatrix}。$$

解　我们保留 a_{14}，把第 4 列其余元素变为 0，然后按第 4 列展开

$$D\overset{r_3-r_1}{\underset{r_4-r_1}{=\!=\!=}}\begin{vmatrix} 7 & 5 & 3 & 1 \\ 3 & 2 & 1 & 0 \\ -5 & -4 & -4 & 0 \\ -2 & -2 & -5 & 0 \end{vmatrix}=(-1)^{1+4}\begin{vmatrix} 3 & 2 & 1 \\ -5 & -4 & -4 \\ -2 & -2 & -5 \end{vmatrix}\overset{r_2+2r_1}{\underset{r_3+r_1}{=\!=\!=}}-\begin{vmatrix} 3 & 2 & 1 \\ 1 & 0 & -2 \\ 1 & 0 & -4 \end{vmatrix}$$

$$=-2\times(-1)^{1+2}\begin{vmatrix} 1 & -2 \\ 1 & -4 \end{vmatrix}=-4。$$

例 2 证明 n 阶范德蒙行列式

$$D_n=\begin{vmatrix}1 & 1 & \cdots & 1\\ x_1 & x_2 & \cdots & x_n\\ x_1^2 & x_2^2 & \cdots & x_n^2\\ \vdots & \vdots & & \vdots\\ x_1^{n-1} & x_2^{n-1} & \cdots & x_n^{n-1}\end{vmatrix}=\prod_{n\geqslant i>j\geqslant 1}(x_i-x_j)。\tag{3}$$

其中记号“$\prod\limits_{n\geqslant i>j\geqslant 1}(x_i-x_j)$”表示“满足 $n\geqslant i>j\geqslant 1$ 且 $i,j\in N$ 的全体 (x_i-x_j) 的乘积”。

证明 用数学归纳法。因为

$$D_2=\begin{vmatrix}1 & 1\\ x_1 & x_2\end{vmatrix}=x_2-x_1=\prod_{2\geqslant i>j\geqslant 1}(x_i-x_j),$$

所以当 $n=2$ 时(3)式成立。现在假设(3)式对于 $n-1$ 阶范德蒙行列式成立,要证(3)式对 n 阶范德蒙行列式也成立。

为此,设法把 D_n 降阶:从第 n 行开始,后行减去前行的 x_1 倍,有

$$D_n=\begin{vmatrix}1 & 1 & 1 & \cdots & 1\\ 0 & x_2-x_1 & x_3-x_1 & \cdots & x_n-x_1\\ 0 & x_2(x_2-x_1) & x_3(x_3-x_1) & \cdots & x_n(x_n-x_1)\\ \vdots & \vdots & \vdots & & \vdots\\ 0 & x_2^{n-2}(x_2-x_1) & x_3^{n-2}(x_3-x_1) & \cdots & x_n^{n-2}(x_n-x_1)\end{vmatrix},$$

按第 1 列展开,并把每列的公因子 (x_i-x_1) 提出,就有

$$D_n=(x_2-x_1)(x_3-x_1)\cdots(x_n-x_1)\begin{vmatrix}1 & 1 & \cdots & 1\\ x_2 & x_3 & \cdots & x_n\\ \vdots & \vdots & & \vdots\\ x_2^{n-2} & x_3^{n-2} & \cdots & x_n^{n-2}\end{vmatrix}。$$

上式右端的行列式是 $n-1$ 阶范德蒙行列式,按归纳法假设,它等于所有 (x_i-x_j) 的乘积,其中 $n\geqslant i>j\geqslant 2$ 且 $i,j\in N$。

故

$$\begin{aligned}D_n&=(x_2-x_1)(x_3-x_1)\cdots(x_n-x_1)\prod_{n\geqslant i>j\geqslant 2}(x_i-x_j)\\ &=\prod_{n\geqslant i>j\geqslant 1}(x_i-x_j)。\end{aligned}$$

例 3 设 n 阶行列式 D 中第 i 行第 j 列的元素 a_{ij} 由条件 $a_{ij}=\max(i,j)(i,j=1,2,\cdots,n)$ 给定,求行列式 D 的值。

解 由题意

$$D=\begin{vmatrix} 1 & 2 & 3 & \cdots & n-2 & n-1 & n \\ 2 & 2 & 3 & \cdots & n-2 & n-1 & n \\ 3 & 3 & 3 & \cdots & n-2 & n-1 & n \\ \vdots & \vdots & \vdots & \ddots & \vdots & \vdots & \vdots \\ n-2 & n-2 & n-2 & \cdots & n-2 & n-1 & n \\ n-1 & n-1 & n-1 & \cdots & n-1 & n-1 & n \\ n & n & n & \cdots & n & n & n \end{vmatrix}$$

$$\xlongequal[i=2,3,\cdots,n]{r_i-r_1}\begin{vmatrix} 1 & 2 & 3 & \cdots & n-2 & n-1 & n \\ 1 & 0 & 0 & \cdots & 0 & 0 & 0 \\ 2 & 1 & 0 & \cdots & 0 & 0 & 0 \\ \vdots & \vdots & \vdots & \ddots & \vdots & \vdots & \vdots \\ n-3 & n-4 & n-5 & \cdots & 0 & 0 & 0 \\ n-2 & n-3 & n-4 & \cdots & 1 & 0 & 0 \\ n-1 & n-2 & n-3 & \cdots & 2 & 1 & 0 \end{vmatrix}\xlongequal{\text{按最后一列展开}} n(-1)^{n+1}。$$

由定理1,还可得下述重要推论。

推论 对于行列式 $\det(a_{ij})$,有

$$a_{i1}A_{j1}+a_{i2}A_{j2}+\cdots+a_{in}A_{jn}=0(i\neq j),$$

或

$$a_{1i}A_{1j}+a_{2i}A_{2j}+\cdots+a_{ni}A_{nj}=0(i\neq j)。$$

证明 为叙述方便,不妨假设 $i<j$,即

$$D=\begin{vmatrix} a_{11} & a_{12} & \cdots & a_{1n} \\ a_{21} & a_{22} & \cdots & a_{2n} \\ \vdots & \vdots & & \vdots \\ a_{i1} & a_{i2} & \cdots & a_{in} \\ \vdots & \vdots & & \vdots \\ a_{j1} & a_{j2} & \cdots & a_{jn} \\ \vdots & \vdots & & \vdots \\ a_{n1} & a_{n2} & \cdots & a_{nn} \end{vmatrix}。$$

将 D 中第 j 行元素用第 i 行元素替换,即把 a_{jk} 换成 $a_{ik}(k=1,\cdots,n)$,得到的行列式记为 D_1,即

$$D_1=\begin{vmatrix} a_{11} & a_{12} & \cdots & a_{1n} \\ a_{21} & a_{22} & \cdots & a_{2n} \\ \vdots & \vdots & & \vdots \\ a_{i1} & a_{i2} & \cdots & a_{in} \\ \vdots & \vdots & & \vdots \\ a_{i1} & a_{i2} & \cdots & a_{in} \\ \vdots & \vdots & & \vdots \\ a_{n1} & a_{n2} & \cdots & a_{nn} \end{vmatrix} \begin{matrix} \\ \\ \\ \leftarrow 第\ i\ 行 \\ \\ \leftarrow 第\ j\ 行 \\ \\ \\ \end{matrix}$$

一方面，将 D_1 按第 j 行展开，得

$$D_1=a_{i1}A_{j1}+a_{i2}A_{j2}+\cdots+a_{in}A_{jn},$$

其中的 $a_{i1},a_{i2},\cdots,a_{in}$ 既是行列式 D_1 中第 j 行的元素，同时也是行列式 D 中第 i 行的元素，$A_{j1},A_{j2},\cdots,A_{jn}$ 既是行列式 D_1 中第 j 行的代数余子式，同时也是行列式 D 中第 j 行的代数余子式。

另一方面，由于行列式 D_1 的第 i 行与第 j 行相同，D_1 的值应当为 0。

将上述两方面结合就得 D 中第 i 行的元素与第 $j(j\neq i)$ 行的代数余子式的乘积之和为零，即

$$a_{i1}A_{j1}+a_{i2}A_{j2}+\cdots+a_{in}A_{jn}=0(i\neq j)。$$

类似可证

$$a_{1i}A_{1j}+a_{2i}A_{2j}+\cdots+a_{ni}A_{nj}=0(i\neq j)。$$

证毕。

二、行列式按 k 行(k 列)展开

接下来，我们将定理 1 中 n 阶行列式按一行(或一列)展开的形式，推广到按 $k(k\in N,1\leqslant k\leqslant n-1)$ 行(或)k 列的展开形式，为此，先定义 k 阶子式。

定义 2 在 n 阶行列式 D 中，任意选定 $k(k\in N,1\leqslant k\leqslant n)$ 行和 k 列，位于这些行和列交叉点上的 k^2 个元素保持原来的相对位置组成的一个 k 阶行列式 M，称为 **D 的一个 k 阶子式**。

在 D 中划去这 k 行、k 列后，余下的元素保持原来的相对位置组成的一个 $n-k$ 阶行列式 N，称为 **k 阶子式 M 的余子式**。

若 k 阶子式 M 在 D 中所在的行的标号分别为 $i_1,i_2,\cdots,i_k$，列的标号分别为 $j_1,j_2,\cdots,j_k$，则称

$$(-1)^{i_1+i_2+\cdots+i_k+j_1+j_2+\cdots+j_k}N$$

为 k 阶子式 M 的**代数余子式**。

注意从定义 2 可以看出，n 阶行列式 D 的 n 阶子式就是 D 本身，同时它没有余子式和

代数余子式。

我们已知三阶行列式

$$D=\begin{vmatrix} a_{11} & a_{12} & a_{13} \\ a_{21} & a_{22} & a_{23} \\ a_{31} & a_{32} & a_{33} \end{vmatrix}=a_{11}a_{22}a_{33}+a_{12}a_{23}a_{31}+a_{13}a_{21}a_{32}$$

$$-a_{11}a_{23}a_{32}-a_{12}a_{21}a_{33}-a_{13}a_{22}a_{31},$$

而

$$\begin{aligned} & a_{11}a_{22}a_{33}+a_{12}a_{23}a_{31}+a_{13}a_{21}a_{32}-a_{11}a_{23}a_{32}-a_{12}a_{21}a_{33}-a_{13}a_{22}a_{31} \\ &=a_{11}(a_{22}a_{33}-a_{23}a_{32})-a_{12}(a_{21}a_{33}-a_{23}a_{31})+a_{13}(a_{21}a_{32}-a_{22}a_{31}) \\ &=a_{11}\begin{vmatrix} a_{22} & a_{23} \\ a_{32} & a_{33} \end{vmatrix}-a_{12}\begin{vmatrix} a_{21} & a_{23} \\ a_{31} & a_{33} \end{vmatrix}+a_{13}\begin{vmatrix} a_{21} & a_{22} \\ a_{31} & a_{32} \end{vmatrix} \\ &=\begin{vmatrix} a_{22} & a_{23} \\ a_{32} & a_{33} \end{vmatrix}a_{11}+\begin{vmatrix} a_{21} & a_{23} \\ a_{31} & a_{33} \end{vmatrix}(-a_{12})+\begin{vmatrix} a_{21} & a_{22} \\ a_{31} & a_{32} \end{vmatrix}a_{13}。\end{aligned}$$

仔细观察发现，$\begin{vmatrix} a_{22} & a_{23} \\ a_{32} & a_{33} \end{vmatrix}$，$\begin{vmatrix} a_{21} & a_{23} \\ a_{31} & a_{33} \end{vmatrix}$，$\begin{vmatrix} a_{21} & a_{22} \\ a_{31} & a_{32} \end{vmatrix}$分别是取自 D 中第 2 行和第 3 行所形成的全部(共 3 个)2 阶子式，而 a_{11}，$(-a_{12})$，a_{13} 分别是该 3 个 2 阶子式的代数余子式，于是三阶行列式的值也可被表示为由 2,3 两行所形成的全部 2 阶子式与其各自的代数余子式的乘积之和。这一结论具有普遍性，下面的定理给出了其推广形式。

定理 2(拉普拉斯定理)　在 n 阶行列式 D 中，任意选定 $k(k\in\mathbf{N},1\leqslant k<n)$行(或列)，则这 k 行(或列)所形成的所有 k 阶子式与它们各自的代数余子式的乘积之和等于行列式 D 的值。

定理 2 的证明略去。

定理 2 中，当 $k=1$ 时，就是定理 1 中按一行(列)展开的形式。

例 4　计算 4 阶行列式 D 的值，其中

$$D=\begin{vmatrix} a & 0 & 0 & b \\ 0 & a & b & 0 \\ 0 & b & a & 0 \\ b & 0 & 0 & a \end{vmatrix}。$$

解　将 D 按第一行和第四行这两行展开，由这两行形成的所有 2 阶子式中，只有列取 D 的第一列和第四列的 2 阶子式$\begin{vmatrix} a & b \\ b & a \end{vmatrix}$可能不为 0，其余皆为 0，而这个 2 阶子式的代数余子式为

$$(-1)^{1+4+1+4}\begin{vmatrix} a & b \\ b & a \end{vmatrix},$$

所以

$$D=\begin{vmatrix} a & b \\ b & a \end{vmatrix}\cdot(-1)^{1+4+1+4}\begin{vmatrix} a & b \\ b & a \end{vmatrix}=(a^2-b^2)^2。$$

习题一

1.按自然数从小到大为标准次序,求下列各排列的逆序数:

(1)2 1 3 4 5;　　(2)5 2 1 4 3;

(3)4 5 1 3 2;　　(4)3 4 1 5 2;

(5)n $(n-1)$ … 3 2 1。

2.写出四阶行列式 $\begin{vmatrix} a_{11} & a_{12} & a_{13} & a_{14} \\ a_{21} & a_{22} & a_{23} & a_{24} \\ a_{31} & a_{32} & a_{33} & a_{34} \\ a_{41} & a_{42} & a_{43} & a_{44} \end{vmatrix}$ 中含有因子 $a_{11}a_{23}$ 的项。

3.设 3 阶行列式 $\begin{vmatrix} a_{11} & a_{12} & a_{13} \\ a_{21} & a_{22} & a_{23} \\ a_{31} & a_{32} & a_{33} \end{vmatrix}=1$,计算下列行列式的值:

(1) $\begin{vmatrix} -a_{13} & 4a_{12}-3a_{11} & 2a_{11} \\ -a_{23} & 4a_{22}-3a_{21} & 2a_{21} \\ -a_{33} & 4a_{32}-3a_{31} & 2a_{31} \end{vmatrix}$;　　(2) $\begin{vmatrix} 3a_{22}-2a_{21} & 4a_{21} & 2a_{23} \\ 3a_{12}-2a_{11} & 4a_{11} & 2a_{13} \\ 3a_{32}-2a_{31} & 4a_{31} & 2a_{33} \end{vmatrix}$。

4.计算下列各行列式的值:

(1) $\begin{vmatrix} 345 & 355 \\ 234 & 244 \end{vmatrix}$;　　(2) $\begin{vmatrix} 5 & -1 & 3 \\ 2 & 2 & 2 \\ 99 & 103 & 101 \end{vmatrix}$;

(3) $\begin{vmatrix} 4 & 1 & 2 & 4 \\ 1 & 2 & 0 & 2 \\ 1 & 0 & 5 & 2 \\ 0 & 1 & 1 & 7 \end{vmatrix}$;　　(4) $\begin{vmatrix} 2 & 1 & 4 & 1 \\ 3 & -3 & 2 & 1 \\ 1 & 2 & 3 & 2 \\ 5 & 0 & 6 & 2 \end{vmatrix}$;

(5) $\begin{vmatrix} -ab & ac & ae \\ bd & -cd & de \\ bf & cf & -ef \end{vmatrix}$;　　(6) $\begin{vmatrix} a & 1 & 0 & 0 \\ -1 & b & 1 & 0 \\ 0 & -1 & c & 1 \\ 0 & 0 & -1 & d \end{vmatrix}$。

5. 证明：

(1) $\begin{vmatrix} 1 & 1 & 1 \\ 2a & a+b & 2b \\ a^2 & ab & b^2 \end{vmatrix} = (b-a)^3$；

(2) $\begin{vmatrix} a+b & b+c & c+a \\ b+c & c+a & a+b \\ c+a & a+b & b+c \end{vmatrix} = 2\begin{vmatrix} a & b & c \\ b & c & a \\ c & a & b \end{vmatrix}$；

(3) $\begin{vmatrix} x^2 & (x+1)^2 & (x+2)^2 \\ y^2 & (y+1)^2 & (y+2)^2 \\ z^2 & (z+1)^2 & (z+2)^2 \end{vmatrix} = 4(x-y)(z-x)(z-y)$；

(4) $\begin{vmatrix} t & -1 & 0 & 0 & 0 \\ 0 & t & -1 & 0 & 0 \\ 0 & 0 & t & -1 & 0 \\ 0 & 0 & 0 & t & -1 \\ c_5 & c_4 & c_3 & c_2 & t+c_1 \end{vmatrix} = t^5 + c_1 t^4 + c_2 t^3 + c_3 t^2 + c_4 t + c_5$。

6. 计算下列各行列式的值（D_k 为 k 阶行列式）：

(1) $D_n = \begin{vmatrix} a & 0 & 0 & 0 & \cdots & 0 & 0 & 1 \\ 0 & a & 0 & 0 & \cdots & 0 & 0 & 0 \\ 0 & 0 & a & 0 & \cdots & 0 & 0 & 0 \\ \vdots & \vdots & \vdots & \vdots & & \vdots & \vdots & \vdots \\ 0 & 0 & 0 & 0 & \cdots & 0 & a & 0 \\ 1 & 0 & 0 & 0 & \cdots & 0 & 0 & a \end{vmatrix}$；

(2) $D_n = \begin{vmatrix} x & a & a & \cdots & a & a \\ a & x & a & \cdots & a & a \\ \vdots & \vdots & \vdots & & \vdots & \vdots \\ a & a & a & \cdots & a & x \end{vmatrix}$；

(3) $D_{n+1} = \begin{vmatrix} a^n & (a-1)^n & \cdots & (a-n)^n \\ a^{n-1} & (a-1)^{n-1} & \cdots & (a-n)^{n-1} \\ \vdots & \vdots & & \vdots \\ a & a-1 & \cdots & a-n \\ 1 & 1 & \cdots & 1 \end{vmatrix}$；

（提示：利用范德蒙行列式的结果。）

(4) $D_{2n}=\begin{vmatrix} a_n & & & & & b_n \\ & \ddots & & & \iddots & \\ & & a_1 & b_1 & & \\ & & c_1 & d_1 & & \\ & \iddots & & & \ddots & \\ c_n & & & & & d_n \end{vmatrix}$;

(5) D_n 中第 i 行第 j 列的元素 $a_{ij}=|i-j|$,$(i,j=1,2,\cdots,n)$;

(6) $D_n=\begin{vmatrix} 1+a_1 & 1 & 1 & \cdots & 1 & 1 \\ 1 & 1+a_2 & 1 & \cdots & 1 & 1 \\ \vdots & \vdots & \vdots & & \vdots & \vdots \\ 1 & 1 & 1 & \cdots & 1 & 1+a_n \end{vmatrix}$,其中 $a_1a_2\cdots a_n\neq 0$。

第二章 矩阵

矩阵是线性代数的主要研究对象之一，它在数学和其他自然科学、工程技术和经济领域中都有着广泛的应用。本章的中心议题为矩阵，围绕这个议题，先给出矩阵的定义、矩阵的运算和逆矩阵、初等变换以及矩阵的分块运算，最后介绍矩阵的秩。

第一节 矩阵的概念

一、矩阵的基本概念

定义1 若 $\boldsymbol{A}$ 是由 $m\times n$ 个数 $a_{ij}(i=1,2,\cdots,m;j=1,2,\cdots,n)$ 排成的 m 行 n 列的数表(为交流方便，将数表置于一对括弧之中)，其形式结构如下：

$$\boldsymbol{A}=\begin{pmatrix} a_{11} & a_{12} & \cdots & a_{1n} \\ a_{21} & a_{22} & \cdots & a_{2n} \\ \vdots & \vdots & & \vdots \\ a_{m1} & a_{m2} & \cdots & a_{mn} \end{pmatrix},$$

则称 $\boldsymbol{A}$ 是一个 m 行 n 列的**矩阵**，简称 $\boldsymbol{m\times n}$ **矩阵**，其中 a_{ij} 叫作矩阵 $\boldsymbol{A}$ 的位于第 i 行与第 j 列交叉点处的**元素**，其下标 i,j 分别称为该元素的**行标和列标**。为简便起见，记 $m\times n$ 矩阵 $\boldsymbol{A}$ 为 $(a_{ij})_{m\times n}$ 或 $\boldsymbol{A}_{m\times n}$。

特别地，当 $m=n$ 时，则称矩阵 $\boldsymbol{A}$ 为 $\boldsymbol{n}$ **阶矩阵或** $\boldsymbol{n}$ **阶方阵**，记为 $\boldsymbol{A}_n$。

在实际应用中，人们常用大写黑体英文字母 $\boldsymbol{A},\boldsymbol{B},\boldsymbol{C}$ 等符号表示矩阵。

对于 $m\times n$ 矩阵 $\boldsymbol{A}$，当 $m=1$ 时，有 $\boldsymbol{A}=(a_{11},a_{12},\cdots,a_{1n})$，称矩阵 $\boldsymbol{A}$ 为**行矩阵或行向量**。为应用方便，行矩阵 $\boldsymbol{A}$ 中的元素也可使用单下标，从而将之写为 $\boldsymbol{A}=(a_1,a_2,\cdots,a_n)$ 这种形式；当 $n=1$ 时，有 $\boldsymbol{A}=\begin{pmatrix} a_{11} \\ a_{21} \\ \vdots \\ a_{m1} \end{pmatrix}$，称矩阵 $\boldsymbol{A}$ 为**列矩阵或列向量**，常将之简写成

$\boldsymbol{A}=\begin{pmatrix}a_1\\a_2\\\vdots\\a_m\end{pmatrix}$ 这种形式；当 $m=n=1$ 时，有 $\boldsymbol{A}=(a_{11})=a_{11}$。

两个矩阵的行数相等、列数也相等时，就称它们是**同型矩阵**。所有元素均为零的矩阵，称为**零矩阵**，记作 $\boldsymbol{O}$。注意不同型的零矩阵是不同的。

定义 2 如果 $\boldsymbol{A}=(a_{ij})_{m\times n}$ 与 $\boldsymbol{B}=(b_{ij})_{m\times n}$ 是同型矩阵，且它们的对应元素均相等，即 $a_{ij}=b_{ij}(i=1,2,\cdots,m;j=1,2,\cdots,n)$，则称矩阵 $\boldsymbol{A}$ 与矩阵 $\boldsymbol{B}$ **相等**，记作 $\boldsymbol{A}=\boldsymbol{B}$。

下面举几个关于矩阵的例子：

例 1 某商品有 3 个产地(名称：第 1、第 2、第 3 产地)与 4 个销售地(名称：第 1、第 2、第 3、第 4 销售地)，则它们之间的里程数(单位：千米)可列为矩阵

$$\boldsymbol{A}=\begin{pmatrix}a_{11}&a_{12}&a_{13}&a_{14}\\a_{21}&a_{22}&a_{23}&a_{24}\\a_{31}&a_{32}&a_{33}&a_{34}\end{pmatrix},$$

其中 a_{ij} 为第 i 产地到第 j 销售地的里程数。

例 2 4 个城市间的航线如图 1 所示。若令

$$a_{ij}=\begin{cases}0, & \text{从 } i \text{ 城市到 } j \text{ 城市没有航线},\\1, & \text{从 } i \text{ 城市到 } j \text{ 城市有航线},\end{cases}$$

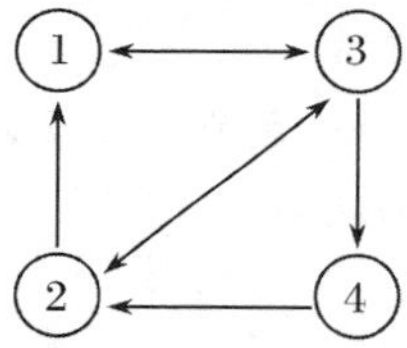

图 1

则图 1 可用矩阵表示为

$$\boldsymbol{A}=\begin{pmatrix}0&0&1&0\\1&0&1&0\\1&1&0&1\\0&1&0&0\end{pmatrix}。$$

一般地，若干个点之间彼此是否可以直达对方都可用这样的矩阵表示。

例 3 n 个变量 $x_1,x_2,\cdots,x_n$ 与 m 个变量 $y_1,y_2,\cdots,y_m$ 之间的关系式

$$\begin{cases}y_1=a_{11}x_1+a_{12}x_2+\cdots+a_{1n}x_n\\y_2=a_{21}x_1+a_{22}x_2+\cdots+a_{2n}x_n\\\cdots\cdots\\y_m=a_{m1}x_1+a_{m2}x_2+\cdots+a_{mn}x_n\end{cases} \tag{1}$$

表示从变量 $x_1,x_2,\cdots,x_n$ 到变量 $y_1,y_2,\cdots,y_m$ 的一个线性变换，其中 a_{ij} 为常数。线性变换(1)的系数 a_{ij} 构成矩阵 $\boldsymbol{A}=(a_{ij})_{m\times n}$。

给定了线性变换(1)，它的系数所构成的矩阵(称为**系数矩阵**)也就确定。反之，如果给出一个矩阵作为线性变换的系数矩阵，则线性变换也就确定。在这个意义上，线性变换和矩阵之间存在着一一对应的关系。

二、几类特殊的矩阵

1. 对角矩阵

n 阶方阵 $\boldsymbol{A}$ 的元素 $a_{11},a_{22},\cdots,a_{nn}$ 称为 $\boldsymbol{A}$ 的**主对角线上的元素**，简称为 $\boldsymbol{A}$ 的**主对角元素**。

例如，矩阵 $\boldsymbol{A}=\begin{pmatrix}3 & 4\\ 9 & 1\end{pmatrix}$ 的主对角元素为 3 和 1。

定义 3 若 n 阶方阵 $\boldsymbol{A}=(a_{ij})$ 中的元素满足条件

$$a_{ij}=0(i\neq j)(i,j=1,2,\cdots,n),$$

即

$$\boldsymbol{A}=\begin{pmatrix}a_{11} & 0 & \cdots & 0\\ 0 & a_{22} & \cdots & 0\\ \vdots & \vdots & & \vdots\\ 0 & 0 & \cdots & a_{nn}\end{pmatrix},$$

则称 $\boldsymbol{A}$ 为 n 阶**对角矩阵**或**对角阵**，此时可将其简记为 $\boldsymbol{A}=\begin{pmatrix}a_{11} & & & \\ & a_{22} & & \\ & & \ddots & \\ & & & a_{nn}\end{pmatrix}$ 或 $\boldsymbol{A}=\mathrm{diag}(a_{11},a_{22},\cdots,a_{nn})$。

例如，$\boldsymbol{A}=\begin{pmatrix}1 & 0 & 0\\ 0 & 3 & 0\\ 0 & 0 & 5\end{pmatrix}$ 为 3 阶对角阵。

若 n 阶对角矩阵的主对角元素均为 1，则称之为 n 阶**单位矩阵**或**单位阵**，记作 $\boldsymbol{E}_n$，有时简记为 $\boldsymbol{E}$，即

$$\boldsymbol{E}_n=\begin{pmatrix}1 & & & \\ & 1 & & \\ & & \ddots & \\ & & & 1\end{pmatrix}。$$

例如线性变换$\begin{cases}y_1=x_1\\ y_2=x_2\\ \cdots\cdots\\ y_n=x_n\end{cases}$叫作恒等变换，它对应的系数矩阵就是一个 n 阶单位矩阵。

2. 三角形矩阵

定义 4 若 n 阶方阵 $\boldsymbol{A}=(a_{ij})$ 中的元素满足条件 $a_{ij}=0(i>j)(i,j=1,2,\cdots,n)$，

即

$$\boldsymbol{A}=\begin{pmatrix} a_{11} & a_{12} & \cdots & a_{1n} \\ 0 & a_{22} & \cdots & a_{2n} \\ \vdots & \vdots & & \vdots \\ 0 & 0 & \cdots & a_{nn} \end{pmatrix},$$

则称 $\boldsymbol{A}$ 为 n 阶**上三角形矩阵**或**上三角矩阵**,常将之简记为

$$\boldsymbol{A}=\begin{pmatrix} a_{11} & a_{12} & \cdots & a_{1n} \\ & a_{22} & \cdots & a_{2n} \\ & & \ddots & \vdots \\ & & & a_{nn} \end{pmatrix}。$$

若 n 阶方阵 $\boldsymbol{B}=(b_{ij})$ 中的元素满足条件 $b_{ij}=0(i<j)(i,j=1,2,\cdots,n)$,即

$$\boldsymbol{B}=\begin{pmatrix} b_{11} & 0 & \cdots & 0 \\ b_{21} & b_{22} & \cdots & 0 \\ \vdots & \vdots & & \vdots \\ b_{n1} & b_{n2} & \cdots & b_{nn} \end{pmatrix},$$

则称 $\boldsymbol{B}$ 为 n 阶**下三角形矩阵**或**下三角矩阵**,常将之简记为

$$\boldsymbol{B}=\begin{pmatrix} b_{11} & & & \\ b_{21} & b_{22} & & \\ \vdots & \vdots & \ddots & \\ b_{n1} & b_{n2} & \cdots & b_{nn} \end{pmatrix}。$$

例如,$\boldsymbol{A}=\begin{pmatrix} 1 & 2 & 3 \\ 0 & 4 & 5 \\ 0 & 0 & 6 \end{pmatrix}$为上三角矩阵,$\boldsymbol{B}=\begin{pmatrix} 1 & 0 & 0 \\ 2 & 3 & 0 \\ 4 & 5 & 6 \end{pmatrix}$为下三角矩阵。

3. 对称矩阵

定义 5 若 n 阶方阵 $\boldsymbol{A}=(a_{ij})$ 中的元素满足 $a_{ij}=a_{ji}(i,j=1,2,\cdots,n)$,则称 $\boldsymbol{A}$ 为**对称矩阵**。

例如,$\boldsymbol{A}=\begin{pmatrix} 0.5 & 0 & 0.2 \\ 0 & 3 & 1 \\ 0.2 & 1 & 2 \end{pmatrix}$为对称矩阵。

第二节　矩阵的运算

一、矩阵的加法与数乘矩阵

定义 1　两个 $m\times n$ 矩阵 $\boldsymbol{A}=(a_{ij})$ 和 $\boldsymbol{B}=(b_{ij})$ 对应位置元素相加得到矩阵：

$$\begin{pmatrix} a_{11}+b_{11} & a_{12}+b_{12} & \cdots & a_{1n}+b_{1n} \\ a_{21}+b_{21} & a_{22}+b_{22} & \cdots & a_{2n}+b_{2n} \\ \vdots & \vdots & & \vdots \\ a_{m1}+b_{m1} & a_{m2}+b_{m2} & \cdots & a_{mn}+b_{mn} \end{pmatrix}$$

称之为**矩阵 $\boldsymbol{A}$ 与 $\boldsymbol{B}$ 的和**，记作 $\boldsymbol{A}+\boldsymbol{B}$，即

$$\boldsymbol{A}+\boldsymbol{B}=(a_{ij})_{m\times n}+(b_{ij})_{m\times n}=(a_{ij}+b_{ij})_{m\times n}。$$

注意，只有当两个矩阵是同型矩阵时，才能进行加法运算。

例 1　两种物资（单位：吨）同时从 3 个产地运往 4 个销售地，其调运方案可用矩阵 $\boldsymbol{A}$ 和矩阵 $\boldsymbol{B}$ 来表示：

$$\boldsymbol{A}=\begin{pmatrix} 2 & 0 & 3 & 4 \\ 5 & 3 & 2 & 7 \\ 2 & 1 & 0 & 3 \end{pmatrix},\boldsymbol{B}=\begin{pmatrix} 3 & 1 & 2 & 0 \\ 4 & 0 & 8 & 6 \\ 1 & 2 & 5 & 7 \end{pmatrix}。$$

则从各产地运往各销售地的物资总调运量（单位：吨）可表示为

$$\begin{aligned}\boldsymbol{A}+\boldsymbol{B}&=\begin{pmatrix} 2 & 0 & 3 & 4 \\ 5 & 3 & 2 & 7 \\ 2 & 1 & 0 & 3 \end{pmatrix}+\begin{pmatrix} 3 & 1 & 2 & 0 \\ 4 & 0 & 8 & 6 \\ 1 & 2 & 5 & 7 \end{pmatrix}\\ &=\begin{pmatrix} 2+3 & 0+1 & 3+2 & 4+0 \\ 5+4 & 3+0 & 2+8 & 7+6 \\ 2+1 & 1+2 & 0+5 & 3+7 \end{pmatrix}=\begin{pmatrix} 5 & 1 & 5 & 4 \\ 9 & 3 & 10 & 13 \\ 3 & 3 & 5 & 10 \end{pmatrix}。\end{aligned}$$

定义 2　以数 λ 乘 $m\times n$ 矩阵 $\boldsymbol{A}=(a_{ij})$ 的每一个元素得到的矩阵：

$$\begin{pmatrix} \lambda a_{11} & \lambda a_{12} & \cdots & \lambda a_{1n} \\ \lambda a_{21} & \lambda a_{22} & \cdots & \lambda a_{2n} \\ \vdots & \vdots & & \vdots \\ \lambda a_{m1} & \lambda a_{m2} & \cdots & \lambda a_{mn} \end{pmatrix}$$

称之为**数 λ 与矩阵 $\boldsymbol{A}$ 的积**，记作 $\lambda\boldsymbol{A}$，即

$$\lambda\boldsymbol{A}=\lambda(a_{ij})_{m\times n}=(\lambda a_{ij})_{m\times n}。$$

若取 $\lambda=-1$，则有 $-\boldsymbol{A}=(-a_{ij})_{m\times n}$。称 $-\boldsymbol{A}$ 为矩阵 $\boldsymbol{A}$ 的**负矩阵**。显然有

$$\boldsymbol{A}+(-\boldsymbol{A})=\boldsymbol{O}。$$

由此规定矩阵的减法为

$$\boldsymbol{A}-\boldsymbol{B}=\boldsymbol{A}+(-\boldsymbol{B}),$$

即若 $\boldsymbol{A}=(a_{ij})_{m\times n}$，$\boldsymbol{B}=(b_{ij})_{m\times n}$，则

$$\boldsymbol{A}-\boldsymbol{B}=\boldsymbol{A}+(-\boldsymbol{B})=(a_{ij})_{m\times n}+(-b_{ij})_{m\times n}=(a_{ij}-b_{ij})_{m\times n}。$$

例 2　设某商品的 3 个产地与 4 个销售地之间的里程数(单位：千米)形成的矩阵为 $\boldsymbol{A}=\begin{pmatrix}120 & 180 & 75 & 85\\ 75 & 125 & 35 & 45\\ 130 & 190 & 85 & 100\end{pmatrix}$，已知该商品每吨公里的运费为 1.50 元，则各产地与各销售地之间每吨商品的运费(单位：元/吨)可以表示为：

$$1.5\boldsymbol{A}=1.5\times\begin{pmatrix}120 & 180 & 75 & 85\\ 75 & 125 & 35 & 45\\ 130 & 190 & 85 & 100\end{pmatrix}$$

$$=\begin{pmatrix}1.5\times120 & 1.5\times180 & 1.5\times75 & 1.5\times85\\ 1.5\times75 & 1.5\times125 & 1.5\times35 & 1.5\times45\\ 1.5\times130 & 1.5\times190 & 1.5\times85 & 1.5\times100\end{pmatrix}$$

$$=\begin{pmatrix}180 & 270 & 112.5 & 127.5\\ 112.5 & 187.5 & 52.5 & 67.5\\ 195 & 285 & 127.5 & 150\end{pmatrix}。$$

矩阵相加与数乘矩阵的运算，统称为**矩阵的线性运算**。矩阵的线性运算满足下面的运算律：

设 $\boldsymbol{A}$，$\boldsymbol{B}$，$\boldsymbol{C}$ 都是 $m\times n$ 矩阵，λ，μ 是数，则

(1)$\boldsymbol{A}+\boldsymbol{B}=\boldsymbol{B}+\boldsymbol{A}$；

(2)$(\boldsymbol{A}+\boldsymbol{B})+\boldsymbol{C}=\boldsymbol{A}+(\boldsymbol{B}+\boldsymbol{C})$；

(3)$\lambda(\boldsymbol{A}+\boldsymbol{B})=\lambda\boldsymbol{A}+\lambda\boldsymbol{B}$；

(4)$(\lambda+\mu)\boldsymbol{A}=\lambda\boldsymbol{A}+\mu\boldsymbol{A}$；

(5)$(\lambda\mu)\boldsymbol{A}=\lambda(\mu\boldsymbol{A})$。

例 3　已知

$$\boldsymbol{A}=\begin{pmatrix}-1 & 2 & 3 & 1\\ 0 & 3 & -2 & 1\\ 4 & 0 & 3 & 2\end{pmatrix},\boldsymbol{B}=\begin{pmatrix}3 & -1 & 2 & 0\\ 1 & 5 & 7 & 9\\ 2 & 3 & -1 & 6\end{pmatrix},$$

且 $\boldsymbol{A}+2\boldsymbol{X}=\boldsymbol{B}$，求 $\boldsymbol{X}$。

解　由矩阵的加法和数乘运算律有

$$\boldsymbol{X}=\frac{1}{2}(\boldsymbol{B}-\boldsymbol{A})=\frac{1}{2}\begin{pmatrix}4 & -3 & -1 & -1\\ 1 & 2 & 9 & 8\\ -2 & 3 & -4 & 4\end{pmatrix}$$

$$
=\begin{pmatrix} 2 & -\frac{3}{2} & -\frac{1}{2} & -\frac{1}{2} \\ \frac{1}{2} & 1 & \frac{9}{2} & 4 \\ -1 & \frac{3}{2} & -2 & 2 \end{pmatrix}。
$$

二、矩阵的乘法

设有两个线性变换

$$
\begin{cases} x_1 = a_{11}y_1 + a_{12}y_2 + a_{13}y_3, \\ x_2 = a_{21}y_1 + a_{22}y_2 + a_{23}y_3, \end{cases} \tag{1}
$$

$$
\begin{cases} y_1 = b_{11}z_1 + b_{12}z_2, \\ y_2 = b_{21}z_1 + b_{22}z_2, \\ y_3 = b_{31}z_1 + b_{32}z_2。 \end{cases} \tag{2}
$$

则变量 z_1, z_2 与变量 x_1, x_2 的关系为

$$
\begin{cases} x_1 = (a_{11}b_{11} + a_{12}b_{21} + a_{13}b_{31})z_1 + (a_{11}b_{12} + a_{12}b_{22} + a_{13}b_{32})z_2, \\ x_2 = (a_{21}b_{11} + a_{22}b_{21} + a_{23}b_{31})z_1 + (a_{21}b_{12} + a_{22}b_{22} + a_{23}b_{32})z_2。 \end{cases} \tag{3}
$$

(1)(2)(3)对应的矩阵依次为

$$
\boldsymbol{A} = \begin{pmatrix} a_{11} & a_{12} & a_{13} \\ a_{21} & a_{22} & a_{23} \end{pmatrix}, \boldsymbol{B} = \begin{pmatrix} b_{11} & b_{12} \\ b_{21} & b_{22} \\ b_{31} & b_{32} \end{pmatrix},
$$

$$
\boldsymbol{C} = \begin{pmatrix} a_{11}b_{11} + a_{12}b_{21} + a_{13}b_{31} & a_{11}b_{12} + a_{12}b_{22} + a_{13}b_{32} \\ a_{21}b_{11} + a_{22}b_{21} + a_{23}b_{31} & a_{21}b_{12} + a_{22}b_{22} + a_{23}b_{32} \end{pmatrix}。
$$

为方便对(3)的描述，规定矩阵 $\boldsymbol{C}$ 为矩阵 $\boldsymbol{A}$ 与 $\boldsymbol{B}$ 的乘积，记为 $\boldsymbol{C}=\boldsymbol{AB}$。一般地，有如下定义：

定义 3　设矩阵 $\boldsymbol{A}=(a_{ij})_{m\times s}$，$\boldsymbol{B}=(b_{ij})_{s\times n}$。令 $c_{ij}=a_{i1}b_{1j}+a_{i2}b_{2j}+\cdots+a_{is}b_{sj}=\sum\limits_{k=1}^{s}a_{ik}b_{kj}$，$(i=1,2,\cdots,m;j=1,2,\cdots,n)$则称矩阵 $\boldsymbol{C}=(c_{ij})_{m\times n}$ 是**矩阵 $\boldsymbol{A}$ 与矩阵 $\boldsymbol{B}$ 的乘积**，记作 $\boldsymbol{C}=\boldsymbol{AB}$。

对于矩阵的乘法运算，应注意以下三点：

1. 只有矩阵 $\boldsymbol{A}$ 的列数等于矩阵 $\boldsymbol{B}$ 的行数时，$\boldsymbol{AB}$ 才有意义；

2. 乘积矩阵 $\boldsymbol{AB}$ 的元素 c_{ij} 就是矩阵 $\boldsymbol{A}$ 的第 i 行上各元素与矩阵 $\boldsymbol{B}$ 的第 j 列上各对应元素的乘积之和；

3. 乘积矩阵 $\boldsymbol{AB}$ 的行数等于矩阵 $\boldsymbol{A}$ 的行数，列数等于矩阵 $\boldsymbol{B}$ 的列数。

线性变换(3)用矩阵的乘法运算表示即为

$$\begin{pmatrix}x_1\\x_2\end{pmatrix}=\begin{pmatrix}a_{11}&a_{12}&a_{13}\\a_{21}&a_{22}&a_{23}\end{pmatrix}\begin{pmatrix}b_{11}&b_{12}\\b_{21}&b_{22}\\b_{31}&b_{32}\end{pmatrix}\begin{pmatrix}z_1\\z_2\end{pmatrix}。$$

从(1)(2)到(3)的过程，借助这种矩阵乘法运算知识要轻松得多。

例 4 设 $\boldsymbol{A}=\begin{pmatrix}2&1&4&0\\1&-1&3&4\end{pmatrix}$，$\boldsymbol{B}=\begin{pmatrix}1&3&1\\0&-1&2\\1&-3&1\\4&0&-2\end{pmatrix}$，求 $\boldsymbol{AB}$。

解 因为 $\boldsymbol{A}$ 是 2×4 矩阵，$\boldsymbol{B}$ 是 4×3 矩阵，即 $\boldsymbol{A}$ 的列数等于 $\boldsymbol{B}$ 的行数，故 $\boldsymbol{A}$ 和 $\boldsymbol{B}$ 可做 $\boldsymbol{AB}$ 这种结构的乘法运算，其乘积 $\boldsymbol{AB}$ 应是一个 2×3 矩阵。

$$\begin{aligned}\boldsymbol{AB}&=\begin{pmatrix}2&1&4&0\\1&-1&3&4\end{pmatrix}\begin{pmatrix}1&3&1\\0&-1&2\\1&-3&1\\4&0&-2\end{pmatrix}\\&=\begin{pmatrix}2\times1+1\times0+4\times1+0\times4&2\times3+1\times(-1)+4\times(-3)+0\times0&2\times1+1\times2+4\times1+0\times(-2)\\1\times1+(-1)\times0+3\times1+4\times4&1\times3+(-1)\times(-1)+3\times(-3)+4\times0&1\times1+(-1)\times2+3\times1+4\times(-2)\end{pmatrix}\\&=\begin{pmatrix}6&-7&8\\20&-5&-6\end{pmatrix}。\end{aligned}$$

例 5 设 $\boldsymbol{A}=\begin{pmatrix}2&-4\\-1&2\end{pmatrix}$，$\boldsymbol{B}=\begin{pmatrix}2&4\\-3&-6\end{pmatrix}$，求 $\boldsymbol{AB}$ 及 $\boldsymbol{BA}$。

解 $\boldsymbol{AB}=\begin{pmatrix}2&-4\\-1&2\end{pmatrix}\begin{pmatrix}2&4\\-3&-6\end{pmatrix}=\begin{pmatrix}16&32\\-8&-16\end{pmatrix}$，

$\boldsymbol{BA}=\begin{pmatrix}2&4\\-3&-6\end{pmatrix}\begin{pmatrix}2&-4\\-1&2\end{pmatrix}=\begin{pmatrix}0&0\\0&0\end{pmatrix}$。

由例 4 可知，在矩阵的乘法运算中必须注意矩阵相乘的顺序。$\boldsymbol{AB}$ 是 $\boldsymbol{A}$ 左乘 $\boldsymbol{B}$，$\boldsymbol{BA}$ 是 $\boldsymbol{A}$ 右乘 $\boldsymbol{B}$。$\boldsymbol{AB}$ 有意义时，$\boldsymbol{BA}$ 可以没有意义。当 $\boldsymbol{AB}$ 与 $\boldsymbol{BA}$ 都有意义时，它们仍然可以不相等，如例 5 中的 $\boldsymbol{AB}$ 和 $\boldsymbol{BA}$ 不相等。总之，矩阵的乘法运算不满足交换律，即在一般情形下，$\boldsymbol{AB}\neq\boldsymbol{BA}$。

对于两个 n 阶方阵 $\boldsymbol{A}$，$\boldsymbol{B}$，若 $\boldsymbol{AB}=\boldsymbol{BA}$，则称方阵 $\boldsymbol{A}$ 与 $\boldsymbol{B}$ 是**对乘法运算可交换的**。

例 5 还表明，矩阵 $\boldsymbol{A}\neq\boldsymbol{O}$，$\boldsymbol{B}\neq\boldsymbol{O}$，但有 $\boldsymbol{BA}=\boldsymbol{O}$。这里要特别注意的是：若有两个矩阵 $\boldsymbol{A}$，$\boldsymbol{B}$ 尽管满足 $\boldsymbol{AB}=\boldsymbol{O}$，也不一定能得出 $\boldsymbol{A}=\boldsymbol{O}$ 或 $\boldsymbol{B}=\boldsymbol{O}$ 的结论。更进一步，若 $\boldsymbol{A}\neq\boldsymbol{O}$ 而 $\boldsymbol{A}(\boldsymbol{B}-\boldsymbol{C})=\boldsymbol{O}$，也不一定能得出 $\boldsymbol{B}=\boldsymbol{C}$ 的结论。

在一般情形下，矩阵的乘法运算虽不满足交换律，但仍满足下列结合律和分配律（假设运算都有意义）：

(1) $(\boldsymbol{AB})\boldsymbol{C}=\boldsymbol{A}(\boldsymbol{BC})$；

(2) $(A+B)C=AC+BC$;

(3) $C(A+B)=CA+CB$;

(4) $k(AB)=(kA)B=A(kB)$ (k 为常数)。

根据矩阵乘法的运算规则，不难得到以下常用结论：

$E_m A_{m\times n}=A_{m\times n}$，$A_{m\times n}E_n=A_{m\times n}$，简记为 $EA=AE=A$。

三、矩阵的转置

定义 4　设矩阵

$$A=\begin{pmatrix} a_{11} & a_{12} & \cdots & a_{1n} \\ a_{21} & a_{22} & \cdots & a_{2n} \\ \vdots & \vdots & & \vdots \\ a_{m1} & a_{m2} & \cdots & a_{mn} \end{pmatrix},$$

规定矩阵

$$A^{T}=\begin{pmatrix} a_{11} & a_{21} & \cdots & a_{m1} \\ a_{12} & a_{22} & \cdots & a_{m2} \\ \vdots & \vdots & & \vdots \\ a_{1n} & a_{2n} & \cdots & a_{mn} \end{pmatrix},$$

称 A^{T} 为 A **的转置矩阵**。

例如矩阵 $A=\begin{pmatrix} 1 & 2 & 0 \\ 3 & -1 & 1 \end{pmatrix}$ 的转置矩阵为 $A^{T}=\begin{pmatrix} 1 & 3 \\ 2 & -1 \\ 0 & 1 \end{pmatrix}$。

矩阵的转置满足下列运算规律(假设运算都有意义)：

(1) $(A^{T})^{T}=A$;

(2) $(A+B)^{T}=A^{T}+B^{T}$;

(3) $(kA)^{T}=kA^{T}$ (k 为常数);

(4) $(AB)^{T}=B^{T}A^{T}$。

这里的证明留给读者。

例 6　已知 $A=\begin{pmatrix} 2 & 0 & -2 \\ 1 & 3 & 2 \end{pmatrix}$，$B=\begin{pmatrix} 1 & 7 & 1 \\ 4 & 2 & 3 \\ 2 & 0 & 1 \end{pmatrix}$，求 $(AB)^{T}$。

解法一

因为

$$AB=\begin{pmatrix} 2 & 0 & -2 \\ 1 & 3 & 2 \end{pmatrix}\begin{pmatrix} 1 & 7 & 1 \\ 4 & 2 & 3 \\ 2 & 0 & 1 \end{pmatrix}=\begin{pmatrix} -2 & 14 & 0 \\ 17 & 13 & 12 \end{pmatrix},$$

所以

$$(\boldsymbol{AB})^{\mathrm{T}}=\begin{pmatrix}-2 & 17\\ 14 & 13\\ 0 & 12\end{pmatrix}。$$

解法二

$$(\boldsymbol{AB})^{\mathrm{T}}=\boldsymbol{B}^{\mathrm{T}}\boldsymbol{A}^{\mathrm{T}}=\begin{pmatrix}1 & 4 & 2\\ 7 & 2 & 0\\ 1 & 3 & 1\end{pmatrix}\begin{pmatrix}2 & 1\\ 0 & 3\\ -2 & 2\end{pmatrix}=\begin{pmatrix}-2 & 17\\ 14 & 13\\ 0 & 12\end{pmatrix}。$$

四、方阵的幂及其行列式

定义 5 对于方阵 $\boldsymbol{A}$ 及自然数 k,规定

$$\boldsymbol{A}^k=\boldsymbol{AA}\cdots\boldsymbol{A}(\text{等式右端 }\boldsymbol{A}\text{ 的个数为 }k),$$

称 $\boldsymbol{A}^k$ 为**方阵 $\boldsymbol{A}$ 的 k 次幂**。

方阵的幂有下列性质:

设 $\boldsymbol{A}$ 是方阵,k_1,k_2 是自然数,则:

(1)$\boldsymbol{A}^{k_1}\boldsymbol{A}^{k_2}=\boldsymbol{A}^{k_1+k_2}$;

(2)$(\boldsymbol{A}^{k_1})^{k_2}=\boldsymbol{A}^{k_1k_2}$。

定义 6 由 n 阶方阵 $\boldsymbol{A}$ 的各元素(位置不变)所构成的行列式,称为**方阵 $\boldsymbol{A}$ 的行列式**,记为 $|\boldsymbol{A}|$ 或 $\det\boldsymbol{A}$。

注意:方阵与行列式是两个不同的概念,n 阶方阵是 n^2 个数按一定的方式排成的数表,而 n 阶行列式则是这些数(也就是数表 $\boldsymbol{A}$ 中的 n^2 个数)按一定的运算法则所确定的一个数。

由 $\boldsymbol{A}$ 确定的 $|\boldsymbol{A}|$ 的运算满足下列运算规律(设 $\boldsymbol{A},\boldsymbol{B}$ 为 n 阶方阵,k 为常数):

(1)$|\boldsymbol{A}^{\mathrm{T}}|=|\boldsymbol{A}|$;

(2)$|k\boldsymbol{A}|=k^n|\boldsymbol{A}|$;

(3)$|\boldsymbol{AB}|=|\boldsymbol{A}||\boldsymbol{B}|$。

这里仅证明(3)。设 $\boldsymbol{A}=(a_{ij}),\boldsymbol{B}=(b_{ij})$。记 $2n$ 阶行列式

$$D=\begin{vmatrix}a_{11} & \cdots & a_{1n} & 0 & \cdots & 0\\ \vdots & & \vdots & \vdots & & \vdots\\ a_{n1} & \cdots & a_{nn} & 0 & \cdots & 0\\ -1 & & & b_{11} & \cdots & b_{1n}\\ & \ddots & & \vdots & & \vdots\\ & & -1 & b_{n1} & \cdots & b_{nn}\end{vmatrix}=\begin{vmatrix}\boldsymbol{A} & \boldsymbol{O}\\ -\boldsymbol{E} & \boldsymbol{B}\end{vmatrix}。$$

由第一章计算行列式的基本方法可知 $D=|\boldsymbol{A}||\boldsymbol{B}|$,而在 D 中,将第 1 列的 b_{1j} 倍,第 2 列的 b_{2j} 倍,…,第 n 列的 b_{nj} 倍都加到第 $n+j$ 列上($j=1,2,\cdots,n$),有

$$D=\begin{vmatrix} A & C \\ -E & O \end{vmatrix},$$

其中 $\boldsymbol{C}=(c_{ij})$，$c_{ij}=b_{1j}a_{i1}+b_{2j}a_{i2}+\cdots+b_{nj}a_{in}$，故 $\boldsymbol{C}=\boldsymbol{AB}$。

再对 D 的行作 $r_j\leftrightarrow r_{n+j}(j=1,2,\cdots,n)$，有

$$D=(-1)^n\begin{vmatrix} -E & O \\ A & C \end{vmatrix},$$

从而有

$$D=(-1)^n|-\boldsymbol{E}||\boldsymbol{C}|=(-1)^n(-1)^n|\boldsymbol{C}|=|\boldsymbol{C}|=|\boldsymbol{AB}|,$$

于是

$$|\boldsymbol{AB}|=|\boldsymbol{A}||\boldsymbol{B}|。$$

证毕。

由(3)可知，虽然对于 n 阶方阵 $\boldsymbol{A}$，$\boldsymbol{B}$，一般说来 $\boldsymbol{AB}\neq\boldsymbol{BA}$，但总有

$$|\boldsymbol{AB}|=|\boldsymbol{BA}|（数相乘可交换）。$$

例 7 $\boldsymbol{A}=\begin{pmatrix}1 & 2\\ 2 & 3\end{pmatrix}$，$\boldsymbol{B}=\begin{pmatrix}2 & 4\\ -1 & 5\end{pmatrix}$，求 $|\boldsymbol{AB}|$。

解法一 $\boldsymbol{AB}=\begin{pmatrix}1 & 2\\ 2 & 3\end{pmatrix}\begin{pmatrix}2 & 4\\ -1 & 5\end{pmatrix}=\begin{pmatrix}0 & 14\\ 1 & 23\end{pmatrix}$，$|\boldsymbol{AB}|=-14$。

解法二 $|\boldsymbol{A}|=-1$，$|\boldsymbol{B}|=14$，$|\boldsymbol{AB}|=|\boldsymbol{A}||\boldsymbol{B}|=-14$。

定义 7 n 阶方阵 $\boldsymbol{A}$ 的各个元素的代数余子式所构成的矩阵

$$\boldsymbol{A}^*=\begin{pmatrix} A_{11} & A_{21} & \cdots & A_{n1} \\ A_{12} & A_{22} & \cdots & A_{n2} \\ \vdots & \vdots & & \vdots \\ A_{1n} & A_{2n} & \cdots & A_{nn} \end{pmatrix},$$

称为矩阵 $\boldsymbol{A}$ 的**伴随矩阵**，简称**伴随阵**。伴随阵有以下重要关系式

$$\boldsymbol{AA}^*=\boldsymbol{A}^*\boldsymbol{A}=|\boldsymbol{A}|\boldsymbol{E}。$$

证明 设 $\boldsymbol{A}=(a_{ij})$，记 $\boldsymbol{AA}^*=(b_{ij})$，则

$$b_{ij}=a_{i1}A_{j1}+a_{i2}A_{j2}+\cdots+a_{in}A_{jn}=|\boldsymbol{A}|\delta_{ij},$$

其中

$$\delta_{ij}=\begin{cases}1, i=j, \\ 0, i\neq j,\end{cases}$$

故

$$\boldsymbol{AA}^*=(|\boldsymbol{A}|\delta_{ij})=|\boldsymbol{A}|(\delta_{ij})=|\boldsymbol{A}|\boldsymbol{E}。$$

类似可得

$$\boldsymbol{A}^*\boldsymbol{A}=\left(\sum_{k=1}^{n}\boldsymbol{A}_{ki}a_{kj}\right)=(|\boldsymbol{A}|\delta_{ij})=|\boldsymbol{A}|(\delta_{ij})=|\boldsymbol{A}|\boldsymbol{E}。$$

证毕。

第三节 逆矩阵

解一元线性方程 $ax=b$,当 $a\neq 0$ 时,存在一个数 a^{-1},使 $x=a^{-1}b$ 为方程的解。那么,解矩阵方程 $\boldsymbol{AX}=\boldsymbol{B}$ 时,是否也存在一个矩阵,使这个矩阵乘以 $\boldsymbol{B}$ 等于 $\boldsymbol{X}$。这就是本节要讨论的逆矩阵问题。

一、逆矩阵的基本概念

定义 1 对于 n 阶矩阵 $\boldsymbol{A}$,如果存在一个 n 阶矩阵 $\boldsymbol{B}$,使

$$\boldsymbol{AB}=\boldsymbol{BA}=\boldsymbol{E},$$

则称矩阵 $\boldsymbol{A}$ 是**可逆的**,并把矩阵 $\boldsymbol{B}$ 称为 $\boldsymbol{A}$ 的**逆矩阵**(简称**逆阵**),记为 $\boldsymbol{A}^{-1}$,即 $\boldsymbol{A}^{-1}=\boldsymbol{B}$。

如果矩阵 $\boldsymbol{A}$ 是可逆的,那么 $\boldsymbol{A}$ 的逆矩阵是唯一的。事实上,设 $\boldsymbol{B},\boldsymbol{C}$ 都是 $\boldsymbol{A}$ 的逆矩阵,有 $\boldsymbol{BA}=\boldsymbol{AB}=\boldsymbol{E},\boldsymbol{CA}=\boldsymbol{AC}=\boldsymbol{E}$,则 $\boldsymbol{B}=\boldsymbol{BE}=\boldsymbol{B}(\boldsymbol{AC})=(\boldsymbol{BA})\boldsymbol{C}=\boldsymbol{EC}=\boldsymbol{C}$,所以 $\boldsymbol{A}$ 的逆矩阵是唯一的。

二、逆矩阵的存在性定理

定义 2 若 n 阶矩阵 $\boldsymbol{A}$ 的行列式 $|\boldsymbol{A}|\neq 0$,则称 $\boldsymbol{A}$ 为**非奇异矩阵**,否则称 $\boldsymbol{A}$ 为**奇异矩阵**。

定理 1 n 阶矩阵 $\boldsymbol{A}$ 可逆的充分必要条件是 $\boldsymbol{A}$ 为非奇异矩阵,且

$$\boldsymbol{A}^{-1}=\frac{1}{|\boldsymbol{A}|}\boldsymbol{A}^{*}, \tag{1}$$

其中,$\boldsymbol{A}^{*}$ 为矩阵 $\boldsymbol{A}$ 的伴随矩阵。

例 1 求二阶矩阵 $\boldsymbol{A}=\begin{pmatrix} a & b \\ c & d \end{pmatrix}$ 的逆矩阵。

解 $|\boldsymbol{A}|=ad-bc,\boldsymbol{A}^{*}=\begin{pmatrix} d & -b \\ -c & a \end{pmatrix}$。

利用逆矩阵公式(1),当 $|\boldsymbol{A}|\neq 0$ 时,有

$$\boldsymbol{A}^{-1}=\frac{1}{|\boldsymbol{A}|}\boldsymbol{A}^{*}=\frac{1}{ad-bc}\begin{pmatrix} d & -b \\ -c & a \end{pmatrix}。$$

当 $|\boldsymbol{A}|=0$ 时,$\boldsymbol{A}$ 不可逆。

例 2 求方阵 $\boldsymbol{A}=\begin{pmatrix} 1 & 1 & -1 \\ 2 & -1 & 0 \\ 1 & 0 & 1 \end{pmatrix}$ 的逆矩阵。

解 容易求得 $|\boldsymbol{A}|=-4$,由于 $|\boldsymbol{A}|\neq 0$,因此 $\boldsymbol{A}^{-1}$ 存在。再计算 $|\boldsymbol{A}|$ 中各元素对应的代数余子式,由

$$A_{11}=-1, A_{12}=-2, A_{13}=1,$$
$$A_{21}=-1, A_{22}=2, A_{23}=1,$$
$$A_{31}=-1, A_{32}=-2, A_{33}=-3,$$

得

$$\boldsymbol{A}^{*}=\begin{pmatrix}-1 & -1 & -1\\ -2 & 2 & -2\\ 1 & 1 & -3\end{pmatrix},$$

所以

$$\boldsymbol{A}^{-1}=\frac{1}{|\boldsymbol{A}|}\boldsymbol{A}^{*}=\begin{pmatrix}0.25 & 0.25 & 0.25\\ 0.5 & -0.5 & 0.5\\ -0.25 & -0.25 & 0.75\end{pmatrix}。$$

例 3　设 $\boldsymbol{A}=\begin{pmatrix}1 & 2\\ 3 & 5\end{pmatrix}, \boldsymbol{B}=\begin{pmatrix}2 & 1\\ 5 & 3\end{pmatrix}, \boldsymbol{C}=\begin{pmatrix}2 & 1\\ 4 & 3\end{pmatrix}$，求矩阵 $\boldsymbol{X}$，使其满足 $\boldsymbol{AXB}=\boldsymbol{C}$。

解　若 $\boldsymbol{A}^{-1}, \boldsymbol{B}^{-1}$ 存在，则用 $\boldsymbol{A}^{-1}$ 左乘 $\boldsymbol{AXB}=\boldsymbol{C}$，$\boldsymbol{B}^{-1}$ 右乘 $\boldsymbol{AXB}=\boldsymbol{C}$，有

$$\boldsymbol{A}^{-1}\boldsymbol{AXBB}^{-1}=\boldsymbol{A}^{-1}\boldsymbol{CB}^{-1},$$

即

$$\boldsymbol{X}=\boldsymbol{A}^{-1}\boldsymbol{CB}^{-1}。$$

由定理 1 知：$\boldsymbol{A}, \boldsymbol{B}$ 都可逆，且

$$\boldsymbol{A}^{-1}=\begin{pmatrix}-5 & 2\\ 3 & -1\end{pmatrix}, \boldsymbol{B}^{-1}=\begin{pmatrix}3 & -1\\ -5 & 2\end{pmatrix},$$

于是

$$\boldsymbol{X}=\boldsymbol{A}^{-1}\boldsymbol{CB}^{-1}=\begin{pmatrix}-5 & 2\\ 3 & -1\end{pmatrix}\begin{pmatrix}2 & 1\\ 4 & 3\end{pmatrix}\begin{pmatrix}3 & -1\\ -5 & 2\end{pmatrix}$$
$$=\begin{pmatrix}-2 & 1\\ 2 & 0\end{pmatrix}\begin{pmatrix}3 & -1\\ -5 & 2\end{pmatrix}=\begin{pmatrix}-11 & 4\\ 6 & -2\end{pmatrix}。$$

由定理 1，可得下述推论。

推论　设 $\boldsymbol{A}$ 是方阵，若存在矩阵 $\boldsymbol{B}$，使得 $\boldsymbol{AB}=\boldsymbol{E}$（或 $\boldsymbol{BA}=\boldsymbol{E}$），则 $\boldsymbol{A}$ 可逆，且 $\boldsymbol{A}^{-1}=\boldsymbol{B}$。

证明　下面仅针对 $\boldsymbol{AB}=\boldsymbol{E}$ 的情形给出证明。

因为 $\boldsymbol{A}$ 和 $\boldsymbol{E}$ 均是方阵，所以 $\boldsymbol{B}$ 必是与 $\boldsymbol{A}$ 和 $\boldsymbol{E}$ 同阶的方阵，从而有

$$|\boldsymbol{A}||\boldsymbol{B}|=|\boldsymbol{AB}|=|\boldsymbol{E}|=1,$$

故 $|\boldsymbol{A}|\neq 0$，因而 $\boldsymbol{A}^{-1}$ 存在，于是

$$\boldsymbol{A}^{-1}=\boldsymbol{A}^{-1}\boldsymbol{E}=\boldsymbol{A}^{-1}(\boldsymbol{AB})=(\boldsymbol{A}^{-1}\boldsymbol{A})\boldsymbol{B}=\boldsymbol{EB}=\boldsymbol{B}。$$

证毕。

例 4 如果 $\boldsymbol{A}=\begin{pmatrix} a_1 & 0 & \cdots & 0 \\ 0 & a_2 & \cdots & 0 \\ \vdots & \vdots & & \vdots \\ 0 & 0 & \cdots & a_n \end{pmatrix}$，其中 $a_i \neq 0(i=1,2,\cdots,n)$。

验证 $\boldsymbol{A}^{-1}=\begin{pmatrix} \frac{1}{a_1} & 0 & \cdots & 0 \\ 0 & \frac{1}{a_2} & \cdots & 0 \\ \vdots & \vdots & & \vdots \\ 0 & 0 & \cdots & \frac{1}{a_n} \end{pmatrix}$。

证明 因为 $\boldsymbol{A}$ 是方阵，且

$$\begin{pmatrix} a_1 & 0 & \cdots & 0 \\ 0 & a_2 & \cdots & 0 \\ \vdots & \vdots & & \vdots \\ 0 & 0 & \cdots & a_n \end{pmatrix}\begin{pmatrix} \frac{1}{a_1} & 0 & \cdots & 0 \\ 0 & \frac{1}{a_2} & \cdots & 0 \\ \vdots & \vdots & & \vdots \\ 0 & 0 & \cdots & \frac{1}{a_n} \end{pmatrix}=\boldsymbol{E},$$

所以

$$\boldsymbol{A}^{-1}=\begin{pmatrix} \frac{1}{a_1} & 0 & \cdots & 0 \\ 0 & \frac{1}{a_2} & \cdots & 0 \\ \vdots & \vdots & & \vdots \\ 0 & 0 & \cdots & \frac{1}{a_n} \end{pmatrix}。$$

三、逆矩阵的性质

由定义 1 易知，方阵的逆矩阵满足下列运算规律：

(1)若 $\boldsymbol{A}$ 可逆，则 $\boldsymbol{A}^{-1}$ 亦可逆，且 $(\boldsymbol{A}^{-1})^{-1}=\boldsymbol{A}$。

(2)若 $\boldsymbol{A}$ 可逆，数 $\lambda \neq 0$，则 $\lambda\boldsymbol{A}$ 可逆，且 $(\lambda\boldsymbol{A})^{-1}=\frac{1}{\lambda}\boldsymbol{A}^{-1}$。

(3)若 $\boldsymbol{A}$ 可逆，则 $|\boldsymbol{A}^{-1}|=|\boldsymbol{A}|^{-1}$。

证明 由 $\boldsymbol{A}\boldsymbol{A}^{-1}=\boldsymbol{E}$ 可知 $|\boldsymbol{A}||\boldsymbol{A}^{-1}|=1$，所以 $|\boldsymbol{A}^{-1}|=|\boldsymbol{A}|^{-1}$。证毕。

(4)若 $\boldsymbol{A},\boldsymbol{B}$ 为同阶的可逆方阵，则 $\boldsymbol{AB}$ 亦可逆，且 $(\boldsymbol{AB})^{-1}=\boldsymbol{B}^{-1}\boldsymbol{A}^{-1}$。

证明 因为 $\boldsymbol{AB}$ 是方阵，且 $(\boldsymbol{AB})(\boldsymbol{B}^{-1}\boldsymbol{A}^{-1})=\boldsymbol{A}(\boldsymbol{BB}^{-1})\boldsymbol{A}^{-1}=\boldsymbol{AEA}^{-1}=\boldsymbol{AA}^{-1}=\boldsymbol{E}$，所以

$\boldsymbol{AB}$ 可逆，且 $(\boldsymbol{AB})^{-1}=\boldsymbol{B}^{-1}\boldsymbol{A}^{-1}$。证毕。

(5)若 $\boldsymbol{A}$ 可逆，则 $\boldsymbol{A}^{\mathrm{T}}$ 亦可逆，且 $(\boldsymbol{A}^{\mathrm{T}})^{-1}=(\boldsymbol{A}^{-1})^{\mathrm{T}}$。

证明　因为 $\boldsymbol{A}^{\mathrm{T}}$ 是方阵，且 $\boldsymbol{A}^{\mathrm{T}}(\boldsymbol{A}^{-1})^{\mathrm{T}}=(\boldsymbol{A}^{-1}\boldsymbol{A})^{\mathrm{T}}=\boldsymbol{E}^{\mathrm{T}}=\boldsymbol{E}$，所以 $\boldsymbol{A}^{\mathrm{T}}$ 可逆，且 $(\boldsymbol{A}^{\mathrm{T}})^{-1}=(\boldsymbol{A}^{-1})^{\mathrm{T}}$。

证毕。

(6)若 $\boldsymbol{A}$ 可逆，且 $\boldsymbol{AB}=\boldsymbol{AC}$，则 $\boldsymbol{B}=\boldsymbol{C}$。

当 $\boldsymbol{A}$ 可逆时，还可定义

$$\boldsymbol{A}^0=\boldsymbol{E},\boldsymbol{A}^{-k}=(\boldsymbol{A}^{-1})^k,$$

其中 k 为正整数。当 $\boldsymbol{A}$ 可逆，λ,μ 为整数时，有

$$\boldsymbol{A}^{\lambda}\boldsymbol{A}^{\mu}=\boldsymbol{A}^{\lambda+\mu},(\boldsymbol{A}^{\lambda})^{\mu}=\boldsymbol{A}^{\lambda\mu}。$$

例 5　设 $\boldsymbol{P}=\begin{pmatrix}1&2\\1&3\end{pmatrix},\boldsymbol{\Lambda}=\begin{pmatrix}2&0\\0&1\end{pmatrix},\boldsymbol{AP}=\boldsymbol{P\Lambda}$，求 $\boldsymbol{A}^n$。

解　$|\boldsymbol{P}|=1,\boldsymbol{P}^{-1}=\begin{pmatrix}3&-2\\-1&1\end{pmatrix}$，

又因为 $\boldsymbol{AP}=\boldsymbol{P\Lambda}$，所以

$$\boldsymbol{A}=\boldsymbol{P\Lambda P}^{-1},\boldsymbol{A}^2=\boldsymbol{P\Lambda P}^{-1}\boldsymbol{P\Lambda P}^{-1}=\boldsymbol{P\Lambda}^2\boldsymbol{P}^{-1},\cdots,\boldsymbol{A}^n=\boldsymbol{P\Lambda}^n\boldsymbol{P}^{-1},$$

而

$$\boldsymbol{\Lambda}=\begin{pmatrix}2&0\\0&1\end{pmatrix},\boldsymbol{\Lambda}^2=\begin{pmatrix}2&0\\0&1\end{pmatrix}\begin{pmatrix}2&0\\0&1\end{pmatrix}=\begin{pmatrix}2^2&0\\0&1\end{pmatrix},\cdots,\boldsymbol{\Lambda}^n=\begin{pmatrix}2^n&0\\0&1\end{pmatrix},$$

故

$$\begin{aligned}\boldsymbol{A}^n&=\begin{pmatrix}1&2\\1&3\end{pmatrix}\begin{pmatrix}2^n&0\\0&1\end{pmatrix}\begin{pmatrix}3&-2\\-1&1\end{pmatrix}=\begin{pmatrix}2^n&2\\2^n&3\end{pmatrix}\begin{pmatrix}3&-2\\-1&1\end{pmatrix}\\&=\begin{pmatrix}3\times2^n-2&2-2^{n+1}\\3\times2^n-3&3-2^{n+1}\end{pmatrix}。\end{aligned}$$

设 $\varphi(x)=a_0+a_1x+\cdots+a_mx^m$ 为 x 的 m 次多项式，$\boldsymbol{A}$ 为 n 阶矩阵，记

$$\varphi(\boldsymbol{A})=a_0\boldsymbol{E}+a_1\boldsymbol{A}+\cdots+a_m\boldsymbol{A}^m,$$

称 $\varphi(\boldsymbol{A})$**为矩阵 $\boldsymbol{A}$ 的 m 次多项式**。

因为矩阵 $\boldsymbol{A}^k,\boldsymbol{A}^l$ 和 $\boldsymbol{E}$ 中任意两个做乘法运算时都是可交换的，所以矩阵 $\boldsymbol{A}$ 的两个多项式 $\varphi(\boldsymbol{A})$ 和 $f(\boldsymbol{A})$ 作乘法运算时总是可交换的，即有

$$\varphi(\boldsymbol{A})f(\boldsymbol{A})=f(\boldsymbol{A})\varphi(\boldsymbol{A})。$$

例如

$(\boldsymbol{E}-\boldsymbol{A})(2\boldsymbol{E}+\boldsymbol{A})=2\boldsymbol{E}-\boldsymbol{A}-\boldsymbol{A}^2$，

$(\boldsymbol{E}+\boldsymbol{A})^3=\boldsymbol{E}+3\boldsymbol{A}+3\boldsymbol{A}^2+\boldsymbol{A}^3$。

例 5 中计算 $\boldsymbol{A}^k$ 的方法可用来计算 $\boldsymbol{A}$ 的多项式 $\varphi(\boldsymbol{A})$。

如果 $\boldsymbol{A}=\boldsymbol{P\Lambda P}^{-1}$，则 $\boldsymbol{A}^k=\boldsymbol{P\Lambda}^k\boldsymbol{P}^{-1}$，从而

$$\begin{aligned}\varphi(\boldsymbol{A}) &= a_0\boldsymbol{E}+a_1\boldsymbol{A}+\cdots+a_m\boldsymbol{A}^m\\ &= \boldsymbol{P}a_0\boldsymbol{E}\boldsymbol{P}^{-1}+\boldsymbol{P}a_1\boldsymbol{\Lambda}\boldsymbol{P}^{-1}+\cdots+\boldsymbol{P}a_m\boldsymbol{\Lambda}^m\boldsymbol{P}^{-1}\\ &= \boldsymbol{P}\varphi(\boldsymbol{\Lambda})\boldsymbol{P}^{-1}。\end{aligned}$$

如果 $\boldsymbol{\Lambda}=\operatorname{diag}(\lambda_1,\lambda_2,\cdots,\lambda_n)$，则 $\boldsymbol{\Lambda}^k=\operatorname{diag}(\lambda_1^k,\lambda_2^k,\cdots,\lambda_n^k)$，有

$$\begin{aligned}\varphi(\boldsymbol{\Lambda}) &= a_0\boldsymbol{E}+a_1\boldsymbol{\Lambda}+\cdots+a_m\boldsymbol{\Lambda}^m\\ &= a_0\begin{pmatrix}1&&&\\&1&&\\&&\ddots&\\&&&1\end{pmatrix}+a_1\begin{pmatrix}\lambda_1&&&\\&\lambda_2&&\\&&\ddots&\\&&&\lambda_n\end{pmatrix}+\cdots+a_m\begin{pmatrix}\lambda_1^m&&&\\&\lambda_2^m&&\\&&\ddots&\\&&&\lambda_n^m\end{pmatrix}\\ &= \begin{pmatrix}\varphi(\lambda_1)&&&\\&\varphi(\lambda_2)&&\\&&\ddots&\\&&&\varphi(\lambda_n)\end{pmatrix}。\end{aligned}$$

例 6 设 $\boldsymbol{P}=\begin{pmatrix}1&1\\-1&0\end{pmatrix}$，$\boldsymbol{\Lambda}=\begin{pmatrix}1&0\\0&-2\end{pmatrix}$，$\boldsymbol{AP}=\boldsymbol{P\Lambda}$，求 $\varphi(\boldsymbol{A})=\boldsymbol{A}^3-2\boldsymbol{A}^2+3\boldsymbol{A}$。

解 $|\boldsymbol{P}|=1$，可知 $\boldsymbol{P}$ 可逆，有

$$\boldsymbol{A}=\boldsymbol{P\Lambda P}^{-1},\varphi(\boldsymbol{A})=\boldsymbol{P}\varphi(\boldsymbol{\Lambda})\boldsymbol{P}^{-1},$$

而 $\varphi(1)=2$，$\varphi(-2)=-22$，故 $\varphi(\boldsymbol{\Lambda})=\operatorname{diag}(2,-22)$。

$$\begin{aligned}\varphi(\boldsymbol{A})=\boldsymbol{P}\varphi(\boldsymbol{\Lambda})\boldsymbol{P}^{-1} &= \begin{pmatrix}1&1\\-1&0\end{pmatrix}\begin{pmatrix}2&0\\0&-22\end{pmatrix}\frac{1}{|\boldsymbol{P}|}\boldsymbol{P}^*\\ &= \begin{pmatrix}2&-22\\-2&0\end{pmatrix}\begin{pmatrix}0&-1\\1&1\end{pmatrix}\\ &= \begin{pmatrix}-22&-24\\0&2\end{pmatrix}。\end{aligned}$$

第四节 矩阵的分块

矩阵分块法的基本思想是把矩阵分成若干小块，把每一小块看作矩阵的一个元素，从而简化复杂矩阵的表示，便于对其参与的矩阵运算进行讨论和计算。

一、分块矩阵的定义

例如

$$\boldsymbol{A}=\begin{pmatrix}1&0&0&3\\0&1&0&-1\\0&0&1&0\\0&0&0&1\end{pmatrix},$$

如果令

$$\boldsymbol{E}_3=\begin{pmatrix}1&0&0\\0&1&0\\0&0&1\end{pmatrix},\boldsymbol{A}_1=\begin{pmatrix}3\\-1\\0\end{pmatrix},\boldsymbol{0}=(0\quad 0\quad 0),\boldsymbol{A}_2=(1),$$

则

$$\boldsymbol{A}=\begin{pmatrix}\boldsymbol{E}_3&\boldsymbol{A}_1\\\boldsymbol{0}&\boldsymbol{A}_2\end{pmatrix}。$$

此时,称 $\boldsymbol{A}$ 为分块矩阵,它清晰地展现了 $\boldsymbol{A}$ 的结构特征,有利于描述 $\boldsymbol{A}$ 参与的某些矩阵运算,因此将矩阵分块有一定的实际价值,下面给出分块矩阵的一般性概念。

定义 1 用若干条纵线和横线把矩阵 $\boldsymbol{A}$ 分成许多小矩阵,每个小矩阵称为 $\boldsymbol{A}$ 的**子块**,以子块为元素的矩阵称为**分块矩阵**。

给了一个矩阵,可以根据需要对它进行分块,分块的结果并不具备唯一性。

如上例中的 $\boldsymbol{A}$,也可以按其他方法分块,例如:

如果令 $\boldsymbol{E}_2=\begin{pmatrix}1&0\\0&1\end{pmatrix},\boldsymbol{A}_3=\begin{pmatrix}0&3\\0&-1\end{pmatrix},\boldsymbol{O}=\begin{pmatrix}0&0\\0&0\end{pmatrix}$,

则

$$\boldsymbol{A}=\begin{pmatrix}\boldsymbol{E}_2&\boldsymbol{A}_3\\\boldsymbol{O}&\boldsymbol{E}_2\end{pmatrix}。$$

如果令

$$\boldsymbol{e}_1=\begin{pmatrix}1\\0\\0\\0\end{pmatrix},\boldsymbol{e}_2=\begin{pmatrix}0\\1\\0\\0\end{pmatrix},\boldsymbol{e}_3=\begin{pmatrix}0\\0\\1\\0\end{pmatrix},\boldsymbol{p}=\begin{pmatrix}3\\-1\\0\\1\end{pmatrix},$$

则

$$\boldsymbol{A}=(\boldsymbol{e}_1,\boldsymbol{e}_2,\boldsymbol{e}_3,\boldsymbol{p})。$$

本章第二节证明公式 $|\boldsymbol{AB}|=|\boldsymbol{A}||\boldsymbol{B}|$ 时出现的矩阵 $\begin{pmatrix}\boldsymbol{A}&\boldsymbol{O}\\-\boldsymbol{E}&\boldsymbol{B}\end{pmatrix}$ 正是分块矩阵,在那里是把四个矩阵拼成一个大矩阵,这与把大矩阵分成多个小矩阵是同一个概念的两个方面。

二、分块矩阵的运算

分块矩阵的运算规则与普通矩阵的运算规则类似。

如果将矩阵 $\boldsymbol{A}_{m\times n}$ 分块为

$$\boldsymbol{A}=\begin{pmatrix}\boldsymbol{A}_{11} & \boldsymbol{A}_{12} & \cdots & \boldsymbol{A}_{1t}\\ \boldsymbol{A}_{21} & \boldsymbol{A}_{22} & \cdots & \boldsymbol{A}_{2t}\\ \vdots & \vdots & & \vdots\\ \boldsymbol{A}_{s1} & \boldsymbol{A}_{s2} & \cdots & \boldsymbol{A}_{st}\end{pmatrix}=(\boldsymbol{A}_{pq}),$$

设 k 为数，则 $k\boldsymbol{A}=k(\boldsymbol{A}_{pq})=(k\boldsymbol{A}_{pq})$。

如果将矩阵 $\boldsymbol{A}_{m\times n}$，$\boldsymbol{B}_{m\times n}$ 分块为

$$\boldsymbol{A}_{m\times n}=(\boldsymbol{A}_{pq})=\begin{pmatrix}\boldsymbol{A}_{11} & \boldsymbol{A}_{12} & \cdots & \boldsymbol{A}_{1t}\\ \boldsymbol{A}_{21} & \boldsymbol{A}_{22} & \cdots & \boldsymbol{A}_{2t}\\ \vdots & \vdots & & \vdots\\ \boldsymbol{A}_{s1} & \boldsymbol{A}_{s2} & \cdots & \boldsymbol{A}_{st}\end{pmatrix},\boldsymbol{B}_{m\times n}=(\boldsymbol{B}_{pq})=\begin{pmatrix}\boldsymbol{B}_{11} & \boldsymbol{B}_{12} & \cdots & \boldsymbol{B}_{1t}\\ \boldsymbol{B}_{21} & \boldsymbol{B}_{22} & \cdots & \boldsymbol{B}_{2t}\\ \vdots & \vdots & & \vdots\\ \boldsymbol{B}_{s1} & \boldsymbol{B}_{s2} & \cdots & \boldsymbol{B}_{st}\end{pmatrix},$$

其中，对应子块 $\boldsymbol{A}_{pq}$ 与 $\boldsymbol{B}_{pq}$ 有相同的行数与相同的列数（$p=1,2,\cdots,s$；$q=1,2,\cdots,t$），则

$$\boldsymbol{A}+\boldsymbol{B}=(\boldsymbol{A}_{pq})+(\boldsymbol{B}_{pq})=(\boldsymbol{A}_{pq}+\boldsymbol{B}_{pq})。$$

如果将矩阵 $\boldsymbol{A}_{m\times l}$，$\boldsymbol{B}_{l\times n}$ 分块为

$$\boldsymbol{A}_{m\times l}=(\boldsymbol{A}_{pk})=\begin{pmatrix}\boldsymbol{A}_{11} & \boldsymbol{A}_{12} & \cdots & \boldsymbol{A}_{1r}\\ \boldsymbol{A}_{21} & \boldsymbol{A}_{22} & \cdots & \boldsymbol{A}_{2r}\\ \vdots & \vdots & & \vdots\\ \boldsymbol{A}_{s1} & \boldsymbol{A}_{s2} & \cdots & \boldsymbol{A}_{sr}\end{pmatrix},$$

$$\boldsymbol{B}_{l\times n}=(\boldsymbol{B}_{kq})=\begin{pmatrix}\boldsymbol{B}_{11} & \boldsymbol{B}_{12} & \cdots & \boldsymbol{B}_{1t}\\ \boldsymbol{B}_{21} & \boldsymbol{B}_{22} & \cdots & \boldsymbol{B}_{2t}\\ \vdots & \vdots & & \vdots\\ \boldsymbol{B}_{r1} & \boldsymbol{B}_{r2} & \cdots & \boldsymbol{B}_{rt}\end{pmatrix},$$

其中，$\boldsymbol{A}_{pk}$ 的列数与 $\boldsymbol{B}_{kq}$ 的行数相同（$p=1,2,\cdots,s$；$k=1,2,\cdots,r$；$q=1,2,\cdots,t$），

$$\boldsymbol{C}=\boldsymbol{A}\boldsymbol{B}=(\boldsymbol{A}_{pk})(\boldsymbol{B}_{kq})=\left(\sum_{k=1}^{r}\boldsymbol{A}_{pk}\boldsymbol{B}_{kq}\right)。$$

例 1 矩阵

$$\boldsymbol{A}=\begin{pmatrix}1 & 0 & 1 & 3\\ 0 & 1 & 2 & 4\\ 0 & 0 & -1 & 0\\ 0 & 0 & 0 & -1\end{pmatrix},\boldsymbol{B}=\begin{pmatrix}1 & 2 & 0 & 0\\ 2 & 0 & 0 & 0\\ 6 & 3 & 1 & 0\\ 0 & -2 & 0 & 1\end{pmatrix},$$

计算 $k\boldsymbol{A}$，$\boldsymbol{A}+\boldsymbol{B}$ 及 $\boldsymbol{A}\boldsymbol{B}$。

解 将矩阵 $\boldsymbol{A}$，$\boldsymbol{B}$ 分块如下：

$$\boldsymbol{A}=\begin{pmatrix}1 & 0 & 1 & 3\\ 0 & 1 & 2 & 4\\ 0 & 0 & -1 & 0\\ 0 & 0 & 0 & -1\end{pmatrix}=\begin{pmatrix}\boldsymbol{E} & \boldsymbol{C}\\ \boldsymbol{O} & -\boldsymbol{E}\end{pmatrix},\boldsymbol{B}=\begin{pmatrix}1 & 2 & 0 & 0\\ 2 & 0 & 0 & 0\\ 6 & 3 & 1 & 0\\ 0 & -2 & 0 & 1\end{pmatrix}=\begin{pmatrix}\boldsymbol{B}_1 & \boldsymbol{O}\\ \boldsymbol{B}_2 & \boldsymbol{E}\end{pmatrix},$$

则

$$k\boldsymbol{A}=k\begin{pmatrix}\boldsymbol{E} & \boldsymbol{C}\\ \boldsymbol{O} & -\boldsymbol{E}\end{pmatrix}=\begin{pmatrix}k\boldsymbol{E} & k\boldsymbol{C}\\ \boldsymbol{O} & -k\boldsymbol{E}\end{pmatrix},$$

$$\boldsymbol{A}+\boldsymbol{B}=\begin{pmatrix}\boldsymbol{E} & \boldsymbol{C}\\ \boldsymbol{O} & -\boldsymbol{E}\end{pmatrix}+\begin{pmatrix}\boldsymbol{B}_1 & \boldsymbol{O}\\ \boldsymbol{B}_2 & \boldsymbol{E}\end{pmatrix}=\begin{pmatrix}\boldsymbol{E}+\boldsymbol{B}_1 & \boldsymbol{C}\\ \boldsymbol{B}_2 & \boldsymbol{O}\end{pmatrix},$$

$$\boldsymbol{AB}=\begin{pmatrix}\boldsymbol{E} & \boldsymbol{C}\\ \boldsymbol{O} & -\boldsymbol{E}\end{pmatrix}\begin{pmatrix}\boldsymbol{B}_1 & \boldsymbol{O}\\ \boldsymbol{B}_2 & \boldsymbol{E}\end{pmatrix}=\begin{pmatrix}\boldsymbol{B}_1+\boldsymbol{CB}_2 & \boldsymbol{C}\\ -\boldsymbol{B}_2 & -\boldsymbol{E}\end{pmatrix}。$$

然后再分别计算 $k\boldsymbol{E}, k\boldsymbol{C}, \boldsymbol{E}+\boldsymbol{B}_1, \boldsymbol{B}_1+\boldsymbol{CB}_2$，代入上面三式，得

$$k\boldsymbol{A}=\begin{pmatrix}k & 0 & k & 3k\\ 0 & k & 2k & 4k\\ 0 & 0 & -k & 0\\ 0 & 0 & 0 & -k\end{pmatrix}, \boldsymbol{A}+\boldsymbol{B}=\begin{pmatrix}2 & 2 & 1 & 3\\ 2 & 1 & 2 & 4\\ 6 & 3 & 0 & 0\\ 0 & -2 & 0 & 0\end{pmatrix}, \boldsymbol{AB}=\begin{pmatrix}7 & -1 & 1 & 3\\ 14 & -2 & 2 & 4\\ -6 & -3 & -1 & 0\\ 0 & 2 & 0 & -1\end{pmatrix}。$$

容易验证这个结果与直接用不分块矩阵运算得到的结果相同。

例 2 如果将矩阵 $\boldsymbol{A}$ 分块为 $\boldsymbol{A}=\begin{pmatrix}\boldsymbol{A}_{11} & \boldsymbol{A}_{12} & \cdots & \boldsymbol{A}_{1t}\\ \boldsymbol{A}_{21} & \boldsymbol{A}_{22} & \cdots & \boldsymbol{A}_{2t}\\ \vdots & \vdots & & \vdots\\ \boldsymbol{A}_{s1} & \boldsymbol{A}_{s2} & \cdots & \boldsymbol{A}_{st}\end{pmatrix}$，

则

$$\boldsymbol{A}^{\mathrm{T}}=\begin{pmatrix}\boldsymbol{A}_{11}^{\mathrm{T}} & \boldsymbol{A}_{21}^{\mathrm{T}} & \cdots & \boldsymbol{A}_{s1}^{\mathrm{T}}\\ \boldsymbol{A}_{12}^{\mathrm{T}} & \boldsymbol{A}_{22}^{\mathrm{T}} & \cdots & \boldsymbol{A}_{s2}^{\mathrm{T}}\\ \vdots & \vdots & & \vdots\\ \boldsymbol{A}_{1t}^{\mathrm{T}} & \boldsymbol{A}_{2t}^{\mathrm{T}} & \cdots & \boldsymbol{A}_{st}^{\mathrm{T}}\end{pmatrix}。$$

设 $\boldsymbol{A}$ 为 n 阶矩阵，若 $\boldsymbol{A}$ 的分块矩阵只有在主对角线上有非零子块，其余子块都为零矩阵，且在主对角线上的子块都是方阵，即

$$\boldsymbol{A}=\begin{pmatrix}\boldsymbol{A}_1 & \boldsymbol{O} & \cdots & \boldsymbol{O}\\ \boldsymbol{O} & \boldsymbol{A}_2 & \cdots & \boldsymbol{O}\\ \vdots & \vdots & & \vdots\\ \boldsymbol{O} & \boldsymbol{O} & \boldsymbol{O} & \boldsymbol{A}_s\end{pmatrix},$$

其中 $\boldsymbol{A}_i(i=1,2,\cdots,s)$ 都是方阵，那么称 $\boldsymbol{A}$ 为**分块对角矩阵**。

设 $\boldsymbol{A}=\begin{pmatrix}\boldsymbol{A}_1 & & & \\ & \boldsymbol{A}_2 & & \\ & & \ddots & \\ & & & \boldsymbol{A}_s\end{pmatrix}$ 是分块对角矩阵，则 $\boldsymbol{A}$ 具有下述性质

(1) $|\boldsymbol{A}|=|\boldsymbol{A}_1||\boldsymbol{A}_2|\cdots|\boldsymbol{A}_s|$。

(2)当$|\boldsymbol{A}_i| \neq 0(i=1,2,\cdots,s)$时，$\boldsymbol{A}$ 可逆，且

$$\boldsymbol{A}^{-1}=\begin{pmatrix}\boldsymbol{A}_1^{-1} & & & \\ & \boldsymbol{A}_2^{-1} & & \\ & & \ddots & \\ & & & \boldsymbol{A}_s^{-1}\end{pmatrix}。$$

例 3 设 $\boldsymbol{A}=\begin{pmatrix}2&0&0\\0&1&2\\0&3&5\end{pmatrix}$，求 $\boldsymbol{A}^{-1}$。

解 $\boldsymbol{A}=\begin{pmatrix}2&0&0\\0&1&2\\0&3&5\end{pmatrix}=\begin{pmatrix}\boldsymbol{A}_1&\boldsymbol{0}\\\boldsymbol{0}&\boldsymbol{A}_2\end{pmatrix}$，

$\boldsymbol{A}_1=(2)$，$\boldsymbol{A}_1^{-1}=(\frac{1}{2})$，$\boldsymbol{A}_2=\begin{pmatrix}1&2\\3&5\end{pmatrix}$，$\boldsymbol{A}_2^{-1}=\begin{pmatrix}-5&2\\3&-1\end{pmatrix}$，

所以 $\boldsymbol{A}^{-1}=\begin{pmatrix}\frac{1}{2}&0&0\\0&-5&2\\0&3&-1\end{pmatrix}$。

例 4 分块矩阵 $\boldsymbol{P}=\begin{pmatrix}\boldsymbol{A}&\boldsymbol{C}\\\boldsymbol{O}&\boldsymbol{B}\end{pmatrix}$，其中 $\boldsymbol{A}$ 和 $\boldsymbol{B}$ 分别为 r 阶与 k 阶可逆方阵，$\boldsymbol{C}$ 是 $r\times k$ 矩阵，$\boldsymbol{O}$ 是 $k\times r$ 零矩阵，求 $\boldsymbol{P}^{-1}$。

解 设 $\boldsymbol{P}^{-1}=\begin{pmatrix}\boldsymbol{X}&\boldsymbol{Z}\\\boldsymbol{W}&\boldsymbol{Y}\end{pmatrix}$，其中 $\boldsymbol{X}$，Y 分别为与 $\boldsymbol{A}$，$\boldsymbol{B}$ 同阶的方阵，则应有

$$\boldsymbol{P}^{-1}\boldsymbol{P}=\begin{pmatrix}\boldsymbol{X}&\boldsymbol{Z}\\\boldsymbol{W}&\boldsymbol{Y}\end{pmatrix}\begin{pmatrix}\boldsymbol{A}&\boldsymbol{C}\\\boldsymbol{O}&\boldsymbol{B}\end{pmatrix}=\boldsymbol{E},$$

即

$$\begin{pmatrix}\boldsymbol{XA}&\boldsymbol{XC}+\boldsymbol{ZB}\\\boldsymbol{WA}&\boldsymbol{WC}+\boldsymbol{YB}\end{pmatrix}=\begin{pmatrix}\boldsymbol{E}_r&\boldsymbol{O}\\\boldsymbol{O}&\boldsymbol{E}_k\end{pmatrix}。$$

于是得

$$\boldsymbol{XA}=\boldsymbol{E}_r, \quad ①$$
$$\boldsymbol{WA}=\boldsymbol{O}, \quad ②$$
$$\boldsymbol{XC}+\boldsymbol{ZB}=\boldsymbol{O}, \quad ③$$
$$\boldsymbol{WC}+\boldsymbol{YB}=\boldsymbol{E}_k。 \quad ④$$

因为 $\boldsymbol{A}$ 可逆，用 $\boldsymbol{A}^{-1}$ 右乘①式与②式，可得

$$\boldsymbol{XAA}^{-1}=\boldsymbol{A}^{-1},\boldsymbol{WAA}^{-1}=\boldsymbol{O},$$

即

$$\boldsymbol{X}=\boldsymbol{A}^{-1},\boldsymbol{W}=\boldsymbol{O}。$$

将 $\boldsymbol{X}=\boldsymbol{A}^{-1}$ 代入③式，有

$$A^{-1}C=-ZB。$$

因为 B 可逆,用 B^{-1} 右乘上式,得

$$A^{-1}CB^{-1}=-Z,$$

即

$$Z=-A^{-1}CB^{-1}。$$

将 $W=O$ 代入④式,有 $YB=E_k$。再用 B^{-1} 右乘上式,得

$$Y=E_kB^{-1}=B^{-1},$$

于是求得

$$P^{-1}=\begin{pmatrix}A^{-1} & -A^{-1}CB^{-1}\\ O & B^{-1}\end{pmatrix}。$$

容易验证 $PP^{-1}=P^{-1}P=E$。

第五节 矩阵的初等变换

矩阵的初等变换是矩阵的一种最基本的运算,它在解线性方程组、求逆矩阵及矩阵理论的讨论中都起到非常重要的作用。

一、矩阵的初等变换与初等矩阵

定义 1 下面三种变换称为矩阵的**初等行变换**:

(1)对调两行(对调第 i,j 两行,记作 $r_i \leftrightarrow r_j$);

(2)用非零数 k 乘某一行中的所有元素(第 i 行乘 k,记为 $r_i \times k$);

(3)把某一行所有元素的 k 倍(k 为常数)加到另一行对应的元素上去(第 j 行的 k 倍加到第 i 行上,记为 r_i+kr_j)。

把定义中的"行"换成"列",即得矩阵的初等列变换的定义(所有记号把 r 换成 c 即可)。

矩阵的初等行变换和初等列变换统称为矩阵的**初等变换**。

容易证明矩阵的初等变换都是可逆的,且其逆变换是同一类型的初等变换。变换 $r_i \leftrightarrow r_j$ 的逆变换就是其本身;变换 $r_i \times k$ 的逆变换为 $r_i \times \frac{1}{k}$(或记作 $r_i \div k$);变换 r_i+kr_j 的逆变换为 $r_i+(-k)r_j$(或记作 r_i-kr_j),对于初等列变换也有类似结果。

定义 2 若矩阵 A 能经过有限次初等变换化为矩阵 B,则称矩阵 A 与 B **等价**,记作$A \to B$。

矩阵之间的等价关系具有下列性质:

(1)反身性:$A \to A$;

(2)对称性:若 $A \to B$,则 $B \to A$;

(3)传递性:若 $A \to B$,$B \to C$,则 $A \to C$。

在第三章将看到，矩阵的初等行变换将成为解线性方程组的重要工具。

定义 3 对单位矩阵 $\boldsymbol{E}$ 进行一次初等变换后得到的矩阵，称为**初等矩阵**。

初等矩阵有下列三种：

(1)将 $\boldsymbol{E}$ 中第 i、j 两行(或第 i、j 两列)对调，其结果记为 $\boldsymbol{E}(i,j)$(若 $\boldsymbol{E}$ 的阶数为 n，也可将 $\boldsymbol{E}(i,j)$写成 $\boldsymbol{E}_n(i,j)$，以下类似，不再声明)。

例如，设 $\boldsymbol{E}$ 是 4 阶单位矩阵，则

$$\boldsymbol{E}(2,4)=\begin{pmatrix}1&0&0&0\\0&0&0&1\\0&0&1&0\\0&1&0&0\end{pmatrix},\boldsymbol{E}(1,2)=\begin{pmatrix}0&1&0&0\\1&0&0&0\\0&0&1&0\\0&0&0&1\end{pmatrix}。$$

(2)将 $\boldsymbol{E}$ 中第 i 行(或第 i 列)乘以非零数 k，其结果记为 $\boldsymbol{E}(i(k))$。

例如，设 $\boldsymbol{E}$ 是 4 阶单位矩阵，则

$$\boldsymbol{E}(2(4))=\begin{pmatrix}1&0&0&0\\0&4&0&0\\0&0&1&0\\0&0&0&1\end{pmatrix},\boldsymbol{E}(4(2))=\begin{pmatrix}1&0&0&0\\0&1&0&0\\0&0&1&0\\0&0&0&2\end{pmatrix}。$$

(3)将 $\boldsymbol{E}$ 中第 j 行的 k 倍加到第 i 行上(或第 i 列的 k 倍加到第 j 列上)，其结果记为$\boldsymbol{E}(i,j(k))$。

例如，设 $\boldsymbol{E}$ 是 4 阶单位矩阵，则

$$\boldsymbol{E}(2,3(4))=\begin{pmatrix}1&0&0&0\\0&1&4&0\\0&0&1&0\\0&0&0&1\end{pmatrix},\boldsymbol{E}(3,4(2))=\begin{pmatrix}1&0&0&0\\0&1&0&0\\0&0&1&2\\0&0&0&1\end{pmatrix}。$$

定理 1 设 $\boldsymbol{A}_{m\times n}=(a_{ij})_{m\times n}$，

(1)对 $\boldsymbol{A}$ 施行一次初等行变换得到的矩阵，等于用相应的 m 阶初等矩阵左乘 $\boldsymbol{A}$；

(2)对 $\boldsymbol{A}$ 施行一次初等列变换得到的矩阵，等于用相应的 n 阶初等矩阵右乘 $\boldsymbol{A}$。

证明 现在证明交换 $\boldsymbol{A}$ 的第 i 行与第 j 行等效于用 $\boldsymbol{E}_m(i,j)$左乘 $\boldsymbol{A}$。将 $\boldsymbol{A}_{m\times n}$ 与 $\boldsymbol{E}_m$ 表示为：

$$\boldsymbol{A}=\begin{pmatrix}\boldsymbol{A}_1\\\boldsymbol{A}_2\\\vdots\\\boldsymbol{A}_i\\\vdots\\\boldsymbol{A}_j\\\vdots\\\boldsymbol{A}_m\end{pmatrix},\boldsymbol{E}=\begin{pmatrix}\boldsymbol{e}_1\\\boldsymbol{e}_2\\\vdots\\\boldsymbol{e}_i\\\vdots\\\boldsymbol{e}_j\\\vdots\\\boldsymbol{e}_m\end{pmatrix},$$

其中

$$A_k=(a_{k1},a_{k2},\cdots,a_{kn})(k=1,2,\cdots,m)。$$

e_k 是第 k 个元素为 1,其余元素均为 0 的 $1\times m$ 矩阵($k=1,2,\cdots,m$)。

$$E_m(i,j)A=\begin{pmatrix}e_1\\ \vdots\\ e_j\\ \vdots\\ e_i\\ \vdots\\ e_m\end{pmatrix}A=\begin{pmatrix}e_1A\\ \vdots\\ e_jA\\ \vdots\\ e_iA\\ \vdots\\ e_mA\end{pmatrix}=\begin{pmatrix}A_1\\ \vdots\\ A_j\\ \vdots\\ A_i\\ \vdots\\ A_m\end{pmatrix},$$

由此可见 $E_m(i,j)A$ 恰好等于将矩阵 A 的第 i 行与第 j 行互相交换得到的矩阵。

用类似的方法可以证明定理 1 基于其他初等变换的结论。证毕。

由以上证明可知,矩阵的初等变换实际上是矩阵的一种乘法运算。

二、用初等变换化矩阵为阶梯形、最简形及标准形

定义 4 若矩阵 A 满足:

(1)非零行的上方无零行(元素全为零的行);

(2)各非零行的第一个非零元素(称为行首非零元)的列标随行标的增大而严格增大,则称矩阵 A 为**(行)阶梯形矩阵**。

例如,矩阵 $A=\begin{pmatrix}1&1&-2&1&4\\0&2&-1&1&0\\0&0&0&3&-3\\0&0&0&0&0\end{pmatrix}$ 为行阶梯形矩阵,而矩阵 $B=\begin{pmatrix}1&1&-2&1\\0&1&-1&1\\0&2&1&-3\end{pmatrix}$ 不是行阶梯形矩阵。

定义 5 若行阶梯形矩阵 A 满足:

(1)所有行首非零元均为 1;

(2)所有行首非零元所在列的其余元素全为零,则称 A 为**(行)最简形矩阵**。

例如,$A_1=\begin{pmatrix}1&0&-1&0&4\\0&1&-1&0&3\\0&0&0&1&-3\\0&0&0&0&0\end{pmatrix}$ 是行最简形矩阵,$A_2=\begin{pmatrix}1&1&-1&0&4\\0&1&-1&0&3\\0&0&0&1&-3\\0&0&0&0&0\end{pmatrix}$ 不是行最简形矩阵。

对行最简形矩阵施以初等列变换,可化为一种形式更简单的矩阵,称为标准形。例如

$$A=\begin{pmatrix}1&0&-1&0&4\\0&1&-1&0&3\\0&0&0&1&-3\\0&0&0&0&0\end{pmatrix}\xrightarrow[c_5-4c_1-3c_2+3c_3]{\substack{c_3\leftrightarrow c_4\\c_4+c_1+c_2}}\begin{pmatrix}1&0&0&0&0\\0&1&0&0&0\\0&0&1&0&0\\0&0&0&0&0\end{pmatrix}=F。$$

矩阵 F 称为矩阵 A 的**标准形**,其特点是:F 的左上角是一个单位矩阵,其余元素全为 0。

定理 2 对于 $m\times n$ 矩阵 A,总可经过初等变换(行变换和列变换)把它化为标准形

$$F=\begin{pmatrix}E_r&O\\O&O\end{pmatrix}_{m\times n},$$

此标准形由 m,n,r 三个数完全确定,其中 r 就是行阶梯形矩阵中非零行的行数。

证明 设 $A=(a_{ij})$,如果所有的 a_{ij} 都等于零,则 A 已是 F 的形式(此时 $r=0$);如果 A 中至少有一个元素不等于零,不妨假设 $a_{11}\neq 0$(如果 $a_{11}=0$,可以对 A 施行初等变换,使其左上角元素不等于零)。将 A 中第一行的 $-\dfrac{a_{i1}}{a_{11}}$ 倍加于第 i 行上($i=2,\cdots,m$)、第一列的 $-\dfrac{a_{1j}}{a_{11}}$ 倍加于第 j 列上($j=2,\cdots,n$),然后以 $\dfrac{1}{a_{11}}$ 乘第一行,于是矩阵 A 化为

$$A_1=\begin{pmatrix}1&0&\cdots&0\\0&a'_{22}&\cdots&a'_{2n}\\\vdots&\vdots&&\vdots\\0&a'_{m2}&\cdots&a'_{mn}\end{pmatrix}=\begin{pmatrix}1&\mathbf{0}\\\mathbf{0}&B_1\end{pmatrix}。$$

如果 $B_1=O$,则 A 已化为 F 的形式,如果 $B_1\neq O$,那么,按上面的方法继续下去,最后总可以化为 F 的形式。证毕。

例 1 化矩阵 A 为矩阵 F 的形式,其中

$$A=\begin{pmatrix}2&1&2&3\\4&1&3&5\\2&0&1&2\end{pmatrix}。$$

解

$$A=\begin{pmatrix}2&1&2&3\\4&1&3&5\\2&0&1&2\end{pmatrix}\xrightarrow[r_3-r_1]{r_2-2r_1}\begin{pmatrix}2&1&2&3\\0&-1&-1&-1\\0&-1&-1&-1\end{pmatrix}\xrightarrow[c_4-\frac{3}{2}c_1]{\substack{c_2-\frac{1}{2}c_1\\c_3-c_1}}\begin{pmatrix}2&0&0&0\\0&-1&-1&-1\\0&-1&-1&-1\end{pmatrix}$$

$$\xrightarrow[r_3-r_2]{r_1\div 2}\begin{pmatrix}1&0&0&0\\0&-1&-1&-1\\0&0&0&0\end{pmatrix}\xrightarrow[c_4-c_2]{c_3-c_2}\begin{pmatrix}1&0&0&0\\0&-1&0&0\\0&0&0&0\end{pmatrix}\xrightarrow{r_2\times(-1)}\begin{pmatrix}1&0&0&0\\0&1&0&0\\0&0&0&0\end{pmatrix}。$$

三、用初等变换求逆矩阵

根据逆矩阵的定义,对于定理 2 就有:若 A 为 n 阶可逆矩阵,则 $F=E$。

定理 3　n 阶矩阵 $\boldsymbol{A}$ 为可逆矩阵的充分必要条件是它可以表成一些初等矩阵的乘积。

证明　先证必要性：

若 $\boldsymbol{A}$ 可逆，则 $\boldsymbol{A}$ 经过若干次初等变换可化为 $\boldsymbol{E}$，那就是说，存在矩阵 $\boldsymbol{P}_1,\cdots,\boldsymbol{P}_s$，$\boldsymbol{Q}_1,\cdots,\boldsymbol{Q}_t$，使

$$\boldsymbol{E}=\boldsymbol{P}_1\cdots\boldsymbol{P}_s\boldsymbol{A}\boldsymbol{Q}_1\cdots\boldsymbol{Q}_t。$$

记 $\boldsymbol{P}=\boldsymbol{P}_1\cdots\boldsymbol{P}_s$，$\boldsymbol{Q}=\boldsymbol{Q}_1\cdots\boldsymbol{Q}_t$，则 $\boldsymbol{A}=\boldsymbol{P}^{-1}\boldsymbol{E}\boldsymbol{Q}^{-1}=\boldsymbol{P}_s^{-1}\cdots\boldsymbol{P}_1^{-1}\boldsymbol{Q}_t^{-1}\cdots\boldsymbol{Q}_1^{-1}$。即矩阵 $\boldsymbol{A}$ 可以表成一些初等矩阵的乘积。

反之，因为初等矩阵可逆，由第三节逆矩阵的性质(4)知充分条件是显然的。证毕。

由定理 3 得到了矩阵求逆的一种简便有效的方法——初等变换求逆法。

若 $\boldsymbol{A}$ 可逆，则 $\boldsymbol{A}^{-1}$ 可表示为有限个初等矩阵的乘积，设 $\boldsymbol{A}^{-1}=\boldsymbol{G}_1\boldsymbol{G}_2\cdots\boldsymbol{G}_k$（$\boldsymbol{G}_1,\boldsymbol{G}_2,\cdots,\boldsymbol{G}_k$ 均是初等矩阵），由 $\boldsymbol{A}^{-1}\boldsymbol{A}=\boldsymbol{E}$，得

$$(\boldsymbol{G}_1\boldsymbol{G}_2\cdots\boldsymbol{G}_k)\boldsymbol{A}=\boldsymbol{E},(\boldsymbol{G}_1\boldsymbol{G}_2\cdots\boldsymbol{G}_k)\boldsymbol{E}=\boldsymbol{A}^{-1}。$$

上面左式表示 $\boldsymbol{A}$ 经若干次初等行变换化为 $\boldsymbol{E}$，右式表示 $\boldsymbol{E}$ 经同样的初等行变换化为 $\boldsymbol{A}^{-1}$。把上面的两个式子写在一起，则有

$$(\boldsymbol{G}_1\boldsymbol{G}_2\cdots\boldsymbol{G}_k)(\boldsymbol{A},\boldsymbol{E})=(\boldsymbol{E},\boldsymbol{A}^{-1})。$$

即对 $n\times 2n$ 的矩阵 $(\boldsymbol{A},\boldsymbol{E})$ 进行初等行变换，当将 $\boldsymbol{A}$ 化为 $\boldsymbol{E}$ 时，则 $\boldsymbol{E}$ 化为 $\boldsymbol{A}^{-1}$。类似地，对 $2n\times n$ 的矩阵 $\begin{pmatrix}\boldsymbol{A}\\ \hline \boldsymbol{E}\end{pmatrix}$ 进行初等列变换，化为 $\begin{pmatrix}\boldsymbol{E}\\ \hline \boldsymbol{A}^{-1}\end{pmatrix}$ 时，即将 $\boldsymbol{A}$ 化为 $\boldsymbol{E}$ 的同时也将 $\boldsymbol{E}$ 化为 $\boldsymbol{A}^{-1}$。

例 2　求矩阵 $\boldsymbol{A}=\begin{pmatrix}1&0&1\\2&1&0\\-3&2&-5\end{pmatrix}$ 的逆矩阵。

解　作矩阵 $(\boldsymbol{A},\boldsymbol{E})$

$$(\boldsymbol{A},\boldsymbol{E})=\begin{pmatrix}1&0&1&1&0&0\\2&1&0&0&1&0\\-3&2&-5&0&0&1\end{pmatrix}\xrightarrow[r_3+3r_1]{r_2-2r_1}\begin{pmatrix}1&0&1&1&0&0\\0&1&-2&-2&1&0\\0&2&-2&3&0&1\end{pmatrix}$$

$$\xrightarrow{r_3-2r_2}\begin{pmatrix}1&0&1&1&0&0\\0&1&-2&-2&1&0\\0&0&2&7&-2&1\end{pmatrix}\xrightarrow{r_1-\frac{1}{2}r_3}\begin{pmatrix}1&0&0&-\frac{5}{2}&1&-\frac{1}{2}\\0&1&-2&-2&1&0\\0&0&2&7&-2&1\end{pmatrix}$$

$$\xrightarrow{r_2+r_3}\begin{pmatrix}1&0&0&-\frac{5}{2}&1&-\frac{1}{2}\\0&1&0&5&-1&1\\0&0&2&7&-2&1\end{pmatrix}\xrightarrow{\frac{1}{2}r_3}\begin{pmatrix}1&0&0&-\frac{5}{2}&1&-\frac{1}{2}\\0&1&0&5&-1&1\\0&0&1&\frac{7}{2}&-1&\frac{1}{2}\end{pmatrix},$$

于是得到

$$A^{-1}=\begin{pmatrix}-\frac{5}{2} & 1 & -\frac{1}{2}\\ 5 & -1 & 1\\ \frac{7}{2} & -1 & \frac{1}{2}\end{pmatrix}。$$

如果不知道矩阵 $\boldsymbol{A}$ 是否可逆，可按上述方法去作，只要 $n\times 2n$ 矩阵左边子块有一行(列)的元素为零，则 $\boldsymbol{A}$ 不可逆。

根据用初等变换求矩阵的逆矩阵的基本思路，不难得到用初等变换解矩阵方程 $\boldsymbol{AX}=\boldsymbol{B}$ 的方法。

若 $\boldsymbol{A}$ 可逆，对矩阵$(\boldsymbol{A},\boldsymbol{B})$进行初等行变换，当将 $\boldsymbol{A}$ 化为 $\boldsymbol{E}$ 时，则 $\boldsymbol{B}$ 化为 $\boldsymbol{A}^{-1}\boldsymbol{B}$，即$\boldsymbol{AX}=\boldsymbol{B}$ 的解 $\boldsymbol{X}$。

例 3 解矩阵方程 $\boldsymbol{AX}=\boldsymbol{B}$，其中 $\boldsymbol{A}=\begin{pmatrix}2 & 0 & -2\\ 1 & -1 & 0\\ -1 & 1 & 2\end{pmatrix}$，$\boldsymbol{B}=\begin{pmatrix}6 & -10\\ -1 & -4\\ -3 & 12\end{pmatrix}$。

解 作 3×5 矩阵$(\boldsymbol{A},\boldsymbol{B})$

$$(\boldsymbol{A},\boldsymbol{B})=\begin{pmatrix}2 & 0 & -2 & 6 & -10\\ 1 & -1 & 0 & -1 & -4\\ -1 & 1 & 2 & -3 & 12\end{pmatrix}\xrightarrow{r_1\leftrightarrow r_2}\begin{pmatrix}1 & -1 & 0 & -1 & -4\\ 2 & 0 & -2 & 6 & -10\\ -1 & 1 & 2 & -3 & 12\end{pmatrix}$$

$$\xrightarrow[r_3+r_1]{r_2-2r_1}\begin{pmatrix}1 & -1 & 0 & -1 & -4\\ 0 & 2 & -2 & 8 & -2\\ 0 & 0 & 2 & -4 & 8\end{pmatrix}\xrightarrow[r_3\div 2]{r_2+r_3}\begin{pmatrix}1 & -1 & 0 & -1 & -4\\ 0 & 2 & 0 & 4 & 6\\ 0 & 0 & 1 & -2 & 4\end{pmatrix}$$

$$\xrightarrow{r_2\div 2}\begin{pmatrix}1 & -1 & 0 & -1 & -4\\ 0 & 1 & 0 & 2 & 3\\ 0 & 0 & 1 & -2 & 4\end{pmatrix}\xrightarrow{r_1+r_2}\begin{pmatrix}1 & 0 & 0 & 1 & -1\\ 0 & 1 & 0 & 2 & 3\\ 0 & 0 & 1 & -2 & 4\end{pmatrix},$$

于是得到

$$\boldsymbol{X}=\boldsymbol{A}^{-1}\boldsymbol{B}=\begin{pmatrix}1 & -1\\ 2 & 3\\ -2 & 4\end{pmatrix}。$$

第六节 矩阵的秩

矩阵的秩是线性代数中的又一个重要概念，它描述了矩阵的一个重要的数值特征。

一、矩阵秩的定义

对于给定的 $m\times n$ 矩阵 $\boldsymbol{A}$，它的标准形

$$F=\begin{pmatrix}E_r & O\\ O & O\end{pmatrix}_{m\times n}$$

由数 r 完全确定。这个数也就是 $\boldsymbol{A}$ 的行阶梯形中非零行的行数，这个数便是矩阵 $\boldsymbol{A}$ 的秩。但由于这个数的唯一性尚未证明，因此下面用另一种说法给出矩阵的秩的定义。

定义 1　在 $m\times n$ 矩阵 $\boldsymbol{A}$ 中，任取 k 行 k 列（$k\leqslant m,k\leqslant n$），位于这些行列交叉点处的 k^2 个元素按原来顺序所组成的 k 阶行列式叫**矩阵 $\boldsymbol{A}$ 的一个 k 阶子式。**

例如

$$\boldsymbol{A}=\begin{pmatrix}1 & 3 & 4 & 5\\ -1 & 0 & 2 & 3\\ 0 & 1 & -1 & 0\end{pmatrix}。$$

矩阵 $\boldsymbol{A}$ 的第一、三行，第二、四列相交处的元素所构成的二阶子式为 $\begin{vmatrix}3 & 5\\ 1 & 0\end{vmatrix}$。

$m\times n$ 矩阵 $\boldsymbol{A}$ 的 k 阶子式共有 $C_m^k\cdot C_n^k$ 个。

定义 2　设 D 是 $m\times n$ 矩阵 $\boldsymbol{A}$ 的 r 阶非零子式，若 $\boldsymbol{A}$ 的 $r+1$ 阶子式（如果存在）全等于零，则称 D 为矩阵 $\boldsymbol{A}$ 的**最高阶非零子式**，r 称为矩阵 $\boldsymbol{A}$ 的**秩**，记作 $R(\boldsymbol{A})$。规定零矩阵的秩等于 0。

显然：$R(\boldsymbol{A})=R(\boldsymbol{A}^{\mathrm{T}})$；$0\leqslant R(\boldsymbol{A})\leqslant\min\{m,n\}$。

对于 n 阶矩阵 $\boldsymbol{A}$，由于 $\boldsymbol{A}$ 的 n 阶子式只有 $|\boldsymbol{A}|$，故当 $|\boldsymbol{A}|\neq 0$ 时，$R(\boldsymbol{A})=n$，当 $|\boldsymbol{A}|=0$ 时，$R(\boldsymbol{A})<n$。可见可逆矩阵的秩等于矩阵的阶数，不可逆矩阵的秩小于矩阵的阶数。因此，可逆矩阵又称**满秩矩阵**（非奇异矩阵），不可逆矩阵（奇异矩阵）又称**降秩矩阵**。

例 1　求矩阵 $\boldsymbol{A}=\begin{pmatrix}2 & -3 & 8 & 2\\ 2 & 12 & -2 & 12\\ 1 & 3 & 1 & 4\end{pmatrix}$ 的秩。

解　利用定义 1 来计算各阶子式的值。

$\boldsymbol{A}$ 的一个二阶子式 $D=\begin{vmatrix}2 & -3\\ 2 & 12\end{vmatrix}=30\neq 0$，故 $R(\boldsymbol{A})\geqslant 2$，而 $\boldsymbol{A}$ 的三阶子式有 4 个，且均为 0，即

$$\begin{vmatrix}2 & -3 & 8\\ 2 & 12 & -2\\ 1 & 3 & 1\end{vmatrix}=0,\begin{vmatrix}2 & -3 & 2\\ 2 & 12 & 12\\ 1 & 3 & 4\end{vmatrix}=0,\begin{vmatrix}2 & 8 & 2\\ 2 & -2 & 12\\ 1 & 1 & 4\end{vmatrix}=0,\begin{vmatrix}-3 & 8 & 2\\ 12 & -2 & 12\\ 3 & 1 & 4\end{vmatrix}=0,$$

所以 $R(\boldsymbol{A})=2$。

二、利用初等变换求矩阵的秩

当矩阵的行数和列数较大时，按定义求秩是不可取的。由于行阶梯形矩阵的秩就等于其非零行的行数，因此用初等变换求矩阵的秩是否可行？下面的定理对此做出了肯定的

回答。

定理 1　若 $\boldsymbol{A} \to \boldsymbol{B}$，则 $R(\boldsymbol{A}) = R(\boldsymbol{B})$。

证明　由 $\boldsymbol{A} \to \boldsymbol{B}$ 的定义知，我们只须证明：$\boldsymbol{A}$ 经一次初等变换化为 $\boldsymbol{B}$，有 $R(\boldsymbol{A}) = R(\boldsymbol{B})$。

设 $R(\boldsymbol{A}) = r$，且 $\boldsymbol{A}$ 的某个 r 阶子式 $D \neq 0$。

当 $\boldsymbol{A} \xrightarrow{r_i \leftrightarrow r_j} \boldsymbol{B}$ 或 $\boldsymbol{A} \xrightarrow{r_i \times k} \boldsymbol{B}$ 时，$\boldsymbol{B}$ 必有与 D 相对应的 r 阶子式 D_1，使得 $D_1 = D$ 或 $D_1 = -D$ 或 $D_1 = kD$，因此 $D_1 \neq 0$，从而 $R(\boldsymbol{B}) \geqslant r$。

当 $\boldsymbol{A} \xrightarrow{r_i + kr_j} \boldsymbol{B}$ 时，因为对于作变换 $r_i \leftrightarrow r_j$ 时结论成立，所以只需考虑 $\boldsymbol{A} \xrightarrow{r_1 + kr_2} \boldsymbol{B}$ 这一特殊情形。分两种情形讨论：①$\boldsymbol{A}$ 的 r 阶非零子式 D 不包含 $\boldsymbol{A}$ 的第 1 行中任何元素，这时 D 也是 $\boldsymbol{B}$ 的 r 阶非零子式，故 $R(\boldsymbol{B}) \geqslant r$；②$D$ 包含 $\boldsymbol{A}$ 的第 1 行中某些元素，这时把 $\boldsymbol{B}$ 的与 D 对应的 r 阶子式 D_1 记作

$$D_1 = \begin{vmatrix} r_1 + kr_2 \\ r_p \\ \vdots \\ r_q \end{vmatrix} = \begin{vmatrix} r_1 \\ r_p \\ \vdots \\ r_q \end{vmatrix} + k \begin{vmatrix} r_2 \\ r_p \\ \vdots \\ r_q \end{vmatrix} = D + kD_2,$$

若 $p = 2$，则 $D_1 = D \neq 0$；若 $p \neq 2$，则 D_2 也是 $\boldsymbol{B}$ 的 r 阶子式，由 $D_1 - kD_2 = D \neq 0$，知 D_1 与 D_2 不同时为 0。总之，$\boldsymbol{B}$ 存在 r 阶非零子式，故 $R(\boldsymbol{B}) \geqslant r$。

因此，$\boldsymbol{A}$ 经一次初等行变换化为 $\boldsymbol{B}$，有 $R(\boldsymbol{A}) \leqslant R(\boldsymbol{B})$。由于 $\boldsymbol{B}$ 亦可经一次初等行变换化为 $\boldsymbol{A}$，故也有 $R(\boldsymbol{B}) \leqslant R(\boldsymbol{A})$。因此 $R(\boldsymbol{A}) = R(\boldsymbol{B})$。

设 $\boldsymbol{A}$ 经过一次初等列变换化为 $\boldsymbol{B}$，则 $\boldsymbol{A}^{\mathrm{T}}$ 必能经过一次初等行变换化为 $\boldsymbol{B}^{\mathrm{T}}$，同理可知 $R(\boldsymbol{A}^{\mathrm{T}}) = R(\boldsymbol{B}^{\mathrm{T}})$，又 $R(\boldsymbol{A}) = R(\boldsymbol{A}^{\mathrm{T}})$，$R(\boldsymbol{B}) = R(\boldsymbol{B}^{\mathrm{T}})$。因此 $R(\boldsymbol{A}) = R(\boldsymbol{B})$。

上述证明了 $\boldsymbol{A}$ 经一次初等变换化为 $\boldsymbol{B}$，有 $R(\boldsymbol{A}) = R(\boldsymbol{B})$，即矩阵经过一次初等变换后的秩不变，故经过有限次初等变换后矩阵的秩仍不变，即若 $\boldsymbol{A}$ 经有限次初等变换化为 $\boldsymbol{B}$（即 $\boldsymbol{A} \to \boldsymbol{B}$），则 $R(\boldsymbol{A}) = R(\boldsymbol{B})$。证毕。

另外，我们容易得到下面的推论。

推论 1　若可逆矩阵 $\boldsymbol{P}, \boldsymbol{Q}$，使 $\boldsymbol{PAQ} = \boldsymbol{B}$，则 $R(\boldsymbol{A}) = R(\boldsymbol{B})$。

推论 2　设 $\boldsymbol{A}$ 为 n 阶可逆矩阵，则 $R(\boldsymbol{A}) = n$。

根据定理 1，求矩阵的秩的问题就转化为用初等行变换化矩阵为行阶梯形矩阵的问题，得到的行阶梯形矩阵中非零行的行数即是该矩阵的秩。

例 2　设 $\boldsymbol{A} = \begin{pmatrix} 1 & 6 & -4 & -1 & 4 \\ 3 & -2 & 3 & 6 & -1 \\ 2 & 0 & 1 & 5 & -3 \\ 3 & 2 & 0 & 5 & 0 \end{pmatrix}$，求 $\boldsymbol{A}$ 的秩，并求 $\boldsymbol{A}$ 的一个最高阶非零子式。

解　先求矩阵 $\boldsymbol{A}$ 的秩，为此对 $\boldsymbol{A}$ 作初等行变换变成行阶梯形矩阵

$$A=\begin{pmatrix}1&6&-4&-1&4\\3&-2&3&6&-1\\2&0&1&5&-3\\3&2&0&5&0\end{pmatrix}\xrightarrow[\substack{r_3-2r_1\\r_4-3r_1}]{r_2-r_4}\begin{pmatrix}1&6&-4&-1&4\\0&-4&3&1&-1\\0&-12&9&7&-11\\0&-16&12&8&-12\end{pmatrix}$$

$$\xrightarrow[r_4-4r_2]{r_3-3r_2}\begin{pmatrix}1&6&-4&-1&4\\0&-4&3&1&-1\\0&0&0&4&-8\\0&0&0&4&-8\end{pmatrix}\xrightarrow{r_4-r_3}\begin{pmatrix}1&6&-4&-1&4\\0&-4&3&1&-1\\0&0&0&4&-8\\0&0&0&0&0\end{pmatrix}。$$

因为行阶梯形矩阵有 3 个非零行，所以 $R(\boldsymbol{A})=3$。

再求 $\boldsymbol{A}$ 的一个最高阶非零子式。因 $R(\boldsymbol{A})=3$，故 $\boldsymbol{A}$ 的最高阶非零子式的阶数为 3。$\boldsymbol{A}$ 的 3 阶子式共有 $C_4^3\cdot C_5^3=40$ 个，考察 $\boldsymbol{A}$ 的行阶梯形矩阵，其中非零行的非零首元素在 1，2，4 列，并注意到对 $\boldsymbol{A}$ 只进行过初等行变换，故可取 $\boldsymbol{A}$ 的子矩阵 $\boldsymbol{C}=\begin{pmatrix}1&6&-1\\3&-2&6\\2&0&5\\3&2&5\end{pmatrix}$，因为 $\boldsymbol{C}$ 的行阶梯形矩阵为 $\begin{pmatrix}1&6&-1\\0&-4&1\\0&0&4\\0&0&0\end{pmatrix}$，可知 $R(\boldsymbol{C})=3$，故 $\boldsymbol{C}$ 必有 3 阶非零子式，而 $\boldsymbol{C}$ 的 3 阶子式就只有 4 个（比 $\boldsymbol{A}$ 的少得多）。计算 $\boldsymbol{C}$ 的前三行构成的子式

$$\begin{vmatrix}1&6&-1\\3&-2&6\\2&0&5\end{vmatrix}=\begin{vmatrix}1&6&-1\\0&-20&9\\0&-12&7\end{vmatrix}=\begin{vmatrix}-20&9\\-12&7\end{vmatrix}=-4\begin{vmatrix}5&9\\3&7\end{vmatrix}=-32\neq0,$$

此子式即为 $\boldsymbol{A}$ 的一个最高阶非零子式。

例 3 已知矩阵 $\boldsymbol{A}=\begin{pmatrix}1&2&-1&-2&1\\2&-1&-1&1&1\\3&1&-2&-1&k\end{pmatrix}$，且 $R(\boldsymbol{A})=2$，试求常数 k 的值。

解

$$\boldsymbol{A}=\begin{pmatrix}1&2&-1&-2&1\\2&-1&-1&1&1\\3&1&-2&-1&k\end{pmatrix}\xrightarrow[r_3-3r_1]{r_2-2r_1}\begin{pmatrix}1&2&-1&-2&1\\0&-5&1&5&-1\\0&-5&1&5&k-3\end{pmatrix}\xrightarrow{r_3-r_2}\begin{pmatrix}1&2&-1&-2&1\\0&-5&1&5&-1\\0&0&0&0&k-2\end{pmatrix}。$$

因 $R(\boldsymbol{A})=2$，故 $k-2=0$ 即 $k=2$。

三、矩阵秩的性质

前面已经提出了有关矩阵秩的一些基本的性质，主要有：

(1)$0 \leqslant R(\boldsymbol{A}_{m \times n}) \leqslant \min\{m, n\}$。

(2)$R(\boldsymbol{A}^{\mathrm{T}}) = R(\boldsymbol{A})$。

(3)若 $\boldsymbol{A} \to \boldsymbol{B}$,则 $R(\boldsymbol{A}) = R(\boldsymbol{B})$。

(4)若 $\boldsymbol{P}, \boldsymbol{Q}$ 可逆,则 $R(\boldsymbol{PAQ}) = R(\boldsymbol{A})$。

下面再介绍几个常用的矩阵秩的性质:

(5)$\max\{R(\boldsymbol{A}), R(\boldsymbol{B})\} \leqslant R(\boldsymbol{A}, \boldsymbol{B}) \leqslant R(\boldsymbol{A}) + R(\boldsymbol{B})$。

特别地,当 $\boldsymbol{B} = \boldsymbol{b}$ 为非零列向量时,有

$$R(\boldsymbol{A}) \leqslant R(\boldsymbol{A}, \boldsymbol{b}) \leqslant R(\boldsymbol{A}) + 1。$$

证明 因为 $\boldsymbol{A}$ 的最高阶非零子式总是 $(\boldsymbol{A}, \boldsymbol{B})$ 的非零子式,所以 $R(\boldsymbol{A}) \leqslant R(\boldsymbol{A}, \boldsymbol{B})$。同理有 $R(\boldsymbol{B}) \leqslant R(\boldsymbol{A}, \boldsymbol{B})$。

所以有

$$\max\{R(\boldsymbol{A}), R(\boldsymbol{B})\} \leqslant R(\boldsymbol{A}, \boldsymbol{B})。$$

设 $R(\boldsymbol{A}) = r, R(\boldsymbol{B}) = t$。把 $\boldsymbol{A}$ 和 $\boldsymbol{B}$ 分别作初等列变换化为列阶梯形 $\widetilde{\boldsymbol{A}}$ 和 $\widetilde{\boldsymbol{B}}$,则 $\widetilde{\boldsymbol{A}}$ 和 $\widetilde{\boldsymbol{B}}$ 中分别含 r 个和 t 个非零列,故可设

$$\boldsymbol{A} \overset{c}{\sim} \widetilde{\boldsymbol{A}} = (\widetilde{\boldsymbol{a}}_1, \cdots, \widetilde{\boldsymbol{a}}_r, \boldsymbol{0}, \cdots, \boldsymbol{0}), \boldsymbol{B} \overset{c}{\sim} \widetilde{\boldsymbol{B}} = (\widetilde{\boldsymbol{b}}_1, \cdots, \widetilde{\boldsymbol{b}}_t, \boldsymbol{0}, \cdots, \boldsymbol{0}),$$

从而

$$(\boldsymbol{A}, \boldsymbol{B}) \overset{c}{\sim} (\widetilde{\boldsymbol{A}}, \widetilde{\boldsymbol{B}})。$$

由于 $(\widetilde{\boldsymbol{A}}, \widetilde{\boldsymbol{B}})$ 中只含 $r + t$ 个非零列,因此 $R(\widetilde{\boldsymbol{A}}, \widetilde{\boldsymbol{B}}) \leqslant r + t$,而 $R(\boldsymbol{A}, \boldsymbol{B}) = R(\widetilde{\boldsymbol{A}}, \widetilde{\boldsymbol{B}})$,故

$$R(\boldsymbol{A}, \boldsymbol{B}) \leqslant r + t,$$

即

$$R(\boldsymbol{A}, \boldsymbol{B}) \leqslant R(\boldsymbol{A}) + R(\boldsymbol{B})。$$

证毕。

(6)$R(\boldsymbol{A} + \boldsymbol{B}) \leqslant R(\boldsymbol{A}) + R(\boldsymbol{B})$。

(7)$R(\boldsymbol{A} + \boldsymbol{E}) + R(\boldsymbol{A} - \boldsymbol{E}) \geqslant n$。

此性质证明留给读者。

习题二

1. 计算下列矩阵的乘积:

(1)$\begin{pmatrix} 3 & -2 \\ 5 & -4 \end{pmatrix}\begin{pmatrix} 3 & 4 \\ 2 & 5 \end{pmatrix}$; (2)$\begin{pmatrix} 4 & 3 & 1 \\ 1 & -2 & 3 \\ 5 & 7 & 0 \end{pmatrix}\begin{pmatrix} 7 \\ 2 \\ 1 \end{pmatrix}$;

(3)$\begin{pmatrix}1 & 2 & 3\\ -2 & 1 & 2\end{pmatrix}\begin{pmatrix}1 & 2 & 0\\ 0 & 1 & 1\\ 3 & 0 & -1\end{pmatrix}$；　　(4)$(1\ \ 2\ \ 3)\begin{pmatrix}3\\ 2\\ 1\end{pmatrix}$；

2. 设 $\boldsymbol{A}=\begin{pmatrix}1 & 2 & 1 & 2\\ 2 & 1 & 2 & 1\\ 1 & 2 & 3 & 4\end{pmatrix}$，$\boldsymbol{B}=\begin{pmatrix}4 & 3 & 2 & 1\\ -2 & 1 & -2 & 1\\ 0 & -1 & 0 & -1\end{pmatrix}$，求：

(1)$3\boldsymbol{A}-\boldsymbol{B}$；

(2)若 $\boldsymbol{Y}$ 满足 $2\boldsymbol{A}-\boldsymbol{Y}+2(\boldsymbol{B}-\boldsymbol{Y})=\boldsymbol{O}$，求 $\boldsymbol{Y}$。

3. 设 $\boldsymbol{A}=\begin{pmatrix}x & 0\\ 7 & y\end{pmatrix}$，$\boldsymbol{B}=\begin{pmatrix}u & 2\\ y & v\end{pmatrix}$，$\boldsymbol{C}=\begin{pmatrix}3 & x\\ -4 & v\end{pmatrix}$，且 $\boldsymbol{A}+2\boldsymbol{B}-\boldsymbol{C}=\boldsymbol{O}$，求 x,y,u,v 的值。

4. 已知 $\boldsymbol{A}=\begin{pmatrix}1 & 0 & 3\\ 0 & 2 & 1\\ 0 & 0 & 1\end{pmatrix}$，$\boldsymbol{B}=\begin{pmatrix}1 & 0 & 0\\ 0 & 2 & 1\\ 3 & 0 & 1\end{pmatrix}$，求：

(1)$\boldsymbol{A}^{\mathrm{T}}\boldsymbol{B}$；

(2)$(\boldsymbol{A}+\boldsymbol{B})(\boldsymbol{A}-\boldsymbol{B})$；$\boldsymbol{A}^2-\boldsymbol{B}^2$。

5. 计算下列矩阵(其中，n 为正整数)：

(1)$\begin{pmatrix}1 & -2\\ 3 & 4\end{pmatrix}^3$；　　(2)$\begin{pmatrix}1 & 1 & 1\\ 0 & 1 & 1\\ 0 & 0 & 1\end{pmatrix}^2$；

(3)$\begin{pmatrix}1 & 1\\ 1 & 1\end{pmatrix}^n$；　　(4)$\begin{pmatrix}a & 0 & 0\\ 0 & b & 0\\ 0 & 0 & c\end{pmatrix}^n$。

6. 求下列矩阵的逆矩阵：

(1)$\begin{pmatrix}2 & 1\\ 3 & 4\end{pmatrix}$；　　(2)$\begin{pmatrix}\cos\theta & -\sin\theta\\ \sin\theta & \cos\theta\end{pmatrix}$；

(3)$\begin{pmatrix}2 & 2 & 3\\ 1 & -1 & 0\\ -1 & 2 & 1\end{pmatrix}$；　　(4)$\begin{pmatrix}a_1 & & & \\ & a_2 & & \\ & & \ddots & \\ & & & a_n\end{pmatrix}$$(a_i\neq 0, i=1,2,\cdots,n)$。

7. 解下列矩阵方程：

(1)$\boldsymbol{X}\begin{pmatrix}1 & 1 & -1\\ 0 & 2 & 2\\ 1 & -1 & 0\end{pmatrix}=\begin{pmatrix}2 & 2 & 0\\ -4 & 12 & 2\end{pmatrix}$；

(2)$\begin{pmatrix}0 & 2 & 0\\ 2 & 0 & 0\\ 0 & 0 & 2\end{pmatrix}\boldsymbol{X}\begin{pmatrix}1 & 0 & 0\\ 0 & 0 & 1\\ 0 & 1 & 0\end{pmatrix}=\begin{pmatrix}6 & 2 & 0\\ 2 & 6 & 4\\ 2 & 2 & 0\end{pmatrix}$；

8. 利用逆矩阵求下列线性方程组的解：

$$\begin{cases}x_1-x_2-x_3=2,\\2x_1-x_2-3x_3=3,\\3x_1+2x_2-5x_3=7。\end{cases}$$

9. 设 $\boldsymbol{A}$ 为 3 阶矩阵，$|\boldsymbol{A}|=\frac{1}{2}$，求 $|(3\boldsymbol{A})^{-1}-2\boldsymbol{A}^*|$。

10. 设 $\boldsymbol{A}=(1\quad 2\quad 3)$，$\boldsymbol{B}=(1\quad \frac{1}{2}\quad \frac{1}{3})$，$\boldsymbol{C}=\boldsymbol{A}^{\mathrm{T}}\boldsymbol{B}$，求 $\boldsymbol{C}^n$。

11. 设 $\boldsymbol{A}^2-\boldsymbol{A}=2\boldsymbol{E}$，试证明 $\boldsymbol{A}+2\boldsymbol{E}$ 可逆，并求 $(\boldsymbol{A}+2\boldsymbol{E})^{-1}$。

12. 设 $\boldsymbol{A}=\begin{pmatrix}\frac{1}{3}&0&0\\0&\frac{1}{4}&0\\0&0&\frac{1}{7}\end{pmatrix}$，且 $\boldsymbol{A}^{-1}\boldsymbol{B}\boldsymbol{A}=6\boldsymbol{A}+\boldsymbol{B}\boldsymbol{A}$，求 $\boldsymbol{B}$。

13. 设 $\boldsymbol{A}=\begin{pmatrix}2&0&0&0\\0&2&0&0\\0&0&5&2\\0&0&2&1\end{pmatrix}$，求 $\boldsymbol{A}^{-1}$。

14. 证明：任一 n 阶方阵都可以表示为一个对称矩阵与一个反对称矩阵之和。

15. 设 $\boldsymbol{A}^k=\boldsymbol{O}$（$k$ 为正整数），证明：$(\boldsymbol{E}-\boldsymbol{A})^{-1}=\boldsymbol{E}+\boldsymbol{A}+\boldsymbol{A}^2+\cdots+\boldsymbol{A}^{k-1}$。

16. 设矩阵 $\boldsymbol{A}$ 可逆，证明其伴随矩阵 $\boldsymbol{A}^*$ 可逆，且 $(\boldsymbol{A}^*)^{-1}=(\boldsymbol{A}^{-1})^*$。

17. n 阶方阵 $\boldsymbol{A}$ 的伴随矩阵为 $\boldsymbol{A}^*$，证明：

(1) 若 $|\boldsymbol{A}|=0$，则 $|\boldsymbol{A}^*|=0$；

(2) $|\boldsymbol{A}^*|=|\boldsymbol{A}|^{n-1}$。

18. 设 $\boldsymbol{P}^{-1}\boldsymbol{A}\boldsymbol{P}=\boldsymbol{\Lambda}$，其中 $\boldsymbol{P}=\begin{pmatrix}-1&-4\\1&1\end{pmatrix}$，$\boldsymbol{\Lambda}=\begin{pmatrix}-1&0\\0&2\end{pmatrix}$，求 $\boldsymbol{A}^{11}$。

19. 设 $\boldsymbol{P}=\begin{pmatrix}-1&1&1\\1&0&2\\1&1&-1\end{pmatrix}$，$\boldsymbol{\Lambda}\begin{pmatrix}1&&\\&2&\\&&-3\end{pmatrix}$，$\boldsymbol{A}\boldsymbol{P}=\boldsymbol{P}\boldsymbol{\Lambda}$，求 $\varphi(\boldsymbol{A})=\boldsymbol{A}^3+2\boldsymbol{A}^2-3\boldsymbol{A}$。

20. 用初等行变换把下列矩阵化为行最简形矩阵。

$$\begin{pmatrix}1&1&3&1\\1&3&2&5\\2&2&6&7\\2&4&5&6\end{pmatrix}$$

21. 用初等变换判定下列矩阵是否可逆，若可逆，求其逆矩阵：

(1)$\begin{pmatrix}2 & -4 & 1\\1 & -5 & 2\\1 & -1 & 1\end{pmatrix}$；　(2)$\begin{pmatrix}0 & 0 & 0 & 1\\0 & 0 & 1 & 1\\0 & 1 & 1 & 1\\1 & 1 & 1 & 1\end{pmatrix}$。

22. 求下列矩阵的秩，并求一个最高阶非零子式：

(1)$\begin{pmatrix}1 & 2 & 3\\2 & 3 & -5\\4 & 7 & 1\end{pmatrix}$；　(2)$\begin{pmatrix}3 & 2 & 0 & 5 & 0\\3 & -2 & 3 & 6 & -1\\2 & 0 & 1 & 5 & -3\\1 & 6 & -4 & -1 & 4\end{pmatrix}$。

23. 设 $\boldsymbol{A}=\begin{pmatrix}1 & 2 & -1 & 1\\3 & 2 & \lambda & -1\\5 & 6 & 3 & \mu\end{pmatrix}$，已知 $R(\boldsymbol{A})=2$，求 λ 与 μ 的值。

24. 计算 $\begin{pmatrix}a & 0 & 0 & 0\\0 & a & 0 & 0\\1 & 0 & b & 0\\0 & 1 & 0 & b\end{pmatrix}\begin{pmatrix}1 & 0 & c & 0\\0 & 1 & 0 & c\\0 & 0 & d & 0\\0 & 0 & 0 & d\end{pmatrix}$。

25. 设 $\boldsymbol{A}=\begin{pmatrix}6 & 8 & 0 & 0\\8 & -6 & 0 & 0\\0 & 0 & 2 & 0\\0 & 0 & 2 & 2\end{pmatrix}$，求 $|\boldsymbol{A}^4|$ 和 $\boldsymbol{A}^8$。

26. 求下列矩阵的逆矩阵：

(1)$\begin{pmatrix}1 & 2 & 3 & 4\\0 & 1 & 2 & 3\\0 & 0 & 1 & 2\\0 & 0 & 0 & 1\end{pmatrix}$；　(2)$\begin{pmatrix}1 & 0 & 0 & 0\\1 & 2 & 0 & 0\\2 & 1 & 3 & 0\\1 & 2 & 1 & 4\end{pmatrix}$；　(3)$\begin{pmatrix}1 & 1 & 0 & 0\\1 & 2 & 0 & 0\\0 & 0 & 5 & 2\\0 & 0 & 2 & 1\end{pmatrix}$。

27. 设 n 阶矩阵 $\boldsymbol{A}$ 及 s 阶矩阵 $\boldsymbol{B}$ 都可逆，求：

(1)$\begin{pmatrix}\boldsymbol{O} & \boldsymbol{A}\\\boldsymbol{B} & \boldsymbol{O}\end{pmatrix}^{-1}$；　(2)$\begin{pmatrix}\boldsymbol{A} & \boldsymbol{O}\\\boldsymbol{C} & \boldsymbol{B}\end{pmatrix}^{-1}$。

第三章　线性方程组与向量组的线性相关性

本章将借助矩阵的初等变换、矩阵的秩、向量组的线性相关性等知识解决线性方程组的求解问题。

第一节　线性方程组及其可解性

以 $x_1,x_2,\cdots,x_n$ 为未知量的 n 元线性方程组的一般形式为

$$\begin{cases} a_{11}x_1+a_{12}x_2+\cdots+a_{1n}x_n=b_1, \\ a_{21}x_1+a_{22}x_2+\cdots+a_{2n}x_n=b_2, \\ \cdots\cdots \\ a_{m1}x_1+a_{m2}x_2+\cdots+a_{mn}x_n=b_m, \end{cases} \tag{1}$$

其中 $a_{ij}(i=1,2,\cdots,m;j=1,2,\cdots,n)$、$b_k(k=1,2,\cdots,m)$均为常数。

如果存在 n 个数 $c_1,c_2,\cdots,c_n$，当 $x_1=c_1,x_2=c_2,\cdots,x_n=c_n$ 时，方程组(1)的 m 个等式都成立，则称 $x_1=c_1,x_2=c_2,\cdots,x_n=c_n$ 为方程组(1)的**一个解**(若 $c_1,c_2,\cdots,c_n$ 均为0，则称之为**零解**，否则称之为**非零解**)，并称方程组(1)的全体解所形成的集合为方程组(1)的**解集**。对于线性方程组(1)，如果它有解，就称它是**相容的**，如果它无解，就称它是**不相容的**。

当 $b_1,b_2,\cdots,b_m$ 不全为0时，称(1)为**非齐次线性方程组**，简称**非齐次方程组**；当 $b_1=b_2=\cdots=b_m=0$ 时，称(1)为**齐次线性方程组**，简称**齐次方程组**。

本节将研究方程组(1)的求解问题，为叙述方便，首先介绍基于一类特殊线性方程组的求解规则——克莱姆法则。

一、克莱姆法则

当线性方程组(1)中的方程个数 m 与未知量个数 n 相等时，方程组(1)变成如下形式

$$\begin{cases} a_{11}x_1+a_{12}x_2+\cdots+a_{1n}x_n=b_1, \\ a_{21}x_1+a_{22}x_2+\cdots+a_{2n}x_n=b_2, \\ \cdots\cdots \\ a_{n1}x_1+a_{n2}x_2+\cdots+a_{nn}x_n=b_n, \end{cases} \tag{2}$$

在一定条件下,可用下述方法完成此方程组的求解。

克莱姆(Cramer)法则　如果线性方程组(2)的系数行列式不等于零,即

$$D=\begin{vmatrix} a_{11} & a_{12} & \cdots & a_{1n} \\ a_{21} & a_{22} & \cdots & a_{2n} \\ \vdots & \vdots & & \vdots \\ a_{n1} & a_{n2} & \cdots & a_{nn} \end{vmatrix} \neq 0,$$

那么,方程组(2)有唯一解

$$x_1=\frac{D_1}{D},x_2=\frac{D_2}{D},\cdots,x_n=\frac{D_n}{D}, \tag{3}$$

其中 $D_j(j=1,2,\cdots,n)$是把系数行列式 D 中第 j 列的元素用方程组右端的常数列代替后所得到的 n 阶行列式,即

$$D_j=\begin{vmatrix} a_{11} & a_{12} & \cdots & a_{1,j-1} & b_1 & a_{1,j+1} & a_{1,j+2} & \cdots & a_{1n} \\ a_{21} & a_{22} & \cdots & a_{2,j-1} & b_2 & a_{2,j+1} & a_{2,j+2} & \cdots & a_{2n} \\ \vdots & \vdots & & \vdots & \vdots & \vdots & \vdots & & \vdots \\ a_{n1} & a_{n2} & \cdots & a_{n,j-1} & b_n & a_{n,j+1} & a_{n,j+2} & \cdots & a_{nn} \end{vmatrix}。$$

证明　用 D 中第 j 列元素的代数余子式 $A_{1j},A_{2j},\cdots,A_{nj}$ 依次乘方程组(2)的 n 个方程,再把它们相加,得

$$\left(\sum_{k=1}^{n}a_{k1}A_{kj}\right)x_1+\cdots+\left(\sum_{k=1}^{n}a_{kj}A_{kj}\right)x_j+\cdots+\left(\sum_{k=1}^{n}a_{kn}A_{kj}\right)x_n=\sum_{k=1}^{n}b_kA_{kj}。$$

根据代数余子式的重要性质可知,上式中 x_j 的系数等于D,而其余 $x_i(i\neq j)$的系数均为 0;等式右端即是 D_j。于是

$$Dx_j=D_j(j=1,2,\cdots,n)。 \tag{4}$$

当 $D\neq 0$ 时,方程组(4)有唯一的一个解(3)。

由于方程组(4)是由方程组(2)经乘数与相加两种运算而得,故(2)的解一定是(4)的解。今(4)仅有一个解(3),故(2)如果有解,就只能是解(3)。

为证明(3)是方程组(2)的唯一解,还需验证(3)确是方程组(2)的解,也就是要证明

$$a_{i1}\frac{D_1}{D}+a_{i2}\frac{D_2}{D}+\cdots+a_{in}\frac{D_n}{D}=b_i(i=1,2,\cdots,n),$$

为此,考虑有两行相同的 $n+1$ 阶行列式

$$\begin{vmatrix} b_i & a_{i1} & a_{i2} & \cdots & a_{in} \\ b_1 & a_{11} & a_{12} & \cdots & a_{1n} \\ b_2 & a_{21} & a_{22} & \cdots & a_{2n} \\ \vdots & \vdots & \vdots & & \vdots \\ b_n & a_{n1} & a_{n2} & \cdots & a_{nn} \end{vmatrix} (i=1,2,\cdots,n),$$

它的值为 0。把它按第 1 行展开,由于第 1 行中 a_{ij} 的代数余子式为

$$(-1)^{1+j+1}\begin{vmatrix} b_1 & a_{11} & \cdots & a_{1,j-1} & a_{1,j+1} & \cdots & a_{1n} \\ & & & \cdots\cdots & & & \\ b_n & a_{n1} & \cdots & a_{n,j-1} & a_{n,j+1} & \cdots & a_{nn} \end{vmatrix} = (-1)^{j+2}(-1)^{j-1}D_j = -D_j,$$

所以有

$$0 = b_iD - a_{i1}D_1 - a_{i2}D_2 - \cdots - a_{in}D_n,$$

即

$$a_{i1}\frac{D_1}{D} + a_{i2}\frac{D_2}{D} + \cdots + a_{in}\frac{D_n}{D} = b_i (i=1,2,\cdots,n)。$$

综上所述,当 $D \neq 0$ 时,(3)是方程组(2)的唯一解。证毕。

例 1 解线性方程组

$$\begin{cases} 2x_1 + x_2 - 5x_3 + x_4 = 8, \\ x_1 - 3x_2 - 6x_4 = 9, \\ 2x_2 - x_3 + 2x_4 = -5, \\ x_1 + 4x_2 - 7x_3 + 6x_4 = 0。 \end{cases}$$

解 $$D = \begin{vmatrix} 2 & 1 & -5 & 1 \\ 1 & -3 & 0 & -6 \\ 0 & 2 & -1 & 2 \\ 1 & 4 & -7 & 6 \end{vmatrix} \xlongequal[r_4 - r_2]{r_1 - 2r_2} \begin{vmatrix} 0 & 7 & -5 & 13 \\ 1 & -3 & 0 & -6 \\ 0 & 2 & -1 & 2 \\ 0 & 7 & -7 & 12 \end{vmatrix}$$

$$= -\begin{vmatrix} 7 & -5 & 13 \\ 2 & -1 & 2 \\ 7 & -7 & 12 \end{vmatrix} \xlongequal[c_3 + 2c_2]{c_1 + 2c_2} -\begin{vmatrix} -3 & -5 & 3 \\ 0 & -1 & 0 \\ -7 & -7 & -2 \end{vmatrix} = \begin{vmatrix} -3 & 3 \\ -7 & -2 \end{vmatrix} = 27,$$

$$D_1 = \begin{vmatrix} 8 & 1 & -5 & 1 \\ 9 & -3 & 0 & -6 \\ -5 & 2 & -1 & 2 \\ 0 & 4 & -7 & 6 \end{vmatrix} = 81, D_2 = \begin{vmatrix} 2 & 8 & -5 & 1 \\ 1 & 9 & 0 & -6 \\ 0 & -5 & -1 & 2 \\ 1 & 0 & -7 & 6 \end{vmatrix} = -108,$$

$$D_3 = \begin{vmatrix} 2 & 1 & 8 & 1 \\ 1 & -3 & 9 & -6 \\ 0 & 2 & -5 & 2 \\ 1 & 4 & 0 & 6 \end{vmatrix} = -27, D_4 = \begin{vmatrix} 2 & 1 & -5 & 8 \\ 1 & -3 & 0 & 9 \\ 0 & 2 & -1 & -5 \\ 1 & 4 & -7 & 0 \end{vmatrix} = 27,$$

于是得

$$x_1=3,x_2=-4,x_3=-1,x_4=1。$$

克莱姆法则有重大的理论价值，撇开求解公式(3)，克莱姆法则可叙述为下面的重要定理。

定理1　如果线性方程组(2)的系数行列式 $D\neq 0$，则(2)一定有解，且解是唯一的。

定理1的逆否定理如下。

定理1′　如果线性方程组(2)无解或有两个不同的解，则它的系数行列式必为零。

对于线性方程组(2)，令 $b_1=b_2=\cdots=b_n=0$，得其对应的齐次线性方程组

$$\begin{cases}a_{11}x_1+a_{12}x_2+\cdots+a_{1n}x_n=0,\\ a_{21}x_1+a_{22}x_2+\cdots+a_{2n}x_n=0,\\ \qquad\cdots\cdots\\ a_{n1}x_1+a_{n2}x_2+\cdots+a_{nn}x_n=0。\end{cases}\tag{5}$$

显然方程组(5)一定有零解，但不一定有非零解。

把定理1应用于齐次方程组(5)，可得

定理2　如果齐次方程组(5)的系数行列式 $D\neq 0$，则齐次方程组(5)只有零解。

定理2′　如果齐次方程组(5)有非零解，则它的系数行列式必为零。

定理2(或定理2′)说明系数行列式 $D=0$ 是齐次方程组(5)有非零解的必要条件。本节末还将证明这个条件也是充分的。

例2　问常数 λ 取何值时，齐次方程组

$$\begin{cases}(5-\lambda)x+2y+2z=0,\\ 2x+(6-\lambda)y=0,\\ 2x+(4-\lambda)z=0,\end{cases}\tag{6}$$

有非零解？

解　由定理2′可知，若齐次方程组(6)有非零解，则(6)的系数行列式 $D=0$。而

$$\begin{aligned}D&=\begin{vmatrix}5-\lambda & 2 & 2\\ 2 & 6-\lambda & 0\\ 2 & 0 & 4-\lambda\end{vmatrix}\\ &=(5-\lambda)(6-\lambda)(4-\lambda)-4(4-\lambda)-4(6-\lambda)\\ &=(5-\lambda)(2-\lambda)(8-\lambda),\end{aligned}$$

由 $D=0$，得 $\lambda=2$ 或 $\lambda=5$ 或 $\lambda=8$。

不难验证，当 $\lambda=2$ 或5或8时，齐次方程组(6)确有非零解。

二、线性方程组的初等变换

克莱姆法则只能用于求解未知量个数等于方程个数，并且系数行列式不等于零的线性方程。然而，许多线性方程组并不能同时满足这两个条件。为此，必须讨论一般情况下线

性方程组的求解方法和解的各种情况。而消元法是解决这些问题的一种较为简便的方法，本部分将以具体例题介绍这种方法(详见下面的引例)。

对于线性方程组(1)，即

$$\begin{cases} a_{11}x_1+a_{12}x_2+\cdots+a_{1n}x_n=b_1, \\ a_{21}x_1+a_{22}x_2+\cdots+a_{2n}x_n=b_2, \\ \cdots\cdots \\ a_{m1}x_1+a_{m2}x_2+\cdots+a_{mn}x_n=b_m, \end{cases}$$

令

$$\boldsymbol{A}=\begin{pmatrix} a_{11} & a_{12} & \cdots & a_{1n} \\ a_{21} & a_{22} & \cdots & a_{2n} \\ \vdots & \vdots & & \vdots \\ a_{m1} & a_{m2} & \cdots & a_{mn} \end{pmatrix}, \boldsymbol{b}=\begin{pmatrix} b_1 \\ b_2 \\ \vdots \\ b_m \end{pmatrix}, \overline{\boldsymbol{A}}=(\boldsymbol{A},\boldsymbol{b})=\begin{pmatrix} a_{11} & a_{12} & \cdots & a_{1n} & b_1 \\ a_{21} & a_{22} & \cdots & a_{2n} & b_2 \\ \vdots & \vdots & & \vdots & \vdots \\ a_{m1} & a_{m2} & \cdots & a_{mn} & b_m \end{pmatrix}。$$

分别称 $\boldsymbol{A}$、$\overline{\boldsymbol{A}}$ 为其**系数矩阵**和**增广矩阵**。

对于一般的 n 元线性方程组，需要解决以下两个问题：

(1)如何判定方程组是否有解？

(2)如果方程组有解，它有多少个解？如何求出方程组的全部解？

为回答上述问题，我们先看一个引例

引例 求解线性方程组

$$\begin{cases} x_1+3x_2-2x_3=4, & ① \\ 3x_1+2x_2-5x_3=11, & ② \\ 2x_1+\ \ x_2+\ \ x_3=3。 & ③ \end{cases} \tag{7}$$

解 用消元法求解。

对方程组进行变换：

$$(7)\xrightarrow[③-2①]{②-3①}\begin{cases} x_1+3x_2-2x_3=4 & ① \\ -7x_2+x_3=-1 & ② \\ -5x_2+5x_3=-5 & ③ \end{cases}$$

$$\xrightarrow{③\times(-1/5)}\begin{cases} x_1+3x_2-2x_3=4 & ① \\ -7x_2+x_3=-1 & ② \\ x_2-x_3=1 & ③ \end{cases}$$

$$\xrightarrow{②\leftrightarrow③}\begin{cases} x_1+3x_2-2x_3=4 & ① \\ x_2-x_3=1 & ② \\ -7x_2+x_3=-1 & ③ \end{cases}$$

$$\xrightarrow{③+7②}\begin{cases} x_1+3x_2-2x_3=4 & ① \\ x_2-x_3=1 & ② \\ -6x_3=6 & ③ \end{cases} \tag{8}$$

对增广矩阵 $\overline{\boldsymbol{A}}$ 作初等行变换：

$$\overline{\boldsymbol{A}}\xrightarrow[r_3-2r_1]{r_2-3r_1}\begin{pmatrix} 1 & 3 & -2 & 4 \\ 0 & -7 & 1 & -1 \\ 0 & -5 & 5 & -5 \end{pmatrix}$$

$$\xrightarrow{r_3\times(-1/5)}\begin{pmatrix} 1 & 3 & -2 & 4 \\ 0 & -7 & 1 & -1 \\ 0 & 1 & -1 & 1 \end{pmatrix}$$

$$\xrightarrow{r_2\leftrightarrow r_3}\begin{pmatrix} 1 & 3 & -2 & 4 \\ 0 & 1 & -1 & 1 \\ 0 & -7 & 1 & -1 \end{pmatrix}$$

$$\xrightarrow{r_3+7r_2}\begin{pmatrix} 1 & 3 & -2 & 4 \\ 0 & 1 & -1 & 1 \\ 0 & 0 & -6 & 6 \end{pmatrix} \tag{9}$$

形如(8)的方程组称为**阶梯形方程组**,并且方程组(8)与原方程组(7)同解,其系数矩阵为阶梯形矩阵(9)。

将原方程组化为阶梯形方程组的过程,称为**消元过程**。在此基础上,再从后往前依次求出未知量 x_3,x_2 和 x_1 的过程,称为**回代过程**。

$$(8)\xrightarrow{③\times(-1/6)}\begin{cases}x_1+3x_2-2x_3=4 & ①\\ \quad\quad x_2-\ x_3=1 & ②\\ \quad\quad\quad\quad x_3=-1 & ③\end{cases}\qquad (9)\xrightarrow{r_3\times(-1/6)}\begin{pmatrix}1&3&-2&4\\0&1&-1&1\\0&0&1&-1\end{pmatrix}$$

$$\xrightarrow[①+2③]{②+③}\begin{cases}x_1+3x_2=2 & ①\\ \quad\quad x_2=0 & ②\\ \quad\quad x_3=-1 & ③\end{cases}\qquad \xrightarrow[r_1+2r_3]{r_2+r_3}\begin{pmatrix}1&3&0&2\\0&1&0&0\\0&0&1&-1\end{pmatrix}$$

$$\xrightarrow{①-3②}\begin{cases}x_1=2\\x_2=0\\x_3=-1\end{cases}\quad(10)\qquad \xrightarrow{r_1-3r_2}\begin{pmatrix}1&0&0&2\\0&1&0&0\\0&0&1&-1\end{pmatrix}\quad(11)$$

显然方程组(10)也与(7)同解。形如(10)的方程组称为**最简形方程组**,其系数矩阵为最简形矩阵(11)。

故原方程组的解为:$x_1=2,x_2=0,x_3=-1$。

在上述求解过程中,对方程组反复进行了以下三种变换:

(1)交换两个方程的位置;

(2)用一个非零的常数乘以某个方程的两边;

(3)将一个方程的倍数加到另一个方程上。

这三种变换均称为**线性方程组的初等变换**。由于这三种变换都可以逆向进行,故方程组的初等变换把方程组化为同解方程组。

由引例的求解过程知,可通过对线性方程组对应的增广矩阵做一系列初等行变换来完成线性方程组的求解。将线性方程组消元的过程就是利用初等行变换对增广矩阵化阶梯形矩阵的过程,回代过程就是对阶梯形矩阵化最简形矩阵的过程。

下面再用这种计算形式求解另外几个线性方程组,看一下求解中可能出现的其他情况。

例 3　求解线性方程组

$$\begin{cases}x_1-2x_2+3x_3=1,\\3x_1-\ x_2+5x_3=2,\\2x_1+\ x_2+2x_3=5。\end{cases}$$

解 利用初等行变换将方程组的增广矩阵化为阶梯形矩阵

$$\overline{\mathbf{A}}=\begin{pmatrix}1&-2&3&1\\3&-1&5&2\\2&1&2&5\end{pmatrix}\xrightarrow[r_3-2r_1]{r_2-3r_1}\begin{pmatrix}1&-2&3&1\\0&5&-4&-1\\0&5&-4&3\end{pmatrix}\xrightarrow{r_3-r_2}\begin{pmatrix}1&-2&3&1\\0&5&-4&-1\\0&0&0&4\end{pmatrix},$$

对应的阶梯形方程组为

$$\begin{cases}x_1-2x_2+3x_3=1,\\ \quad 5x_2-4x_3=-1,\\ \quad\quad 0\cdot x_3=4。\end{cases}$$

由此可看出原方程组无解。

例 4 若将引例中的第三个方程换成 $x_1-4x_2-x_3=3$,其余方程不变,得

$$\begin{cases}x_1+3x_2-2x_3=4,\\3x_1+2x_2-5x_3=11,\\x_1-4x_2-x_3=3,\end{cases}$$

请求解此方程组。

解 方程组的增广矩阵

$$\overline{\mathbf{A}}=(\mathbf{A},\boldsymbol{b})=\begin{pmatrix}1&3&-2&4\\3&2&-5&11\\1&-4&-1&3\end{pmatrix}\xrightarrow[r_3-r_1]{r_2-3r_1}\begin{pmatrix}1&3&-2&4\\0&-7&1&-1\\0&-7&1&-1\end{pmatrix}\xrightarrow{r_3-r_2}\begin{pmatrix}1&3&-2&4\\0&-7&1&-1\\0&0&0&0\end{pmatrix}。$$

最后得到的阶梯形矩阵对应的阶梯形方程组为

$$\begin{cases}x_1+3x_2-2x_3=4,\\ \quad -7x_2+x_3=-1,\end{cases}$$

其中原来的第三个方程化为"$0=0$",说明这个方程为原方程组中的"多余"方程,省略。将上述方程组改写为

$$\begin{cases}x_1+3x_2=4+2x_3,\\ \quad -7x_2=-1-x_3,\end{cases}$$

则可以看出:只要任意给定 x_3 的值,即可唯一地确定 x_1 与 x_2 的值,从而得到原方程组的一个解。因此,原方程组有无穷多个解。这时,称 x_3 为**自由未知量**,称 x_1,x_2 为**非自由未知量**。为了非自由未知量 x_1 与 x_2 都仅用自由未知量 x_3 表示,可以利用初等行变换将上面已得到的阶梯形矩阵进一步化为最简形矩阵,即

$$\overline{\mathbf{A}}\to\begin{pmatrix}1&3&-2&4\\0&-7&1&-1\\0&0&0&0\end{pmatrix}\xrightarrow{r_2\times(-1/7)}\begin{pmatrix}1&3&-2&4\\0&1&-\frac{1}{7}&\frac{1}{7}\\0&0&0&0\end{pmatrix}\xrightarrow{r_1-3r_2}\begin{pmatrix}1&0&-\frac{11}{7}&\frac{25}{7}\\0&1&-\frac{1}{7}&\frac{1}{7}\\0&0&0&0\end{pmatrix},$$

得到

$$\begin{cases} x_1 = \dfrac{25}{7} + \dfrac{11}{7}x_3, \\ x_2 = \dfrac{1}{7} + \dfrac{1}{7}x_3。\end{cases}$$

令 $x_3 = k$,则原方程组的解为

$$\begin{cases} x_1 = \dfrac{25}{7} + \dfrac{11}{7}k, \\ x_2 = \dfrac{1}{7} + \dfrac{1}{7}k, \\ x_3 = k。\end{cases} \quad (k\text{ 为任意常数})$$

三、线性方程组的可解性判定

1. 线性方程组的可解性判定及求解方法

线性方程组(1),即

$$\begin{cases} a_{11}x_1 + a_{12}x_2 + \cdots + a_{1n}x_n = b_1, \\ a_{21}x_1 + a_{22}x_2 + \cdots + a_{2n}x_n = b_2, \\ \cdots\cdots \\ a_{m1}x_1 + a_{m2}x_2 + \cdots + a_{mn}x_n = b_m, \end{cases}$$

等效于以 x 为未知元的矩阵方程

$$\mathbf{A}x = \boldsymbol{b},$$

其中

$$\mathbf{A} = \begin{pmatrix} a_{11} & a_{12} & \cdots & a_{1n} \\ a_{21} & a_{22} & \cdots & a_{2n} \\ \vdots & \vdots & & \vdots \\ a_{m1} & a_{m2} & \cdots & a_{mn} \end{pmatrix}, \boldsymbol{x} = \begin{pmatrix} x_1 \\ x_2 \\ \vdots \\ x_n \end{pmatrix}, \boldsymbol{b} = \begin{pmatrix} b_1 \\ b_2 \\ \vdots \\ b_m \end{pmatrix}。$$

为叙述方便,下面以 $\mathbf{A}\boldsymbol{x} = \boldsymbol{b}$ 代表线性方程组(1)、$\mathbf{A}\boldsymbol{x} = \mathbf{0}$ 代表线性方程组(1)对应的齐次线性方程组。

定理 3　设 $\mathbf{A}\boldsymbol{x} = \boldsymbol{b}$ 是 n 元线性方程组,则

(1) $\mathbf{A}\boldsymbol{x} = \boldsymbol{b}$ 无解的充要条件是 $R(\mathbf{A}) < R(\overline{\mathbf{A}})$;

(2) $\mathbf{A}\boldsymbol{x} = \boldsymbol{b}$ 有唯一解的充要条件是 $R(\mathbf{A}) = R(\overline{\mathbf{A}}) = n$;

(3) $\mathbf{A}\boldsymbol{x} = \boldsymbol{b}$ 有无穷多个解的充要条件是 $R(\mathbf{A}) = R(\overline{\mathbf{A}}) < n$。

注:定理 3 中,$\overline{\mathbf{A}} = (\mathbf{A}, \boldsymbol{b})$

证明　只证充分性,必要性在充分性成立的情况下是显然的。

设 $R(\mathbf{A}) = r$,为叙述方便,不妨设增广矩阵 $\overline{\mathbf{A}} = (\mathbf{A}, \boldsymbol{b})$ 的行最简形为:

$$\boldsymbol{B}=\begin{pmatrix}1&0&\cdots&0&b_{11}&b_{12}&\cdots&b_{1,n-r}&d_1\\0&1&\cdots&0&b_{21}&b_{22}&\cdots&b_{2,n-r}&d_2\\\vdots&\vdots&&\vdots&\vdots&\vdots&&\vdots&\vdots\\0&0&\cdots&1&b_{r1}&b_{r2}&\cdots&b_{r,n-r}&d_r\\0&0&\cdots&0&0&0&\cdots&0&d_{r+1}\\0&0&\cdots&0&0&0&\cdots&0&0\\\vdots&\vdots&&\vdots&\vdots&\vdots&&\vdots&\vdots\\0&0&\cdots&0&0&0&\cdots&0&0\end{pmatrix}。$$

(1)若 $R(\mathbf{A})<R(\overline{\mathbf{A}})$,则 $\boldsymbol{B}$ 中的 $d_{r+1}=1$,于是 $\boldsymbol{B}$ 的第 $r+1$ 行对应矛盾方程 $0=1$,故方程无解;

(2)若 $R(\mathbf{A})=R(\overline{\mathbf{A}})=r=n$,则 $\boldsymbol{B}=\begin{pmatrix}1&0&\cdots&0&d_1\\0&1&\cdots&0&d_2\\\vdots&\vdots&&\vdots&\vdots\\0&0&\cdots&1&d_r\end{pmatrix}$,

于是 $\boldsymbol{B}$ 对应方程组

$$\begin{cases}x_1=d_1,\\x_2=d_2,\\\quad\vdots\\x_n=d_n,\end{cases}$$

故方程组有唯一解。

(3)若 $R(\mathbf{A})=R(\overline{\mathbf{A}})=r<n$

则

$$\boldsymbol{B}=\begin{pmatrix}1&0&\cdots&0&b_{11}&b_{12}&\cdots&b_{1,n-r}&d_1\\0&1&\cdots&0&b_{21}&b_{22}&\cdots&b_{2,n-r}&d_2\\\vdots&\vdots&&\vdots&\vdots&\vdots&&\vdots&\vdots\\0&0&\cdots&1&b_{r1}&b_{r2}&\cdots&b_{r,n-r}&d_r\\0&0&\cdots&0&0&0&\cdots&0&0\\0&0&\cdots&0&0&0&\cdots&0&0\\\vdots&\vdots&&\vdots&\vdots&\vdots&&\vdots&\vdots\\0&0&\cdots&0&0&0&\cdots&0&0\end{pmatrix},$$

于是 $\boldsymbol{B}$ 对应方程组

$$\begin{cases}x_1=-b_{11}x_{r+1}-b_{12}x_{r+2}-\cdots-b_{1,n-r}x_n+d_1,\\x_2=-b_{21}x_{r+1}-b_{22}x_{r+2}-\cdots-b_{2,n-r}x_n+d_2,\\\quad\cdots\cdots\\x_r=-b_{r1}x_{r+1}-b_{r2}x_{r+2}-\cdots-b_{r,n-r}x_n+d_r。\end{cases}$$

令自由未知量 $x_{r+1}=c_1,x_{r+2}=c_2,\cdots,x_n=c_{n-r}$，即得方程组的含 $n-r$ 个参数的解：

$$\begin{pmatrix} x_1 \\ x_2 \\ \vdots \\ x_r \\ x_{r+1} \\ x_{r+2} \\ \vdots \\ x_n \end{pmatrix}=\begin{pmatrix} -b_{11}c_1-b_{12}c_2-\cdots-b_{1,n-r}c_{n-r}+d_1 \\ -b_{21}c_1-b_{22}c_2-\cdots-b_{2,n-r}c_{n-r}+d_2 \\ \vdots \\ -b_{r1}c_1-b_{r2}c_2-\cdots-b_{r,n-r}c_{n-r}+d_r \\ c_1 \\ c_2 \\ \vdots \\ c_{n-r} \end{pmatrix},$$

即

$$\begin{pmatrix} x_1 \\ x_2 \\ \vdots \\ x_r \\ x_{r+1} \\ x_{r+2} \\ \vdots \\ x_n \end{pmatrix}=c_1\begin{pmatrix} -b_{11} \\ -b_{21} \\ \vdots \\ -b_{r1} \\ 1 \\ 0 \\ \vdots \\ 0 \end{pmatrix}+c_2\begin{pmatrix} -b_{12} \\ -b_{22} \\ \vdots \\ -b_{r2} \\ 0 \\ 1 \\ \vdots \\ 0 \end{pmatrix}+\cdots+c_{n-r}\begin{pmatrix} -b_{1,n-r} \\ -b_{2,n-r} \\ \vdots \\ -b_{r,n-r} \\ 0 \\ 0 \\ \vdots \\ 1 \end{pmatrix}+\begin{pmatrix} d_1 \\ d_2 \\ \vdots \\ d_r \\ 0 \\ 0 \\ \vdots \\ 0 \end{pmatrix}。\tag{12}$$

因为参数 $c_1,c_2,\cdots,c_{n-r}$ 可任意取值，所以方程组有无穷多个解。证毕。

注　(1)求解线性方程组(1)的一般方法如下：

写出 $\boldsymbol{Ax}=\boldsymbol{b}$ 的增广矩阵 $\overline{\boldsymbol{A}}=(\boldsymbol{A},\boldsymbol{b})$，并利用初等行变换把它化为行阶梯形，若 $R(\boldsymbol{A})\neq R(\overline{\boldsymbol{A}})$，则方程组无解；若 $R(\boldsymbol{A})=R(\overline{\boldsymbol{A}})$，则利用初等行变换将 $\overline{\boldsymbol{A}}$ 进一步化为行最简形，由此得出方程组的解。

(2)解(12)称为线性方程组(1)的**通解或一般解**，将(12)中的参数 $c_1,c_2,\cdots,c_{n-r}$ 取定具体值时，得到线性方程组(1)的具体解，称这样的解为线性方程组(1)的**特解**。

(3)对于 n 元齐次线性方程组 $\boldsymbol{Ax}=\boldsymbol{0}$，有：

①$\boldsymbol{Ax}=\boldsymbol{0}$ 只有零解的充要条件是 $R(\boldsymbol{A})=n$；

②$\boldsymbol{Ax}=\boldsymbol{0}$ 有非零解的充要条件是 $R(\boldsymbol{A})<n$。

例 5　求解齐次线性方程组

$$\begin{cases} x_1+2x_2+2x_3+x_4=0, \\ -2x_1-x_2+2x_3+2x_4=0, \\ -x_1+x_2+4x_3+3x_4=0。\end{cases}$$

解　利用初等行变换将系数矩阵 $\boldsymbol{A}$ 化为行最简形

$$A=\begin{pmatrix}1&2&2&1\\-2&-1&2&2\\-1&1&4&3\end{pmatrix}\xrightarrow[r_3+r_1]{r_2+2r_1}\begin{pmatrix}1&2&2&1\\0&3&6&4\\0&3&6&4\end{pmatrix}$$

$$\xrightarrow[r_2\times\frac{1}{3}]{r_3-r_2}\begin{pmatrix}1&2&2&1\\0&1&2&\frac{4}{3}\\0&0&0&0\end{pmatrix}\xrightarrow{r_1-2r_2}\begin{pmatrix}1&0&-2&-\frac{5}{3}\\0&1&2&\frac{4}{3}\\0&0&0&0\end{pmatrix},$$

由此得出同解方程组

$$\begin{cases}x_1 \quad -2x_3-\frac{5}{3}x_4=0,\\ x_2+2x_3+\frac{4}{3}x_4=0,\end{cases}$$

故得

$$\begin{cases}x_1=\quad 2x_3+\frac{5}{3}x_4,\\ x_2=-2x_3-\frac{4}{3}x_4,\end{cases}\quad (x_3,x_4\text{ 可以任意取值})$$

令 $x_3=k_1,x_4=k_2$,得原方程组的通解(参数形式)为

$$\begin{cases}x_1=\quad 2k_1+\frac{5}{3}k_2,\\ x_2=-2k_1-\frac{4}{3}k_2,\\ x_3=\quad k_1,\\ x_4=\quad k_2。\end{cases}\quad (k_1,k_2\text{ 为任意常数})$$

该通解也可以写成下面形式(今后称为向量形式)

$$\begin{pmatrix}x_1\\x_2\\x_3\\x_4\end{pmatrix}=k_1\begin{pmatrix}2\\-2\\1\\0\end{pmatrix}+k_2\begin{pmatrix}\frac{5}{3}\\-\frac{4}{3}\\0\\1\end{pmatrix}。$$

例 6 求解非齐次线性方程组

$$\begin{cases}x_1-x_2-x_3+x_4=0,\\ x_1-x_2+x_3-3x_4=1,\\ x_1-x_2-2x_3+3x_4=-\frac{1}{2}。\end{cases}$$

解　对增广矩阵做初等行变换化为行阶梯形

$$\overline{\boldsymbol{A}}=\begin{pmatrix}1&-1&-1&1&0\\1&-1&1&-3&1\\1&-1&-2&3&-\frac{1}{2}\end{pmatrix}\xrightarrow[r_3-r_1]{r_2-r_1}\begin{pmatrix}1&-1&-1&1&0\\0&0&2&-4&1\\0&0&-1&2&-\frac{1}{2}\end{pmatrix}$$

$$\xrightarrow[r_3+\frac{1}{2}r_2]{r_1-r_3}\begin{pmatrix}1&-1&0&-1&\frac{1}{2}\\0&0&2&-4&1\\0&0&0&0&0\end{pmatrix}\xrightarrow{r_2\times\frac{1}{2}}\begin{pmatrix}1&-1&0&-1&\frac{1}{2}\\0&0&1&-2&\frac{1}{2}\\0&0&0&0&0\end{pmatrix},$$

因为$R(\boldsymbol{A})=R(\overline{\boldsymbol{A}})=2<n=4$，所以方程组有无穷多个解。

同解方程组为

$$\begin{cases}x_1=x_2+x_4+\frac{1}{2},\\x_3=\quad\ 2x_4+\frac{1}{2},\end{cases}\quad(x_2,x_4\text{ 可以任意取值})$$

令$x_2=k_1,x_4=k_2$，得原方程组的通解（参数形式）为

$$\begin{cases}x_1=k_1+\ k_2+\frac{1}{2},\\x_2=k_1,\\x_3=\quad\ 2k_2+\frac{1}{2},\\x_4=\quad\ k_2。\end{cases}\quad(k_1,k_2\text{ 为任意常数})$$

该通解也可以写成下面形式

$$\begin{pmatrix}x_1\\x_2\\x_3\\x_4\end{pmatrix}=k_1\begin{pmatrix}1\\1\\0\\0\end{pmatrix}+k_2\begin{pmatrix}1\\0\\2\\1\end{pmatrix}+\begin{pmatrix}\frac{1}{2}\\0\\\frac{1}{2}\\0\end{pmatrix}。$$

例 7　设有线性方程组

$$\begin{cases}\lambda x_1+\ x_2+\ x_3=1,\\x_1+\lambda x_2+\ x_3=\lambda,\\x_1+\ x_2+\lambda x_3=\lambda^2,\end{cases}$$

问常数λ取何值时，此方程组(1)有唯一解；(2)无解；(3)有无穷多个解？并在此时求其通解。

解法一　对增广矩阵$\overline{\boldsymbol{A}}=(\boldsymbol{A},\boldsymbol{b})$作初等行变换

$$\overline{\boldsymbol{A}}=\begin{pmatrix}\lambda & 1 & 1 & 1\\ 1 & \lambda & 1 & \lambda\\ 1 & 1 & \lambda & \lambda^2\end{pmatrix}\xrightarrow{r_1\leftrightarrow r_3}\begin{pmatrix}1 & 1 & \lambda & \lambda^2\\ 1 & \lambda & 1 & \lambda\\ \lambda & 1 & 1 & 1\end{pmatrix}$$

$$\xrightarrow[r_3-\lambda r_1]{r_2-r_1}\begin{pmatrix}1 & 1 & \lambda & \lambda^2\\ 0 & \lambda-1 & 1-\lambda & \lambda-\lambda^2\\ 0 & 1-\lambda & 1-\lambda^2 & 1-\lambda^3\end{pmatrix}$$

$$\xrightarrow{r_3+r_2}\begin{pmatrix}1 & 1 & \lambda & \lambda^2\\ 0 & \lambda-1 & 1-\lambda & \lambda-\lambda^2\\ 0 & 0 & 2-\lambda-\lambda^2 & 1+\lambda-\lambda^2-\lambda^3\end{pmatrix}$$

$$=\begin{pmatrix}1 & 1 & \lambda & \lambda^2\\ 0 & \lambda-1 & 1-\lambda & \lambda(1-\lambda)\\ 0 & 0 & (1-\lambda)(2+\lambda) & (1-\lambda)(1+\lambda)^2\end{pmatrix}。$$

(1)当 $\lambda\neq1$，且 $\lambda\neq-2$ 时，因为 $R(\boldsymbol{A})=R(\overline{\boldsymbol{A}})=3$，所以此时原方程组有唯一解；

(2)当 $\lambda=-2$ 时，因为 $R(\boldsymbol{A})=2\neq R(\overline{\boldsymbol{A}})=3$，所以此时原方程组无解；

(3)当 $\lambda=1$ 时，因为 $R(\boldsymbol{A})=R(\overline{\boldsymbol{A}})=1<3$，所以此时原方程组有无穷多个解，这时

$$\overline{\boldsymbol{A}}\to\begin{pmatrix}1 & 1 & 1 & 1\\ 0 & 0 & 0 & 0\\ 0 & 0 & 0 & 0\end{pmatrix},$$

由此解得

$$\begin{cases}x_1=1-x_2-x_3,\\ x_2=\qquad x_2,\\ x_3=\qquad\qquad x_3,\end{cases}\quad(x_2,x_3\text{ 可以任意取值})$$

或

$$\begin{pmatrix}x_1\\ x_2\\ x_3\end{pmatrix}=\begin{pmatrix}1\\ 0\\ 0\end{pmatrix}+k_1\begin{pmatrix}-1\\ 1\\ 0\end{pmatrix}+k_2\begin{pmatrix}-1\\ 0\\ 1\end{pmatrix}(k_1,k_2\text{ 为任意常数})。$$

解法二 因为系数矩阵 $\boldsymbol{A}$ 为方阵，所以方程组有唯一解$\Leftrightarrow|\boldsymbol{A}|\neq0$。而

$$|\boldsymbol{A}|=\begin{vmatrix}\lambda & 1 & 1\\ 1 & \lambda & 1\\ 1 & 1 & \lambda\end{vmatrix}=(1-\lambda)^2(2+\lambda),$$

所以当 $\lambda\neq1$，且 $\lambda\neq-2$ 时，方程组有唯一解。

当 $\lambda=-2$ 时，由于

$$\overline{\boldsymbol{A}}=\begin{pmatrix}-2 & 1 & 1 & 1\\ 1 & -2 & 1 & -2\\ 1 & 1 & -2 & 4\end{pmatrix}\xrightarrow{r_3\leftrightarrow r_1}\begin{pmatrix}1 & 1 & -2 & 4\\ 1 & -2 & 1 & -2\\ -2 & 1 & 1 & 1\end{pmatrix}$$

$$\xrightarrow[r_3+2r_1]{r_2-r_1}\begin{pmatrix}1 & 1 & -2 & 4\\ 0 & -3 & 3 & -6\\ 0 & 3 & -3 & 9\end{pmatrix}\xrightarrow{r_3+r_2}\begin{pmatrix}1 & 1 & -2 & 4\\ 0 & -3 & 3 & -6\\ 0 & 0 & 0 & 3\end{pmatrix},$$

故 $R(\boldsymbol{A})\neq R(\overline{\boldsymbol{A}})$，所以方程组无解。

当 $\lambda=1$ 时，同解法一。

注　(1)解法二只适用于系数矩阵为方阵的情形；

(2)对含参数的矩阵作初等变换时，参数不宜作分母，若作分母，则使分母为零的参数值需另行讨论。

2. 矩阵方程可解性判定理论中的两个基本定理

由线性方程组可解性的判定理论可得如下两个关于矩阵方程的可解性判定定理。

定理 4　设 $\boldsymbol{A},\boldsymbol{B},\boldsymbol{X}$ 分别是 $m\times n, m\times l, n\times l$ 矩阵，则关于未知矩阵 $\boldsymbol{X}$ 的矩阵方程 $\boldsymbol{AX}=\boldsymbol{B}$ 有解的充要条件是 $R(\boldsymbol{A})=R(\boldsymbol{A},\boldsymbol{B})$。

证明　把 $\boldsymbol{X}$ 和 $\boldsymbol{B}$ 按列分块，记为

$$\boldsymbol{X}=(\boldsymbol{x}_1,\boldsymbol{x}_2,\cdots,\boldsymbol{x}_l),\boldsymbol{B}=(\boldsymbol{b}_1,\boldsymbol{b}_2,\cdots,\boldsymbol{b}_l),$$

则 $\boldsymbol{AX}=\boldsymbol{B}$ 有解等价为 l 个向量方程 $\boldsymbol{Ax}_i=\boldsymbol{b}_i\quad(i=1,2,\cdots,l)$ 有解。

先证充分性。

设

$$R(\boldsymbol{A})=R(\boldsymbol{A},\boldsymbol{B}),$$

由于

$$R(\boldsymbol{A})\leqslant R(\boldsymbol{A},\boldsymbol{b}_i)\leqslant R(\boldsymbol{A},\boldsymbol{B}),$$

故有

$$R(\boldsymbol{A})=R(\boldsymbol{A},\boldsymbol{b}_i)。$$

从而根据定理 4 知 l 个向量方程 $\boldsymbol{A}x_i=\boldsymbol{b}_i(i=1,2,\cdots,l)$ 都有解，于是矩阵方程 $\boldsymbol{AX}=\boldsymbol{B}$ 有解。

再证必要性。

设矩阵方程 $\boldsymbol{AX}=\boldsymbol{B}$ 有解，从而 l 个向量方程 $\boldsymbol{A}x_i=\boldsymbol{b}_i(i=1,2,\cdots,l)$ 都有解，设解为

$$\boldsymbol{x}_i=\begin{pmatrix}\lambda_{1i}\\ \lambda_{2i}\\ \vdots\\ \lambda_{ni}\end{pmatrix}(i=1,2,\cdots,l),$$

记 $\boldsymbol{A}=(\boldsymbol{a}_1,\boldsymbol{a}_2,\cdots,\boldsymbol{a}_n)$，即有

$$\boldsymbol{Ax}_i=\lambda_{1i}\boldsymbol{a}_1+\lambda_{2i}\boldsymbol{a}_2+\cdots+\lambda_{ni}\boldsymbol{a}_n=\boldsymbol{b}_i(i=1,2,\cdots,l),$$

对矩阵 $(\boldsymbol{A},\boldsymbol{B})=(\boldsymbol{a}_1,\cdots,\boldsymbol{a}_n,\boldsymbol{b}_1,\cdots,\boldsymbol{b}_l)$ 作初等列变换

$$\boldsymbol{c}_{n+i}-\lambda_{1i}\boldsymbol{c}_1-\cdots-\lambda_{ni}\boldsymbol{c}_n(i=1,2,\cdots,l),$$

便把 $(\boldsymbol{A},\boldsymbol{B})$ 的第 $n+1$ 列，…，第 $n+l$ 列都变为零，即 $(\boldsymbol{A},\boldsymbol{B})\xrightarrow{\text{初等列变换}}(\boldsymbol{A},\boldsymbol{O})$，因此

$$R(\boldsymbol{A},\boldsymbol{B})=R(\boldsymbol{A})。$$

证毕。

例 8 设 $\boldsymbol{AB}=\boldsymbol{C}$，证明 $R(\boldsymbol{C})\leqslant\min\{R(\boldsymbol{A}),R(\boldsymbol{B})\}$。

证明 由 $\boldsymbol{AB}=\boldsymbol{C}$ 知矩阵方程 $\boldsymbol{AX}=\boldsymbol{C}$ 有解 $\boldsymbol{X}=\boldsymbol{B}$，再由本节定理 4 有

$$R(\boldsymbol{A})=R(\boldsymbol{A},\boldsymbol{C}),$$

而 $R(\boldsymbol{C})\leqslant R(\boldsymbol{A},\boldsymbol{C})$，所以 $R(\boldsymbol{C})\leqslant R(\boldsymbol{A})$。

又因为 $\boldsymbol{B}^{\mathrm{T}}\boldsymbol{A}^{\mathrm{T}}=\boldsymbol{C}^{\mathrm{T}}$，由定理 4 又得

$$R(\boldsymbol{B}^{\mathrm{T}})=R(\boldsymbol{B}^{\mathrm{T}},\boldsymbol{C}^{\mathrm{T}})。$$

由于 $R(\boldsymbol{C}^{\mathrm{T}})\leqslant R(\boldsymbol{B}^{\mathrm{T}},\boldsymbol{C}^{\mathrm{T}})$，所以 $R(\boldsymbol{C}^{\mathrm{T}})\leqslant R(\boldsymbol{B}^{\mathrm{T}})$，故 $R(\boldsymbol{C})\leqslant R(\boldsymbol{B})$。所以

$$R(\boldsymbol{C})\leqslant\min\{R(\boldsymbol{A}),R(\boldsymbol{B})\}。$$

定理 5 设 $\boldsymbol{A}$、$\boldsymbol{X}$ 分别是 $m\times n$、$n\times l$ 矩阵，则关于未知矩阵 $\boldsymbol{X}$ 的矩阵方程 $\boldsymbol{AX}=\boldsymbol{O}$ 只有零解的充要条件是 $R(\boldsymbol{A})=n$。

第二节 向量及其线性运算

1. 向量的概念

定义 1 n 个数 $a_1,a_2,\cdots,a_n$ 按从左到右的次序所组成的有序数组 $(a_1,a_2,\cdots,a_n)$ 称为由这 n 个数形成的一个 **n 维向量**，这 n 个数称为该向量的 n 个**分量**，第 i 个数 a_i 称为第 i 个分量，n 叫该**向量的维数**。

注 (1) 由数 $a_1,a_2,\cdots,a_n$ 按从左到右的次序所形成的 n 维向量可记为 $(a_1,a_2,\cdots,a_n)$，称之为**行向量**或**行矩阵**，也可记为 $\begin{pmatrix}a_1\\a_2\\\vdots\\a_n\end{pmatrix}$，称之为**列向量**或**列矩阵**，它们互为对方的转置矩阵。以后应用中，在不特别声明时，凡涉及的向量均为列向量，行向量视为列向量的转置。规定：数与向量的乘法及向量与向量的加(减)法遵从矩阵的运算规则及记法，这两类运算统称为**向量的线性运算**。

(2) 分量全为实数的向量称为**实向量**；分量为复数的向量称为**复向量**；分量全为 0 的向量称为零向量，记作 $\mathbf{0}$；若 $\boldsymbol{x}=\boldsymbol{\alpha}$ 是线性方程组 $\boldsymbol{Ax}=\boldsymbol{b}$ 的一个解，则称 $\boldsymbol{x}=\boldsymbol{\alpha}$ 是线性方程组 $\boldsymbol{Ax}=\boldsymbol{b}$ 的一个**解向量**。

(3) 本书用小写黑体英文字母 $\boldsymbol{a},\boldsymbol{b},\boldsymbol{c},\cdots$ 及希腊字母 $\boldsymbol{\alpha},\boldsymbol{\beta},\boldsymbol{\zeta},\cdots$ 等符号表示向量。

(4) 本书中所讨论的向量均为实向量。

例 1 设 $\boldsymbol{a}_1=(1,1,0)^{\mathrm{T}},\boldsymbol{a}_2=(0,1,1)^{\mathrm{T}},\boldsymbol{a}_3=(3,4,0)^{\mathrm{T}}$，求 $\boldsymbol{a}_1-\boldsymbol{a}_2$ 及 $3\boldsymbol{a}_1+2\boldsymbol{a}_2-\boldsymbol{a}_3$。

解 $\boldsymbol{a}_1-\boldsymbol{a}_2=(1,1,0)^{\mathrm{T}}-(0,1,1)^{\mathrm{T}}=(1-0,1-1,0-1)^{\mathrm{T}}=(1,0,-1)^{\mathrm{T}}$

$$3\boldsymbol{a}_1+2\boldsymbol{a}_2-\boldsymbol{a}_3=3(1,1,0)^{\mathrm{T}}+2(0,1,1)^{\mathrm{T}}-(3,4,0)^{\mathrm{T}}$$
$$=(3\times1+2\times0-3,3\times1+2\times1-4,3\times0+2\times1-0)^{\mathrm{T}}=(0,1,2)^{\mathrm{T}}。$$

2. 向量组的定义

定义 2　由若干个同维数的列(行)向量构成的集合称为一个**向量组**。

例如　$m\times n$ 矩阵 $\boldsymbol{A}$ 的 m 个 n 维行向量可构成一个行向量组 $\boldsymbol{a}_1^{\mathrm{T}},\boldsymbol{a}_2^{\mathrm{T}},\cdots,\boldsymbol{a}_m^{\mathrm{T}}$。反过来，任给一组 n 维行向量 $\boldsymbol{a}_1^{\mathrm{T}},\boldsymbol{a}_2^{\mathrm{T}},\cdots,\boldsymbol{a}_m^{\mathrm{T}}$，可以构成一个矩阵 $\boldsymbol{A}=\begin{pmatrix}\boldsymbol{a}_1^{\mathrm{T}}\\\boldsymbol{a}_2^{\mathrm{T}}\\\vdots\\\boldsymbol{a}_m^{\mathrm{T}}\end{pmatrix}$。因此行向量组与矩阵构成一一对应。类似地，$m\times n$ 矩阵 $\boldsymbol{A}$ 的 n 个 m 维列向量构成的列向量组 $\boldsymbol{b}_1,\boldsymbol{b}_2,\cdots,\boldsymbol{b}_n$ 也与 $\boldsymbol{A}$ 构成一一对应。故我们也用大写英文字母表示向量组，如"$\boldsymbol{A}:\boldsymbol{a}_1,\boldsymbol{a}_2,\cdots,\boldsymbol{a}_n$"理解为"$\boldsymbol{A}$ 代表向量组 $\boldsymbol{a}_1,\boldsymbol{a}_2,\cdots,\boldsymbol{a}_n$"。

n 维向量 $\boldsymbol{e}_1=\begin{pmatrix}1\\0\\0\\\vdots\\0\end{pmatrix},\boldsymbol{e}_2=\begin{pmatrix}0\\1\\0\\\vdots\\0\end{pmatrix},\cdots,\boldsymbol{e}_n=\begin{pmatrix}0\\0\\\vdots\\0\\1\end{pmatrix}$ 组成的向量组称为 n 维**单位坐标向量组**。

3. 向量组的线性组合

定义 3　给定向量组 $\boldsymbol{A}:\boldsymbol{a}_1,\boldsymbol{a}_2,\cdots,\boldsymbol{a}_m$，对于任何一组常数 $k_1,k_2,\cdots,k_m$，称向量 $k_1\boldsymbol{a}_1+k_2\boldsymbol{a}_2+\cdots+k_m\boldsymbol{a}_m$ 为向量组 $\boldsymbol{A}$ 的一个**线性组合**，$k_1,k_2,\cdots,k_m$ 称为这个**线性组合的系数**。

定义 4　给定向量组 $\boldsymbol{A}:\boldsymbol{a}_1,\boldsymbol{a}_2,\cdots,\boldsymbol{a}_m$ 和向量 $\boldsymbol{b}$，若存在一组常数 $\lambda_1,\lambda_2,\cdots,\lambda_m$，使得

$$\boldsymbol{b}=\lambda_1\boldsymbol{a}_1+\lambda_2\boldsymbol{a}_2+\cdots+\lambda_m\boldsymbol{a}_m,$$

则称向量 $\boldsymbol{b}$ 是向量组 $\boldsymbol{A}$ 的**线性组合**，或称向量 $\boldsymbol{b}$ 可由向量组 $\boldsymbol{A}$ **线性表示**。

注　(1)任一个 n 维向量 $\boldsymbol{a}=\begin{pmatrix}a_1\\a_2\\\vdots\\a_n\end{pmatrix}$ 都可由 n 维单位坐标向量组 $\boldsymbol{e}_1,\boldsymbol{e}_2,\cdots,\boldsymbol{e}_n$ 线性表示：

$$\boldsymbol{a}=a_1\boldsymbol{e}_1+a_2\boldsymbol{e}_2+\cdots+a_n\boldsymbol{e}_n。$$

(2)向量 $\boldsymbol{b}$ 可由向量组 $\boldsymbol{A}:\boldsymbol{a}_1,\boldsymbol{a}_2,\cdots,\boldsymbol{a}_n$ 线性表示$\Leftrightarrow$方程组 $\boldsymbol{a}_1x_1+\boldsymbol{a}_2x_2+\cdots+\boldsymbol{a}_nx_n=\boldsymbol{b}$ 有解

$\Leftrightarrow\boldsymbol{A}\boldsymbol{x}=\boldsymbol{b}$ 有解

$\Leftrightarrow R(\boldsymbol{A})=R(\boldsymbol{A},\boldsymbol{b})$。

这里 $\boldsymbol{A}=(\boldsymbol{a}_1,\boldsymbol{a}_2,\cdots,\boldsymbol{a}_n)$，$\boldsymbol{x}=(x_1,x_2,\cdots,x_n)^{\mathrm{T}}$。

例 2 设 $\boldsymbol{a}_1=\begin{pmatrix}1\\-1\\0\\2\end{pmatrix},\boldsymbol{a}_2=\begin{pmatrix}1\\-2\\1\\1\end{pmatrix},\boldsymbol{a}_3=\begin{pmatrix}1\\-1\\0\\2\end{pmatrix},\boldsymbol{b}=\begin{pmatrix}3\\0\\-3\\9\end{pmatrix}$,
证明向量 $\boldsymbol{b}$ 能由向量组 $\boldsymbol{a}_1,\boldsymbol{a}_2,\boldsymbol{a}_3$ 线性表示,并求出表示式。

证明 令 $\boldsymbol{A}=(\boldsymbol{a}_1,\boldsymbol{a}_2,\boldsymbol{a}_3)$

由

$$(\boldsymbol{A},\boldsymbol{b})=(\boldsymbol{a}_1,\boldsymbol{a}_2,\boldsymbol{a}_3,\boldsymbol{b})=\begin{pmatrix}1&1&1&3\\-1&-2&-1&0\\0&1&0&-3\\2&1&2&9\end{pmatrix}\xrightarrow{\text{初等行变换}}\begin{pmatrix}1&0&1&6\\0&1&0&-3\\0&0&0&0\\0&0&0&0\end{pmatrix},$$

知

$$R(\boldsymbol{A})=R(\boldsymbol{A},\boldsymbol{b})=2,$$

所以向量 $\boldsymbol{b}$ 能由向量组 $\boldsymbol{a}_1,\boldsymbol{a}_2,\boldsymbol{a}_3$ 线性表示。

方程 $\boldsymbol{Ax}=\boldsymbol{b}$ 的通解为

$$\boldsymbol{x}=\begin{pmatrix}-c+6\\-3\\c\end{pmatrix}(c\text{ 为任意常数}),$$

故

$$\boldsymbol{b}=(-c+6)\boldsymbol{a}_1-3\boldsymbol{a}_2+c\boldsymbol{a}_3(c\text{ 可任意取值})。$$

4. **向量组的等价**

定义 5 设有两个 n 维向量组 $\boldsymbol{A}:\boldsymbol{a}_1,\boldsymbol{a}_2,\cdots,\boldsymbol{a}_m,\boldsymbol{B}:\boldsymbol{b}_1,\boldsymbol{b}_2,\cdots,\boldsymbol{b}_l$,若向量组 $\boldsymbol{B}$ 中每个向量都可由向量组 $\boldsymbol{A}$ 线性表示,则称**向量组 $\boldsymbol{B}$ 可由向量组 $\boldsymbol{A}$ 线性表示**;若向量组 $\boldsymbol{A}$ 与向量组 $\boldsymbol{B}$ 可以互相线性表示,则称这两个向量组**等价**,记为 $\boldsymbol{A}\cong\boldsymbol{B}$。

注 向量组的等价是一种等价关系,即向量组的等价具有:反身性、对称性、传递性。

定理 1 向量组 $\boldsymbol{B}:\boldsymbol{b}_1,\boldsymbol{b}_2,\cdots,\boldsymbol{b}_s$ 可由向量组 $\boldsymbol{A}:\boldsymbol{a}_1,\boldsymbol{a}_2,\cdots,\boldsymbol{a}_m$ 线性表示$\Leftrightarrow$存在矩阵 $\boldsymbol{K}$,使 $\boldsymbol{B}=\boldsymbol{AK}$。

证明 由于一个向量 $\boldsymbol{b}$ 可由向量组 $\boldsymbol{A}$ 线性表示等效于存在一组数 $k_1,k_2,\cdots,k_m$,使得 $\boldsymbol{b}=k_1\boldsymbol{a}_1+k_2\boldsymbol{a}_2+\cdots+k_m\boldsymbol{a}_m$,那么向量组 $\boldsymbol{B}$ 可由向量组 $\boldsymbol{A}$ 线性表示则等效于对向量组 $\boldsymbol{B}$ 的每个向量 $\boldsymbol{b}_j$ 均有相应的一组数 $k_{1j},k_{2j},\cdots,k_{mj}$ 使得

$$\boldsymbol{b}_j=k_{1j}\boldsymbol{a}_1+k_{2j}\boldsymbol{a}_2+\cdots+k_{mj}\boldsymbol{a}_m=(\boldsymbol{a}_1,\boldsymbol{a}_2,\cdots,\boldsymbol{a}_m)\begin{pmatrix}k_{1j}\\k_{2j}\\\vdots\\k_{mj}\end{pmatrix}(j=1,2,\cdots,s),$$

即

$$(\boldsymbol{b}_1,\boldsymbol{b}_2,\cdots,\boldsymbol{b}_s)=(\boldsymbol{a}_1,\boldsymbol{a}_2,\cdots,\boldsymbol{a}_m)\begin{pmatrix}k_{11} & k_{12} & \cdots & k_{1s}\\ k_{21} & k_{22} & \cdots & k_{2s}\\ \vdots & \vdots & & \vdots\\ k_{m1} & k_{m2} & \cdots & k_{ms}\end{pmatrix}=\boldsymbol{A}\begin{pmatrix}k_{11} & k_{12} & \cdots & k_{1s}\\ k_{21} & k_{22} & \cdots & k_{2s}\\ \vdots & \vdots & & \vdots\\ k_{m1} & k_{m2} & \cdots & k_{ms}\end{pmatrix},$$

所以向量组 $\boldsymbol{B}$ 可由向量组 $\boldsymbol{A}$ 线性表示⇔存在矩阵 $\boldsymbol{K}$，使 $\boldsymbol{B}=\boldsymbol{AK}$。证毕。

注　称定理 1 中的矩阵 $\boldsymbol{K}$ 为由向量组 $\boldsymbol{A}$ 线性表示向量组 $\boldsymbol{B}$ 的系数矩阵或表示矩阵。

由定理 1 和第一节的定理 4 可得下面推论。

推论 1　向量组 $\boldsymbol{B}:\boldsymbol{b}_1,\boldsymbol{b}_2,\cdots,\boldsymbol{b}_s$ 可由向量组 $\boldsymbol{A}:\boldsymbol{a}_1,\boldsymbol{a}_2,\cdots,\boldsymbol{a}_m$ 线性表示⇔矩阵方程 $\boldsymbol{AX}=\boldsymbol{B}$ 有解⇔$R(\boldsymbol{A})=R(\boldsymbol{A},\boldsymbol{B})$

推论 2　向量组 $\boldsymbol{A}:\boldsymbol{a}_1,\boldsymbol{a}_2,\cdots,\boldsymbol{a}_m$ 与向量组 $\boldsymbol{B}:\boldsymbol{b}_1,\boldsymbol{b}_2,\cdots,\boldsymbol{b}_s$ 等价⇔$R(\boldsymbol{A})=R(\boldsymbol{B})=R(\boldsymbol{A},\boldsymbol{B})$。

例 3　设 $\boldsymbol{a}_1=\begin{pmatrix}1\\1\\3\\-2\end{pmatrix},\boldsymbol{a}_2=\begin{pmatrix}3\\1\\7\\-8\end{pmatrix},\boldsymbol{b}_1=\begin{pmatrix}2\\-1\\3\\-7\end{pmatrix},\boldsymbol{b}_2=\begin{pmatrix}3\\3\\9\\-6\end{pmatrix},\boldsymbol{b}_3=\begin{pmatrix}3\\-1\\5\\-10\end{pmatrix}$，证明向量组 $\boldsymbol{a}_1$，$\boldsymbol{a}_2$ 与向量组 $\boldsymbol{b}_1,\boldsymbol{b}_2,\boldsymbol{b}_3$ 等价。

证明　记 $\boldsymbol{A}=(\boldsymbol{a}_1,\boldsymbol{a}_2),\boldsymbol{B}=(\boldsymbol{b}_1,\boldsymbol{b}_2,\boldsymbol{b}_3)$

因为

$$(\boldsymbol{A},\boldsymbol{B})=\begin{pmatrix}1 & 3 & 2 & 3 & 3\\ 1 & 1 & -1 & 3 & -1\\ 3 & 7 & 3 & 9 & 5\\ -2 & -8 & -7 & -6 & -10\end{pmatrix}\xrightarrow{\text{初等行变换}}\begin{pmatrix}1 & 3 & 2 & 3 & 3\\ 0 & -2 & -3 & 0 & -4\\ 0 & 0 & 0 & 0 & 0\\ 0 & 0 & 0 & 0 & 0\end{pmatrix},$$

所以

$$R(\boldsymbol{A})=R(\boldsymbol{B})=R(\boldsymbol{A},\boldsymbol{B})=2,$$

由推论 2 可知：向量组 $\boldsymbol{a}_1,\boldsymbol{a}_2$ 与向量组 $\boldsymbol{b}_1,\boldsymbol{b}_2,\boldsymbol{b}_3$ 等价。

例 4　设 $\begin{cases}\boldsymbol{b}_1=\boldsymbol{a}_2+\boldsymbol{a}_3+\cdots+\boldsymbol{a}_n,\\ \boldsymbol{b}_2=\boldsymbol{a}_1+\boldsymbol{a}_3+\cdots+\boldsymbol{a}_n,\\ \cdots\cdots\\ \boldsymbol{b}_n=\boldsymbol{a}_1+\boldsymbol{a}_2+\cdots+\boldsymbol{a}_{n-1},\end{cases}$ 证明向量组 $\boldsymbol{a}_1,\boldsymbol{a}_2,\cdots,\boldsymbol{a}_n$ 与向量组 $\boldsymbol{b}_1,\boldsymbol{b}_2,\cdots,\boldsymbol{b}_n$ 等价。

证明　记 $\boldsymbol{A}=(\boldsymbol{a}_1,\boldsymbol{a}_2,\cdots,\boldsymbol{a}_n),\boldsymbol{B}=(\boldsymbol{b}_1,\boldsymbol{b}_2,\cdots,\boldsymbol{b}_n),\boldsymbol{K}=\begin{pmatrix}1 & 1 & \cdots & 1\\ 1 & 1 & \cdots & 1\\ \vdots & \vdots & & \vdots\\ 1 & 1 & \cdots & 1\end{pmatrix}_{n\times n}-\boldsymbol{E}_n$，

由题设可得 $\boldsymbol{B}=\boldsymbol{AK}$，此已满足定理 1 的条件，因此向量组 $\boldsymbol{b}_1,\boldsymbol{b}_2,\cdots,\boldsymbol{b}_n$ 可由向量组 $\boldsymbol{a}_1,\boldsymbol{a}_2,\cdots,\boldsymbol{a}_n$ 线性表示。

因为$|\boldsymbol{K}|=(-1)^{n-1}(n-1)\neq 0$，所以$\boldsymbol{K}$可逆，那么$\boldsymbol{A}=\boldsymbol{B}\boldsymbol{K}^{-1}$。

由定理1可知：向量组$\boldsymbol{a}_1,\boldsymbol{a}_2,\cdots,\boldsymbol{a}_n$可由向量组$\boldsymbol{b}_1,\boldsymbol{b}_2,\cdots,\boldsymbol{b}_n$线性表示。

综上可得：向量组$\boldsymbol{a}_1,\boldsymbol{a}_2,\cdots,\boldsymbol{a}_n$与向量组$\boldsymbol{b}_1,\boldsymbol{b}_2,\cdots,\boldsymbol{b}_n$等价。

第三节　向量组的线性相关性

一、向量组线性相关与线性无关的概念

定义1　给定向量组$\boldsymbol{A}:\boldsymbol{a}_1,\boldsymbol{a}_2,\cdots,\boldsymbol{a}_m$，若存在不全为零的数$k_1,k_2,\cdots,k_m$，使

$$k_1\boldsymbol{a}_1+k_2\boldsymbol{a}_2+\cdots+k_m\boldsymbol{a}_m=\boldsymbol{0}$$

则称向量组$\boldsymbol{A}$是**线性相关的**，否则称它**线性无关**。

由定义1可知，向量组$\boldsymbol{a}_1,\boldsymbol{a}_2,\cdots,\boldsymbol{a}_m$线性无关的充分必要条件是仅当数$k_1=k_2=\cdots=k_m=0$时，才有$k_1\boldsymbol{a}_1+k_2\boldsymbol{a}_2+\cdots+k_m\boldsymbol{a}_m=\boldsymbol{0}$。

对于只含一个向量$\boldsymbol{a}$的向量组，若$\boldsymbol{a}=\boldsymbol{0}$，则它线性相关；若$\boldsymbol{a}\neq\boldsymbol{0}$，则它线性无关。任一含有零向量的向量组线性相关；两个向量线性相关的充要条件是其对应分量成比例。在$\mathbf{R}^3$中两个向量线性相关的几何意义是这两个向量共线，三个向量线性相关的几何意义是这三个向量共面。

二、向量组线性相关性的条件

定理1　向量组$\boldsymbol{A}:\boldsymbol{a}_1,\boldsymbol{a}_2,\cdots,\boldsymbol{a}_m(m>1)$线性相关的充分必要条件是$\boldsymbol{A}$中至少有一个向量可由其余向量线性表示。

证明　设向量组$\boldsymbol{A}:\boldsymbol{a}_1,\boldsymbol{a}_2,\cdots,\boldsymbol{a}_m$线性相关，则有不全为零的数$k_1,k_2,\cdots,k_m$，使$k_1\boldsymbol{a}_1+k_2\boldsymbol{a}_2+\cdots+k_m\boldsymbol{a}_m=\boldsymbol{0}$。

不妨设$k_1\neq 0$，则$\boldsymbol{a}_1=\left(-\dfrac{k_2}{k_1}\right)\boldsymbol{a}_2+\left(-\dfrac{k_3}{k_1}\right)\boldsymbol{a}_3+\cdots+\left(-\dfrac{k_m}{k_1}\right)\boldsymbol{a}_m$，即$\boldsymbol{a}_1$可由$\boldsymbol{a}_2,\cdots,\boldsymbol{a}_m$线性表示。

反之，设向量组$\boldsymbol{A}$中有一个向量可由其余$m-1$个向量线性表示，不妨设之为$\boldsymbol{a}_m$，则存在常数$\lambda_1,\lambda_2,\cdots,\lambda_{m-1}$，使$\boldsymbol{a}_m=\lambda_1\boldsymbol{a}_1+\lambda_2\boldsymbol{a}_2+\cdots+\lambda_{m-1}\boldsymbol{a}_{m-1}$，故$\lambda_1\boldsymbol{a}_1+\lambda_2\boldsymbol{a}_2+\cdots+\lambda_{m-1}\boldsymbol{a}_{m-1}+(-1)\boldsymbol{a}_m=\boldsymbol{0}$。因为$\lambda_1,\lambda_2,\cdots,\lambda_{m-1},-1$这$m$个数不全为零，所以向量组$\boldsymbol{A}$线性相关。证毕。

定理2　向量组$\boldsymbol{A}:\boldsymbol{a}_1,\boldsymbol{a}_2,\cdots,\boldsymbol{a}_m$线性相关

$\Leftrightarrow$齐次线性方程组$\boldsymbol{a}_1x_1+\boldsymbol{a}_2x_2+\cdots+\boldsymbol{a}_mx_m=\boldsymbol{0}$有非零解

$\Leftrightarrow R(\boldsymbol{A})<m$，其中$\boldsymbol{A}=(\boldsymbol{a}_1,\boldsymbol{a}_2,\cdots,\boldsymbol{a}_m)$。

推论1　向量组$\boldsymbol{A}:\boldsymbol{a}_1,\boldsymbol{a}_2,\cdots,\boldsymbol{a}_m$线性无关

$\Leftrightarrow$齐次线性方程组$\boldsymbol{a}_1x_1+\boldsymbol{a}_2x_2+\cdots+\boldsymbol{a}_mx_m=\boldsymbol{0}$只有零解

$\Leftrightarrow R(\boldsymbol{A})=m$，其中 $\boldsymbol{A}=(\boldsymbol{a}_1,\boldsymbol{a}_2,\cdots,\boldsymbol{a}_m)$。

推论 2 m 个 m 维向量组 $\boldsymbol{a}_1,\boldsymbol{a}_2,\cdots,\boldsymbol{a}_m$ 线性相关 $\Leftrightarrow|\boldsymbol{A}|=0$，其中 $\boldsymbol{A}=(\boldsymbol{a}_1,\boldsymbol{a}_2,\cdots,\boldsymbol{a}_m)$。

例 1 证明 n 维单位坐标向量组 $\boldsymbol{e}_1=\begin{pmatrix}1\\0\\0\\\vdots\\0\end{pmatrix},\boldsymbol{e}_2=\begin{pmatrix}0\\1\\0\\\vdots\\0\end{pmatrix},\cdots,\boldsymbol{e}_n=\begin{pmatrix}0\\0\\\vdots\\0\\1\end{pmatrix}$ 线性无关。

证法一 对于数 $k_1,k_2,\cdots,k_n$，设 $k_1\boldsymbol{e}_1+k_2\boldsymbol{e}_2+\cdots+k_n\boldsymbol{e}_n=\boldsymbol{0}$，则由

$$k_1\boldsymbol{e}_1+k_2\boldsymbol{e}_2+\cdots+k_n\boldsymbol{e}_n=\begin{pmatrix}k_1\\k_2\\\vdots\\k_n\end{pmatrix}=\begin{pmatrix}0\\0\\\vdots\\0\end{pmatrix}$$ 知，$k_1=k_2=\cdots=k_n=0$。

故 n 维单位坐标向量组 $\boldsymbol{e}_1,\boldsymbol{e}_2,\cdots,\boldsymbol{e}_n$ 线性无关。

证法二 记 $\boldsymbol{A}=(\boldsymbol{e}_1,\boldsymbol{e}_2,\cdots,\boldsymbol{e}_n)$，

因为

$$\boldsymbol{A}=\begin{pmatrix}1&0&\cdots&0\\0&1&\cdots&0\\\vdots&\vdots&&\vdots\\0&0&\cdots&1\end{pmatrix},$$

所以

$$R(\boldsymbol{A})=n,$$

故 n 维单位坐标向量组 $\boldsymbol{e}_1,\boldsymbol{e}_2,\cdots,\boldsymbol{e}_n$ 线性无关。

证法三 记 $\boldsymbol{A}=(\boldsymbol{e}_1,\boldsymbol{e}_2,\cdots,\boldsymbol{e}_n)$，

因为

$$|\boldsymbol{A}|=\begin{vmatrix}1&0&\cdots&0\\0&1&\cdots&0\\\vdots&\vdots&&\vdots\\0&0&\cdots&1\end{vmatrix}\neq0,$$

所以 n 维单位坐标向量组 $\boldsymbol{e}_1,\boldsymbol{e}_2,\cdots,\boldsymbol{e}_n$ 线性无关。

例 2 已知 $\boldsymbol{a}_1=\begin{pmatrix}1\\1\\2\end{pmatrix},\boldsymbol{a}_2=\begin{pmatrix}1\\2\\4\end{pmatrix},\boldsymbol{a}_3=\begin{pmatrix}2\\3\\6\end{pmatrix}$，讨论向量组 $\boldsymbol{a}_1,\boldsymbol{a}_2,\boldsymbol{a}_3$ 及向量组 $\boldsymbol{a}_1,\boldsymbol{a}_2$ 的线性相关性。

解 因为 $(\boldsymbol{a}_1,\boldsymbol{a}_2,\boldsymbol{a}_3)=\begin{pmatrix}1&1&2\\1&2&3\\2&4&6\end{pmatrix}\xrightarrow{\text{初等行变换}}\begin{pmatrix}1&1&2\\0&2&2\\0&0&0\end{pmatrix}$，

所以

$$R(\boldsymbol{a}_1,\boldsymbol{a}_2)=R(\boldsymbol{a}_1,\boldsymbol{a}_2,\boldsymbol{a}_3)=2,$$

故向量组 $\boldsymbol{a}_1,\boldsymbol{a}_2,\boldsymbol{a}_3$ 线性相关，而向量组 $\boldsymbol{a}_1,\boldsymbol{a}_2$ 线性无关。

例 3　设向量组 $\boldsymbol{a}_1,\boldsymbol{a}_2,\boldsymbol{a}_3$ 线性无关，$\boldsymbol{b}_1=\boldsymbol{a}_1-\boldsymbol{a}_2,\boldsymbol{b}_2=\boldsymbol{a}_2-\boldsymbol{a}_3,\boldsymbol{b}_3=\boldsymbol{a}_3+\boldsymbol{a}_1$，讨论向量组 $\boldsymbol{b}_1,\boldsymbol{b}_2,\boldsymbol{b}_3$ 的线性相关性。

解法一　设存在数 x_1,x_2,x_3，使 $x_1\boldsymbol{b}_1+x_2\boldsymbol{b}_2+x_3\boldsymbol{b}_3=\mathbf{0}$，

即

$$x_1(\boldsymbol{a}_1-\boldsymbol{a}_2)+x_2(\boldsymbol{a}_2-\boldsymbol{a}_3)+x_3(\boldsymbol{a}_3+\boldsymbol{a}_1)=\mathbf{0},$$

整理，得

$$(x_1+x_3)\boldsymbol{a}_1+(x_2-x_1)\boldsymbol{a}_2+(x_3-x_2)\boldsymbol{a}_3=\mathbf{0}。$$

因为向量组 $\boldsymbol{a}_1,\boldsymbol{a}_2,\boldsymbol{a}_3$ 线性无关

所以

$$\begin{cases} x_1 \quad\quad + x_3 = 0, \\ -x_1 + x_2 \quad\quad = 0, \\ \quad\quad -x_2 + x_3 = 0, \end{cases} \tag{1}$$

又因

$$\begin{vmatrix} 1 & 0 & 1 \\ -1 & 1 & 0 \\ 0 & -1 & 1 \end{vmatrix}=2\neq 0,$$

所以方程组(1)只有零解。故向量组 $\boldsymbol{b}_1,\boldsymbol{b}_2,\boldsymbol{b}_3$ 线性无关。

解法二

由已知条件，有

$$(\boldsymbol{b}_1,\boldsymbol{b}_2,\boldsymbol{b}_3)=(\boldsymbol{a}_1,\boldsymbol{a}_2,\boldsymbol{a}_3)\begin{pmatrix} 1 & 0 & 1 \\ -1 & 1 & 0 \\ 0 & -1 & 1 \end{pmatrix},$$

记 $\boldsymbol{A}=(\boldsymbol{a}_1,\boldsymbol{a}_2,\boldsymbol{a}_3),\boldsymbol{B}=(\boldsymbol{b}_1,\boldsymbol{b}_2,\boldsymbol{b}_3),\boldsymbol{K}=\begin{pmatrix} 1 & 0 & 1 \\ -1 & 1 & 0 \\ 0 & -1 & 1 \end{pmatrix}$。

有

$$\boldsymbol{B}=\boldsymbol{AK},$$

又因为

$$|\boldsymbol{K}|=2\neq 0。$$

于是矩阵 $\boldsymbol{K}$ 可逆，有 $R(\boldsymbol{A})=R(\boldsymbol{B})$，

已知向量组 $\boldsymbol{a}_1,\boldsymbol{a}_2,\boldsymbol{a}_3$ 线性无关，

有

$$R(\boldsymbol{A})=3,$$

所以

$$R(\boldsymbol{B})=3,$$

故向量组 $\boldsymbol{b}_1,\boldsymbol{b}_2,\boldsymbol{b}_3$ 线性无关。

三、向量组线性相关性的性质

性质 1 若向量组 $\boldsymbol{A}:\boldsymbol{a}_1,\boldsymbol{a}_2,\cdots,\boldsymbol{a}_m$ 线性相关，则向量组 $\boldsymbol{B}:\boldsymbol{a}_1,\boldsymbol{a}_2,\cdots,\boldsymbol{a}_m,\boldsymbol{a}_{m+1}$ 也线性相关；反之，若向量组 $\boldsymbol{B}:\boldsymbol{a}_1,\boldsymbol{a}_2,\cdots,\boldsymbol{a}_m,\boldsymbol{a}_{m+1}$ 线性无关，则向量组 $\boldsymbol{A}:\boldsymbol{a}_1,\boldsymbol{a}_2,\cdots,\boldsymbol{a}_m$ 也线性无关。

性质 1 的结论可以简述为：部分相关则整体相关，整体无关则部分无关。

证明 只需证明"若向量组 $\boldsymbol{A}:\boldsymbol{a}_1,\boldsymbol{a}_2,\cdots,\boldsymbol{a}_m$ 线性相关，则向量组 $\boldsymbol{B}:\boldsymbol{a}_1,\boldsymbol{a}_2,\cdots,\boldsymbol{a}_m,\boldsymbol{a}_{m+1}$ 也线性相关"即可，下面证明之。

记 $\boldsymbol{A}=(\boldsymbol{a}_1,\boldsymbol{a}_2,\cdots,\boldsymbol{a}_m)$，$\boldsymbol{B}=(\boldsymbol{a}_1,\boldsymbol{a}_2,\cdots,\boldsymbol{a}_m,\boldsymbol{a}_{m+1})$，则 $R(\boldsymbol{B})\leqslant R(\boldsymbol{A})+1$。由于向量组 $\boldsymbol{A}$ 线性相关，故 $R(\boldsymbol{A})<m$，于是 $R(\boldsymbol{B})\leqslant R(\boldsymbol{A})+1<m+1$，从而向量组 $\boldsymbol{B}$ 线性相关。

证毕。

性质 2 若 n 维向量组 $\boldsymbol{A}:\boldsymbol{a}_1=\begin{pmatrix}a_{11}\\a_{21}\\\vdots\\a_{n1}\end{pmatrix},\boldsymbol{a}_2=\begin{pmatrix}a_{12}\\a_{22}\\\vdots\\a_{n2}\end{pmatrix},\cdots,\boldsymbol{a}_m=\begin{pmatrix}a_{1m}\\a_{2m}\\\vdots\\a_{nm}\end{pmatrix}$ 线性无关，则 $n+s$ 维向量组

$$\boldsymbol{B}:\boldsymbol{b}_1=\begin{pmatrix}a_{11}\\a_{21}\\\vdots\\a_{n1}\\b_{11}\\b_{21}\\\vdots\\b_{s1}\end{pmatrix},\boldsymbol{b}_2=\begin{pmatrix}a_{12}\\a_{22}\\\vdots\\a_{n2}\\b_{12}\\b_{22}\\\vdots\\b_{s2}\end{pmatrix},\cdots,\boldsymbol{b}_m=\begin{pmatrix}a_{1m}\\a_{2m}\\\vdots\\a_{nm}\\b_{1m}\\b_{2m}\\\vdots\\b_{sm}\end{pmatrix},$$

也线性无关。

性质 2 可简述为：无关组添加分量（简称为**加长向量组**）后仍无关；反言之，相关组减少分量（简称为**缩短向量组**）后仍相关。

证明 记 $\boldsymbol{A}=(\boldsymbol{a}_1,\boldsymbol{a}_2,\cdots,\boldsymbol{a}_m)$，$\boldsymbol{B}=(\boldsymbol{b}_1,\boldsymbol{b}_2,\cdots,\boldsymbol{b}_m)$，则 $R(\boldsymbol{A})\leqslant R(\boldsymbol{B})\leqslant m$。由于向量组 $\boldsymbol{A}$ 线性无关，故 $R(\boldsymbol{A})=m$，于是 $R(\boldsymbol{B})=m$，从而向量组 $\boldsymbol{B}$ 线性无关。证毕。

性质 3 当 $m>n$ 时，由 m 个 n 维向量所形成的向量组线性相关。

性质 3 可简述为：当向量的个数大于向量的维数时，向量组必线性相关。

证明 将 m 个 n 维向量 $\boldsymbol{a}_1,\boldsymbol{a}_2,\cdots,\boldsymbol{a}_m$ 构成矩阵 $\boldsymbol{A}_{m\times n}=(\boldsymbol{a}_1,\boldsymbol{a}_2,\cdots,\boldsymbol{a}_m)$，则 $R(\boldsymbol{A})\leqslant n<m$，故向量组 $\boldsymbol{a}_1,\boldsymbol{a}_2,\cdots,\boldsymbol{a}_m$ 线性相关。证毕。

性质 4 若向量组 $\boldsymbol{A}:\boldsymbol{a}_1,\boldsymbol{a}_2,\cdots,\boldsymbol{a}_m$ 线性无关，而向量组 $\boldsymbol{B}:\boldsymbol{a}_1,\boldsymbol{a}_2,\cdots,\boldsymbol{a}_m,\boldsymbol{b}$ 线性相关，则向量 $\boldsymbol{b}$ 可由向量组 $\boldsymbol{A}$ 线性表示，且表示方式是唯一的。

证明 记 $\boldsymbol{A}=(\boldsymbol{a}_1,\boldsymbol{a}_2,\cdots,\boldsymbol{a}_m)$，$\boldsymbol{B}=(\boldsymbol{a}_1,\boldsymbol{a}_2,\cdots,\boldsymbol{a}_m,\boldsymbol{b})$。由于向量组 $\boldsymbol{A}$ 线性无关，故 $R(\boldsymbol{A})=m$，$R(\boldsymbol{B})\geqslant R(\boldsymbol{A})=m$；又由向量组 $\boldsymbol{B}$ 线性相关知 $R(\boldsymbol{B})<m+1$。于是 $m\leqslant R(\boldsymbol{B})<m+1$，所以 $R(\boldsymbol{A})=R(\boldsymbol{B})=m$，方程组 $\boldsymbol{A}\boldsymbol{x}=\boldsymbol{b}$ 有唯一解。这表明向量 $\boldsymbol{b}$ 可由向量组 $\boldsymbol{A}$ 线性表示，且表示方式是唯一的。证毕。

例 4 设向量组 $\boldsymbol{b}_1,\boldsymbol{b}_2,\boldsymbol{b}_3$ 线性相关，而向量组 $\boldsymbol{b}_2,\boldsymbol{b}_3,\boldsymbol{b}_4$ 线性无关，证明

(1)$\boldsymbol{b}_1$ 能由向量组 $\boldsymbol{b}_2,\boldsymbol{b}_3$ 线性表示；

(2)$\boldsymbol{b}_4$ 不能由向量组 $\boldsymbol{b}_1,\boldsymbol{b}_2,\boldsymbol{b}_3$ 线性表示。

证明 (1)因为向量组 $\boldsymbol{b}_2,\boldsymbol{b}_3,\boldsymbol{b}_4$ 线性无关，所以向量组 $\boldsymbol{b}_2,\boldsymbol{b}_3$ 线性无关。

又因为向量组 $\boldsymbol{b}_1,\boldsymbol{b}_2,\boldsymbol{b}_3$ 线性相关，故 $\boldsymbol{b}_1$ 能由向量组 $\boldsymbol{b}_2,\boldsymbol{b}_3$ 线性表示。

(2)若 $\boldsymbol{b}_4$ 能由向量组 $\boldsymbol{b}_1,\boldsymbol{b}_2,\boldsymbol{b}_3$ 线性表示，由于 $\boldsymbol{b}_1$ 能由向量组 $\boldsymbol{b}_2,\boldsymbol{b}_3$ 线性表示，故 $\boldsymbol{b}_4$ 必能由向量组 $\boldsymbol{b}_2,\boldsymbol{b}_3$ 线性表示，此与“向量组 $\boldsymbol{b}_2,\boldsymbol{b}_3,\boldsymbol{b}_4$ 线性无关”矛盾。所以 $\boldsymbol{b}_4$ 不能由向量组 $\boldsymbol{b}_1,\boldsymbol{b}_2,\boldsymbol{b}_3$ 线性表示。

第四节 向量组的秩

一、向量组的极大无关组及向量组的秩

1. 向量组的极大无关组及其秩的定义

定义 1 对于向量组 $\boldsymbol{A}$，若在其中能选出 r 个向量 $\boldsymbol{a}_1,\boldsymbol{a}_2,\cdots,\boldsymbol{a}_r$，满足：

(1)向量组 $\boldsymbol{a}_1,\boldsymbol{a}_2,\cdots,\boldsymbol{a}_r$ 线性无关；

(2)$\boldsymbol{A}$ 中任意 $r+1$ 个向量(若有 $r+1$ 个向量的话)都线性相关。

则称向量组 $\boldsymbol{a}_1,\boldsymbol{a}_2,\cdots,\boldsymbol{a}_r$ 是向量组 $\boldsymbol{A}$ 的一个**极大线性无关组**，简称**极大无关组**，极大无关组所含向量个数 r 称为向量组 $\boldsymbol{A}$ 的**秩**，记为 $R(\boldsymbol{A})$。

只有一个零向量的向量组没有极大无关组，规定它的秩为 0；向量组的极大无关组一般不是唯一的。

例如 向量组 $\boldsymbol{a}_1=\begin{pmatrix}1\\1\\1\end{pmatrix}$，$\boldsymbol{a}_2=\begin{pmatrix}0\\2\\5\end{pmatrix}$，$\boldsymbol{a}_3=\begin{pmatrix}2\\4\\7\end{pmatrix}$，$\boldsymbol{a}_1,\boldsymbol{a}_2$ 和 $\boldsymbol{a}_2,\boldsymbol{a}_3$ 都是它的极大无关组。

由向量组线性相关的性质可得极大无关组的一个等价定义如下：

定义 2 对于向量组 $\boldsymbol{A}$，若在其中能选出 r 个向量 $\boldsymbol{a}_1,\boldsymbol{a}_2,\cdots,\boldsymbol{a}_r$，满足：

(1)向量组 $\boldsymbol{A}_0:\boldsymbol{a}_1,\boldsymbol{a}_2,\cdots,\boldsymbol{a}_r$ 线性无关；

(2)$\boldsymbol{A}$ 中任何向量都可由 $\boldsymbol{A}_0$ 线性表示。

则称向量组 $\boldsymbol{A}_0$ 是向量组 $\boldsymbol{A}$ 的一个**极大无关组**。

例 1 全体 n 维实向量所构成的向量组记作 $\boldsymbol{R}^n$，求 $\boldsymbol{R}^n$ 的一个极大无关组及 $\boldsymbol{R}^n$ 的秩。

解 因为 n 维单位坐标向量组 $\boldsymbol{e}_1,\boldsymbol{e}_2,\cdots,\boldsymbol{e}_n$ 是线性无关的，又因为 $\boldsymbol{R}^n$ 中含 $n+1$ 个向量的任何向量组都线性相关，故 n 维单位坐标向量组 $\boldsymbol{e}_1,\boldsymbol{e}_2,\cdots,\boldsymbol{e}_n$ 就是 $\boldsymbol{R}^n$ 的一个极大无关组，从而 $R(\boldsymbol{R}^n)=n$。

例 2 设齐次线性方程组 $\begin{cases}2x_1+x_2-2x_3+3x_4=0,\\3x_1+2x_2-x_3+2x_4=0,\\x_1+x_2+x_3-x_4=0,\end{cases}$ 的全体解向量所构成的向量组为 $\boldsymbol{S}$，求 $\boldsymbol{S}$ 的一个极大无关组及 $\boldsymbol{S}$ 的秩。

解 因为方程组的系数矩阵 $\boldsymbol{A}=\begin{pmatrix}2&1&-2&3\\3&2&-1&2\\1&1&1&-1\end{pmatrix}\xrightarrow{\text{初等行变换}}\begin{pmatrix}1&0&-3&4\\0&1&4&-5\\0&0&0&0\end{pmatrix}$，

所以原方程组的同解方程组为 $\begin{cases}x_1-3x_3+4x_4=0,\\x_2+4x_3-5x_4=0,\end{cases}$ 即 $\begin{cases}x_1=3x_3-4x_4,\\x_2=-4x_3+5x_4。\end{cases}$

令自由未知量 $x_3=c_1,x_4=c_2$ 得原方程的通解为

$$\begin{pmatrix}x_1\\x_2\\x_3\\x_4\end{pmatrix}=c_1\begin{pmatrix}3\\-4\\1\\0\end{pmatrix}+c_2\begin{pmatrix}-4\\5\\0\\1\end{pmatrix}。$$

记 $\boldsymbol{x}=\begin{pmatrix}x_1\\x_2\\x_3\\x_4\end{pmatrix},\boldsymbol{a}=\begin{pmatrix}3\\-4\\1\\0\end{pmatrix},\boldsymbol{b}=\begin{pmatrix}-4\\5\\0\\1\end{pmatrix}$，则方程组的全体解向量可记为

$$\boldsymbol{S}=\{\boldsymbol{x}\mid\boldsymbol{x}=c_1\boldsymbol{a}+c_2\boldsymbol{b}\}(c_1,c_2\text{ 为任意常数})。$$

由于方程组的每个解向量可由向量组 $\boldsymbol{a},\boldsymbol{b}$ 线性表示，又容易验证向量组 $\boldsymbol{a},\boldsymbol{b}$ 线性无关。故向量组 $\boldsymbol{a},\boldsymbol{b}$ 为 $\boldsymbol{S}$ 的极大无关组，且它的秩为 2。

2. 极大无关组的性质

性质 1 任一个向量组 $\boldsymbol{A}$ 与其极大无关组 $\boldsymbol{A}_0$ 等价。

性质 2 线性无关向量组的极大无关组即它自身，其秩等于向量组所含向量的个数。

二、矩阵的秩与向量组的秩的关系

定理 1 矩阵的秩等于它的行向量组的秩，也等于它的列向量组的秩。

证明 设 $\boldsymbol{A}$ 是 $m\times n$ 矩阵，以 $\boldsymbol{a}_i$ 代表 $\boldsymbol{A}$ 中第 i 列所构成的列向量（$i=1,2,\cdots,n$），则 $\boldsymbol{A}=(\boldsymbol{a}_1,\boldsymbol{a}_2,\cdots,\boldsymbol{a}_n)$。假设 $R(\boldsymbol{A})=r$，则 $\boldsymbol{A}$ 存在 r 阶子式 $D_r\neq 0$，由第三节定理 2 的推论 1 及性质 2 可知，$\boldsymbol{A}$ 中 D_r 对应的 r 个列向量线性无关。又因为 $\boldsymbol{A}$ 中所有的 $r+1$ 阶子式均为零，由第三节定理 2 可知，$\boldsymbol{A}$ 中任意 $r+1$ 个列向量均线性相关。所以 $\boldsymbol{A}$ 的列向量组的秩等于 r（D_r 对应的列向量组为向量组 $\boldsymbol{A}$ 的一个极大无关组），即矩阵的秩等于它的列向量组的秩。

同理可证，矩阵的秩也等于它的行向量组的秩。证毕。

由定理 1 知，向量组的秩与矩阵的秩在本质上并无差别，今后面对符号串 $R(\boldsymbol{a}_1,\boldsymbol{a}_2,\cdots,\boldsymbol{a}_m)$ 时，可以认为它是向量组 $\boldsymbol{a}_1,\boldsymbol{a}_2,\cdots,\boldsymbol{a}_m$ 的秩，也可以认为它是矩阵 $(\boldsymbol{a}_1,\boldsymbol{a}_2,\cdots,\boldsymbol{a}_m)$ 的秩。

由定理 1 的证明可看出：$\boldsymbol{A}$ 的最高阶非零子式所在的列形成的向量组就是矩阵 $\boldsymbol{A}$ 的列向量组的一个极大无关组，所在的行形成的向量组就是矩阵 $\boldsymbol{A}$ 的行向量组的一个极大无关组。因此可借鉴求最高阶非零子式的方法求向量组的极大无关组。

三、向量组的秩和极大无关组的求法

由线性方程组的求解理论易得下面结果：

定理 2 对矩阵施加初等行变换不会改变其列向量组的秩和线性关系。

由计算矩阵秩的一般方法和定理 2、定理 1 及其证明过程，可得求向量组 $\boldsymbol{a}_1,\boldsymbol{a}_2,\cdots,\boldsymbol{a}_m$ 的秩和极大无关组的一般步骤如下：

(1)以向量组 $\boldsymbol{a}_1,\boldsymbol{a}_2,\cdots,\boldsymbol{a}_m$ 的全部向量为列构造矩阵 $\boldsymbol{A}=(\boldsymbol{a}_1,\boldsymbol{a}_2,\cdots,\boldsymbol{a}_m)$；

(2)对 $\boldsymbol{A}$ 施行初等行变换将之化为行阶梯形矩阵 $\boldsymbol{B}$，得到 $R(\boldsymbol{B})=r$，即 $\boldsymbol{B}$ 的非零行的行数；

(3)从 $\boldsymbol{B}$ 中找出一个最高阶非零子式 D_r，$\boldsymbol{A}$ 中 D_r 对应的列向量构成向量组为向量组 $\boldsymbol{a}_1,\boldsymbol{a}_2,\cdots,\boldsymbol{a}_m$ 的一个极大无关组。

例 3 设矩阵 $\boldsymbol{A}=(\boldsymbol{a}_1,\boldsymbol{a}_2,\boldsymbol{a}_3,\boldsymbol{a}_4,\boldsymbol{a}_5)=\begin{pmatrix}2&3&5&3&4\\1&1&2&1&2\\2&2&4&3&3\\0&2&2&2&0\end{pmatrix}$，求矩阵 $\boldsymbol{A}$ 的列向量组 $\boldsymbol{a}_1,\boldsymbol{a}_2,\boldsymbol{a}_3,\boldsymbol{a}_4,\boldsymbol{a}_5$ 的一个极大无关组，并把不属于极大无关组的列向量用极大无关组线性表示。

解 因为

$$\boldsymbol{A}\xrightarrow{\text{初等行变换}}\begin{pmatrix}1&1&2&1&2\\0&1&1&1&0\\0&0&0&1&-1\\0&0&0&0&0\end{pmatrix},$$

所以 $R(\boldsymbol{A})=3$，且可取非零行首元所在的列对应的向量组 $\boldsymbol{a}_1,\boldsymbol{a}_2,\boldsymbol{a}_4$ 为 $\boldsymbol{a}_1,\boldsymbol{a}_2,\boldsymbol{a}_3,\boldsymbol{a}_4,\boldsymbol{a}_5$ 的一

个极大无关组。

又因为

$$\boldsymbol{A}\xrightarrow{\text{初等行变换}}\begin{pmatrix}1&1&2&1&2\\0&1&1&1&0\\0&0&0&1&-1\\0&0&0&0&0\end{pmatrix}\xrightarrow{\text{初等行变换}}\begin{pmatrix}1&0&1&0&2\\0&1&1&0&1\\0&0&0&1&-1\\0&0&0&0&0\end{pmatrix},$$

故

$$\boldsymbol{a}_3=\boldsymbol{a}_1+\boldsymbol{a}_2,\boldsymbol{a}_5=2\boldsymbol{a}_1+\boldsymbol{a}_2-\boldsymbol{a}_4。$$

例 4　设 $\boldsymbol{a}_1=\begin{pmatrix}\lambda\\3\\1\end{pmatrix},\boldsymbol{a}_2=\begin{pmatrix}2\\\mu\\3\end{pmatrix},\boldsymbol{a}_3=\begin{pmatrix}1\\2\\1\end{pmatrix},\boldsymbol{a}_4=\begin{pmatrix}2\\3\\1\end{pmatrix}$，已知向量组 $\boldsymbol{a}_1,\boldsymbol{a}_2,\boldsymbol{a}_3,\boldsymbol{a}_4$ 的秩为 2，求常数 λ,μ。

解　$$\boldsymbol{A}=(\boldsymbol{a}_3,\boldsymbol{a}_4,\boldsymbol{a}_1,\boldsymbol{a}_2)=\begin{pmatrix}1&2&\lambda&2\\2&3&3&\mu\\1&1&1&3\end{pmatrix}\xrightarrow[r_3-r_1]{r_2-2r_1}\begin{pmatrix}1&2&\lambda&2\\0&-1&3-2\lambda&\mu-4\\0&-1&1-\lambda&1\end{pmatrix}$$

$$\xrightarrow{r_3-r_2}\begin{pmatrix}1&2&\lambda&2\\0&-1&3-2\lambda&\mu-4\\0&0&\lambda-2&5-\mu\end{pmatrix}。$$

由于 $R(\boldsymbol{a}_1,\boldsymbol{a}_2,\boldsymbol{a}_3,\boldsymbol{a}_4)=2$，所以 $\lambda=2,\mu=5$。

例 5　已知向量组 $\boldsymbol{b}_1=(0,1,-1)^{\mathrm{T}},\boldsymbol{b}_2=(\lambda,2,1)^{\mathrm{T}},\boldsymbol{b}_3=(\mu,1,0)^{\mathrm{T}}$ 与向量组 $\boldsymbol{a}_1=(1,2,-3)^{\mathrm{T}},\boldsymbol{a}_2=(3,0,1)^{\mathrm{T}},\boldsymbol{a}_3=(9,6,-7)^{\mathrm{T}}$ 具有相同的秩，且 $\boldsymbol{b}_3$ 可由向量组 $\boldsymbol{a}_1,\boldsymbol{a}_2,\boldsymbol{a}_3$ 线性表示，求常数 λ,μ 的值。

解　易见向量组 $\boldsymbol{a}_1,\boldsymbol{a}_3$ 是线性无关的，又

$$|\boldsymbol{a}_1,\boldsymbol{a}_2,\boldsymbol{a}_3|=\begin{vmatrix}1&3&9\\2&0&6\\-3&1&-7\end{vmatrix}=0。$$

所以向量组 $\boldsymbol{a}_1,\boldsymbol{a}_2,\boldsymbol{a}_3$ 线性相关，$R(\boldsymbol{a}_1,\boldsymbol{a}_2,\boldsymbol{a}_3)=2$。又向量组 $\boldsymbol{b}_1,\boldsymbol{b}_2,\boldsymbol{b}_3$ 与向量组 $\boldsymbol{a}_1,\boldsymbol{a}_2,\boldsymbol{a}_3$ 具有相同的秩，所以向量组 $\boldsymbol{b}_1,\boldsymbol{b}_2,\boldsymbol{b}_3$ 线性相关，于是

$$|\boldsymbol{b}_1,\boldsymbol{b}_2,\boldsymbol{b}_3|=\begin{vmatrix}0&\lambda&\mu\\1&2&1\\-1&1&0\end{vmatrix}=0。$$

解得 $\lambda=3\mu$。

又 $\boldsymbol{b}_3$ 可由向量组 $\boldsymbol{a}_1,\boldsymbol{a}_2,\boldsymbol{a}_3$ 线性表示。而向量组 $\boldsymbol{a}_1,\boldsymbol{a}_2$ 是一个极大无关组，因而 $\boldsymbol{b}_3$ 也可由向量组 $\boldsymbol{a}_1,\boldsymbol{a}_2$ 线性表示，即向量组 $\boldsymbol{a}_1,\boldsymbol{a}_2,\boldsymbol{b}_3$ 线性相关，于是

$$|\boldsymbol{a}_1,\boldsymbol{a}_2,\boldsymbol{b}_3| = \begin{vmatrix} 1 & 3 & \mu \\ 2 & 0 & 1 \\ -3 & 1 & 0 \end{vmatrix} = 2\mu - 10 = 0。$$

得 $\mu = 5, \lambda = 3\mu = 15$。

四、向量组的线性表示与向量组秩的关系

由第二节推论 1 可知：

定理 3　向量组 $\boldsymbol{b}_1,\boldsymbol{b}_2,\cdots,\boldsymbol{b}_l$ 能由向量组 $\boldsymbol{a}_1,\boldsymbol{a}_2,\cdots,\boldsymbol{a}_m$ 线性表示的充要条件是 $R(\boldsymbol{a}_1,\boldsymbol{a}_2,\cdots,\boldsymbol{a}_m) = R(\boldsymbol{a}_1,\boldsymbol{a}_2,\cdots,\boldsymbol{a}_m,\boldsymbol{b}_1,\boldsymbol{b}_2,\cdots,\boldsymbol{b}_l)$。

定理 4　若向量组 $\boldsymbol{b}_1,\boldsymbol{b}_2,\cdots,\boldsymbol{b}_l$ 能由向量组 $\boldsymbol{a}_1,\boldsymbol{a}_2,\cdots,\boldsymbol{a}_m$ 线性表示，则 $R(\boldsymbol{b}_1,\boldsymbol{b}_2,\cdots,\boldsymbol{b}_l) \leqslant R(\boldsymbol{a}_1,\boldsymbol{a}_2,\cdots,\boldsymbol{a}_m)$。

证明　若向量组 $\boldsymbol{b}_1,\boldsymbol{b}_2,\cdots,\boldsymbol{b}_l$ 能由向量组 $\boldsymbol{a}_1,\boldsymbol{a}_2,\cdots,\boldsymbol{a}_m$ 线性表示，则由定理 3 可知 $R(\boldsymbol{a}_1,\boldsymbol{a}_2,\cdots,\boldsymbol{a}_m) = R(\boldsymbol{a}_1,\boldsymbol{a}_2,\cdots,\boldsymbol{a}_m,\boldsymbol{b}_1,\boldsymbol{b}_2,\cdots,\boldsymbol{b}_l)$。

又因为

$$R(\boldsymbol{b}_1,\boldsymbol{b}_2,\cdots,\boldsymbol{b}_l) \leqslant R(\boldsymbol{a}_1,\boldsymbol{a}_2,\cdots,\boldsymbol{a}_m,\boldsymbol{b}_1,\boldsymbol{b}_2,\cdots,\boldsymbol{b}_l),$$

所以

$$R(\boldsymbol{b}_1,\boldsymbol{b}_2,\cdots,\boldsymbol{b}_l) \leqslant R(\boldsymbol{a}_1,\boldsymbol{a}_2,\cdots,\boldsymbol{a}_m)。$$

证毕。

若向量组 $\boldsymbol{a}_1,\boldsymbol{a}_2,\cdots,\boldsymbol{a}_m$ 也能由向量组 $\boldsymbol{b}_1,\boldsymbol{b}_2,\cdots,\boldsymbol{b}_l$ 线性表示，则 $R(\boldsymbol{b}_1,\boldsymbol{b}_2,\cdots,\boldsymbol{b}_l) \geqslant R(\boldsymbol{a}_1,\boldsymbol{a}_2,\cdots,\boldsymbol{a}_m)$，所以有：

推论 1　等价向量组的秩相等。

推论 1 的逆命题不成立，即等秩的两个向量组不一定等价。

由极大无关组的性质 1 和推论 1 可知：

推论 2　向量组的任意两个不同的极大无关组所包含的向量个数一定相同。

例 6　设向量组 $\boldsymbol{B}$ 可由 $\boldsymbol{A}$ 线性表示，且它们的秩相等，证明向量组 $\boldsymbol{A}$ 与 $\boldsymbol{B}$ 等价。

证明　因为 $\boldsymbol{B}$ 可由 $\boldsymbol{A}$ 线性表示，所以 $\boldsymbol{A}$ 与 $\boldsymbol{B}$ 的合并组 $(\boldsymbol{A},\boldsymbol{B})$ 可由 $\boldsymbol{A}$ 线性表示。
又因为 $\boldsymbol{A}$ 是 $(\boldsymbol{A},\boldsymbol{B})$ 的部分组，所以 $\boldsymbol{A}$ 可由 $(\boldsymbol{A},\boldsymbol{B})$ 线性表示。
于是 $\boldsymbol{A}$ 与 $(\boldsymbol{A},\boldsymbol{B})$ 等价。可得 $R(\boldsymbol{A}) = R(\boldsymbol{B}) = R(\boldsymbol{A},\boldsymbol{B})$。
由定理 3 可知，$\boldsymbol{A}$ 与 $\boldsymbol{B}$ 可互相线性表示对方。

故向量组 $\boldsymbol{A}$ 与 $\boldsymbol{B}$ 等价。

第五节　线性方程组解的结构

本部分将借助向量知识探讨线性方程组解的性质及结构，下面分别针对齐次线性方程组和非齐次线性方程组介绍关于其解的一些常用结论。

一、齐次线性方程组解的结构

以 $x_1, x_2, \cdots, x_n$ 为未知量的 n 元齐次线性方程组

$$\begin{cases} a_{11}x_1 + a_{12}x_2 + \cdots + a_{1n}x_n = 0 \\ a_{21}x_1 + a_{22}x_2 + \cdots + a_{2n}x_n = 0 \\ \cdots\cdots \\ a_{m1}x_1 + a_{m2}x_2 + \cdots + a_{mn}x_n = 0 \end{cases} \tag{1}$$

可写成以向量 $\boldsymbol{x}$ 为未知元的向量方程

$$\boldsymbol{Ax} = \boldsymbol{0}, \tag{2}$$

其中 $\boldsymbol{A} = \begin{pmatrix} a_{11} & a_{12} & \cdots & a_{1n} \\ a_{21} & a_{22} & \cdots & a_{2n} \\ \vdots & \vdots & & \vdots \\ a_{m1} & a_{m2} & \cdots & a_{mn} \end{pmatrix}, \boldsymbol{x} = \begin{pmatrix} x_1 \\ x_2 \\ \vdots \\ x_n \end{pmatrix}, \boldsymbol{0} = \begin{pmatrix} 0 \\ 0 \\ \vdots \\ 0 \end{pmatrix}$（$m$ 维零向量）。

若 $x_1 = \lambda_1, x_2 = \lambda_2, \cdots, x_n = \lambda_n$ 是(1)的解，则称 $\boldsymbol{x} = \begin{pmatrix} \lambda_1 \\ \lambda_2 \\ \vdots \\ \lambda_n \end{pmatrix}$ 是(1)的**解向量**，它也叫向量方程(2)的解。在理论研究中，常用向量方程(2)代表线性方程组(1)，并称向量方程(2)是齐次线性方程组。

1. 齐次线性方程组解的性质

下面借助方程(2)来介绍齐次线性方程组解的两个常用性质。

性质 1 如果 $\boldsymbol{x} = \boldsymbol{a}_1, \boldsymbol{x} = \boldsymbol{a}_2$ 均是齐次线性方程组 $\boldsymbol{Ax} = \boldsymbol{0}$ 的解，则 $\boldsymbol{x} = \boldsymbol{a}_1 + \boldsymbol{a}_2$ 也必是 $\boldsymbol{Ax} = \boldsymbol{0}$ 的解。

性质 2 如果 $\boldsymbol{x} = \boldsymbol{a}$ 是齐次线性方程组 $\boldsymbol{Ax} = \boldsymbol{0}$ 的解，k 为常数，则 $\boldsymbol{x} = k\boldsymbol{a}$ 也必是 $\boldsymbol{Ax} = \boldsymbol{0}$ 的解。

一般地，如果 $\boldsymbol{x} = \boldsymbol{a}_1, \boldsymbol{x} = \boldsymbol{a}_2, \cdots, \boldsymbol{x} = \boldsymbol{a}_s$ 均是齐次线性方程组 $\boldsymbol{Ax} = \boldsymbol{0}$ 的解，则对任意常数 $k_1, k_2, \cdots, k_s$，必有 $\boldsymbol{x} = k_1\boldsymbol{a}_1 + k_2\boldsymbol{a}_2 + \cdots + k_s\boldsymbol{a}_s$ 也是 $\boldsymbol{Ax} = \boldsymbol{0}$ 的解，即齐次线性方程组解的任意线性组合必是该齐次线性方程组的解。

2. 齐次线性方程组的基础解系

定义 1 齐次线性方程组 $\boldsymbol{Ax} = \boldsymbol{0}$ 的解集 $\boldsymbol{S} = \{\boldsymbol{x} \mid \boldsymbol{Ax} = \boldsymbol{0}\}$ 的极大无关组称为该方程组的**基础解系**。

由性质 1、性质 2 及定义 1 易知，若 $\boldsymbol{a}_1, \boldsymbol{a}_2, \cdots, \boldsymbol{a}_s$ 是齐次线性方程组 $\boldsymbol{Ax} = \boldsymbol{0}$ 的一个基础解系，则 $\boldsymbol{x} = k_1\boldsymbol{a}_1 + k_2\boldsymbol{a}_2 + \cdots + k_s\boldsymbol{a}_s$ 必是 $\boldsymbol{Ax} = \boldsymbol{0}$ 的通解($k_1, k_2, \cdots, k_s$ 为任意常数)。

定理 1 设 $R(\boldsymbol{A}) = r$，则 n 元齐次线性方程组 $\boldsymbol{Ax} = \boldsymbol{0}$ 的基础解系含 $n - r$ 个向量。

证明 由于 $R(\boldsymbol{A})=r$，不妨设 $\boldsymbol{A}$ 的前 r 个列向量线性无关，则系数矩阵 $\boldsymbol{A}$ 的行最简形为

$$\boldsymbol{B}=\begin{pmatrix} 1 & 0 & \cdots & 0 & b_{11} & b_{12} & \cdots & b_{1,n-r} \\ 0 & 1 & \cdots & 0 & b_{21} & b_{22} & \cdots & b_{2,n-r} \\ \vdots & \vdots & & \vdots & \vdots & \vdots & & \vdots \\ 0 & 0 & \cdots & 1 & b_{r1} & b_{r2} & \cdots & b_{r,n-r} \\ 0 & 0 & \cdots & 0 & 0 & 0 & \cdots & 0 \\ \vdots & \vdots & & \vdots & \vdots & \vdots & & \vdots \\ 0 & 0 & \cdots & 0 & 0 & 0 & \cdots & 0 \end{pmatrix}。$$

与 $\boldsymbol{B}$ 对应的方程组为

$$\begin{cases} x_1+b_{11}x_{r+1}+b_{12}x_{r+2}+\cdots+b_{1,n-r}x_n=0, \\ x_2+b_{21}x_{r+1}+b_{22}x_{r+2}+\cdots+b_{2,n-r}x_n=0, \\ \cdots\cdots \\ x_r+b_{r1}x_{r+1}+b_{r2}x_{r+2}+\cdots+b_{r,n-r}x_n=0, \end{cases}$$

即

$$\begin{cases} x_1=-b_{11}x_{r+1}-b_{12}x_{r+2}-\cdots-b_{1,n-r}x_n, \\ x_2=-b_{21}x_{r+1}-b_{22}x_{r+2}-\cdots-b_{2,n-r}x_n, \\ \cdots\cdots \\ x_r=b_{r1}x_{r+1}-b_{r2}x_{r+2}-\cdots-b_{r,n-r}x_n。 \end{cases}$$

令 $x_{r+1}=c_1, x_{r+2}=c_2, \cdots, x_n=c_{n-r}$ 得方程组的通解

$$\begin{pmatrix} x_1 \\ x_2 \\ \vdots \\ x_r \\ x_{r+1} \\ x_{r+2} \\ \vdots \\ x_n \end{pmatrix}=c_1\begin{pmatrix} -b_{11} \\ -b_{21} \\ \vdots \\ -b_{r1} \\ 1 \\ 0 \\ \vdots \\ 0 \end{pmatrix}+c_2\begin{pmatrix} -b_{12} \\ -b_{22} \\ \vdots \\ -b_{r2} \\ 0 \\ 1 \\ \vdots \\ 0 \end{pmatrix}+\cdots+c_{n-r}\begin{pmatrix} -b_{1,n-r} \\ -b_{2,n-r} \\ \vdots \\ -b_{r,n-r} \\ 0 \\ 0 \\ \vdots \\ 1 \end{pmatrix} \quad (c_1,c_2,\cdots,c_{n-r} \text{ 为任意常数})。$$

将上式记作

$$\boldsymbol{x}=c_1\boldsymbol{a}_1+c_2\boldsymbol{a}_2+\cdots+c_{n-r}\boldsymbol{a}_{n-r}。$$

于是有以下结论：

①方程组的解集 $\boldsymbol{S}$ 中的任一向量 $\boldsymbol{x}$ 可由 $\boldsymbol{a}_1,\boldsymbol{a}_2,\cdots,\boldsymbol{a}_{n-r}$ 线性表示；

②$\boldsymbol{a}_1,\boldsymbol{a}_2,\cdots,\boldsymbol{a}_{n-r}$ 线性无关。

所以 $\boldsymbol{a}_1,\boldsymbol{a}_2,\cdots,\boldsymbol{a}_{n-r}$ 是解集 $\boldsymbol{S}$ 的极大无关组，即 $\boldsymbol{a}_1,\boldsymbol{a}_2,\cdots,\boldsymbol{a}_{n-r}$ 是 n 元齐次线性方程组 $\boldsymbol{Ax}=\boldsymbol{0}$ 的一个基础解系。即 n 元齐次线性方程组 $\boldsymbol{Ax}=\boldsymbol{0}$ 的基础解系含 $n-r$ 个向量。证毕。

3. 齐次线性方程组的基础解系的求法

定理 1 的证明过程给出了求齐次线性方程组 $\boldsymbol{A}\boldsymbol{x}=\boldsymbol{0}$ 的基础解系的一种方法。即先求出齐次线性方程组的通解，再根据通解写出一个基础解系。实际上，可根据以下方法先求出基础解系，再写出其通解：

第一步　将系数矩阵 $\boldsymbol{A}$ 用初等行变换化为行阶梯形矩阵 $\boldsymbol{B}$，设其非零行数为 r。

第二步　选取 $\boldsymbol{B}$ 的一个 r 阶非零子式 D_r，将 $\boldsymbol{A}$ 中 D_r 所在列对应的变量作为非自由未知量，其余变量作为自由未知量，同时利用初等行变换将 $\boldsymbol{B}$ 中非自由未知量对应的列向量化为单位坐标向量得矩阵 $\boldsymbol{C}$，不妨设自由未知量为 $x_{i_1},x_{i_2},\cdots,x_{i_{n-r}}$，分别令 $\begin{pmatrix}x_{i_1}\\x_{i_2}\\\vdots\\x_{i_{n-r}}\end{pmatrix}=\boldsymbol{e}_1$，$\begin{pmatrix}x_{i_1}\\x_{i_2}\\\vdots\\x_{i_{n-r}}\end{pmatrix}=\boldsymbol{e}_2,\cdots,\begin{pmatrix}x_{i_1}\\x_{i_2}\\\vdots\\x_{i_{n-r}}\end{pmatrix}=\boldsymbol{e}_{n-r}$（$\boldsymbol{e}_1,\boldsymbol{e}_2,\cdots,\boldsymbol{e}_{n-r}$ 均是 $n-r$ 维单位坐标向量），将之分别带入原方程组对应于 $\boldsymbol{C}$ 的同解方程组，可得原方程组的 $n-r$ 个解向量 $\boldsymbol{x}=\boldsymbol{a}_1,\boldsymbol{x}=\boldsymbol{a}_2,\cdots,\boldsymbol{x}=\boldsymbol{a}_{n-r}$，此即为原方程组的一个基础解系。

第三步　写出原方程组的通解 $\boldsymbol{x}=c_1\boldsymbol{a}_1+c_2\boldsymbol{a}_2+\cdots+c_{n-r}\boldsymbol{a}_{n-r}$（$c_1,c_2,\cdots,c_{n-r}$ 为任意常数）。

例 1　求齐次线性方程组 $\begin{cases}x_1+2x_2+x_3-2x_4=0,\\2x_1+3x_2-x_4=0,\\x_1-x_2-5x_3+7x_4=0,\end{cases}$ 的基础解系和通解。

解　方程组的系数矩阵 $\boldsymbol{A}=\begin{pmatrix}1&2&1&-2\\2&3&0&-1\\1&-1&-5&7\end{pmatrix}\xrightarrow{\text{初等行变换}}\begin{pmatrix}1&2&1&-2\\0&1&2&-3\\0&0&0&0\end{pmatrix}=\boldsymbol{B}$。

行阶梯形矩阵 $\boldsymbol{B}$ 的非零行数是 2，因为 $\begin{vmatrix}1&2\\0&1\end{vmatrix}\neq0$，$\begin{vmatrix}1&2\\0&1\end{vmatrix}$ 对应 $\boldsymbol{A}$ 中第 1、2 列，将 x_1，x_2 作为非自由未知量，x_3,x_4 作为自由未知量，利用初等行变换将 $\boldsymbol{B}$ 中非自由未知量 x_1，x_2 对应的第一、二列化为单位坐标向量得矩阵 $\boldsymbol{C}$：

$$\boldsymbol{B}=\begin{pmatrix}1&2&1&-2\\0&1&2&-3\\0&0&0&0\end{pmatrix}\xrightarrow{\text{初等行变换}}\begin{pmatrix}1&0&-3&4\\0&1&2&-3\\0&0&0&0\end{pmatrix}=\boldsymbol{C},$$

依次将 $\begin{pmatrix}x_3\\x_4\end{pmatrix}=\begin{pmatrix}1\\0\end{pmatrix},\begin{pmatrix}0\\1\end{pmatrix}$ 带入原方程组对应于 $\boldsymbol{C}$ 的同解方程组

$$\begin{cases} x_1 = 3x_3 - 4x_4, \\ x_2 = -2x_3 + 3x_4, \end{cases}$$

得原方程组的基础解系为

$$\boldsymbol{a}_1 = \begin{pmatrix} 3 \\ -2 \\ 1 \\ 0 \end{pmatrix}, \boldsymbol{a}_2 = \begin{pmatrix} -4 \\ 3 \\ 0 \\ 1 \end{pmatrix},$$

故原方程组的通解为

$$\begin{pmatrix} x_1 \\ x_2 \\ x_3 \\ x_4 \end{pmatrix} = c_1 \begin{pmatrix} 3 \\ -2 \\ 1 \\ 0 \end{pmatrix} + c_2 \begin{pmatrix} -4 \\ 3 \\ 0 \\ 1 \end{pmatrix} (c_1, c_2 \text{ 为任意常数})。$$

注:当熟悉上面思维后,可将 $\boldsymbol{A}$ 直接化为 $\boldsymbol{C}$,且无需标识 $\boldsymbol{C}$。

思考

(1)如果令 $\begin{pmatrix} x_3 \\ x_4 \end{pmatrix} = \begin{pmatrix} -1 \\ 0 \end{pmatrix}, \begin{pmatrix} 0 \\ -1 \end{pmatrix}$,则得 $\begin{pmatrix} x_1 \\ x_2 \end{pmatrix} = \begin{pmatrix} -3 \\ 2 \end{pmatrix}, \begin{pmatrix} 4 \\ -3 \end{pmatrix}$。问 $\boldsymbol{a}_1 = \begin{pmatrix} -3 \\ 2 \\ -1 \\ 0 \end{pmatrix}$,$\boldsymbol{a}_2 = \begin{pmatrix} 4 \\ -3 \\ 0 \\ -1 \end{pmatrix}$ 是方程组的基础解系吗?

(2)如果令 $\begin{pmatrix} x_3 \\ x_4 \end{pmatrix} = \begin{pmatrix} 1 \\ 1 \end{pmatrix}, \begin{pmatrix} 0 \\ 1 \end{pmatrix}$,则得 $\begin{pmatrix} x_1 \\ x_2 \end{pmatrix} = \begin{pmatrix} -1 \\ 1 \end{pmatrix}, \begin{pmatrix} -4 \\ 3 \end{pmatrix}$。问 $\boldsymbol{a}_1 = \begin{pmatrix} -1 \\ 1 \\ 1 \\ 1 \end{pmatrix}$,$\boldsymbol{a}_2 = \begin{pmatrix} -4 \\ 3 \\ 0 \\ 1 \end{pmatrix}$ 是方程组的基础解系吗?

例 2 求齐次线性方程组 $\begin{cases} x_1 + x_2 + x_3 + 4x_4 - 3x_5 = 0, \\ 2x_1 + x_2 + 3x_3 + 5x_4 - 5x_5 = 0, \\ x_1 - x_2 + 3x_3 - 2x_4 - x_5 = 0, \\ 3x_1 + x_2 + 5x_3 + 6x_4 - 7x_5 = 0, \end{cases}$ 的基础解系和通解。

解 因为方程组的系数矩阵

$$A=\begin{pmatrix}1&1&1&4&-3\\2&1&3&5&-5\\1&-1&3&-2&-1\\3&1&5&6&-7\end{pmatrix}\xrightarrow{\text{初等行变换}}\begin{pmatrix}1&0&2&1&-2\\0&1&-1&3&-1\\0&0&0&0&0\\0&0&0&0&0\end{pmatrix},$$

所以$\begin{cases}x_1=-2x_3-x_4+2x_5\\x_2=x_3-3x_4+x_5\end{cases}$是原方程组的同解方程组。

依次令$\begin{pmatrix}x_3\\x_4\\x_5\end{pmatrix}=\begin{pmatrix}1\\0\\0\end{pmatrix},\begin{pmatrix}0\\1\\0\end{pmatrix},\begin{pmatrix}0\\0\\1\end{pmatrix}$,得$\begin{pmatrix}x_1\\x_2\end{pmatrix}=\begin{pmatrix}-2\\1\end{pmatrix},\begin{pmatrix}-1\\-3\end{pmatrix},\begin{pmatrix}2\\1\end{pmatrix}$,

于是得原方程组的基础解系为

$$\boldsymbol{a}_1=\begin{pmatrix}-2\\1\\1\\0\\0\end{pmatrix},\boldsymbol{a}_2=\begin{pmatrix}-1\\-3\\0\\1\\0\end{pmatrix},\boldsymbol{a}_3=\begin{pmatrix}2\\1\\0\\0\\1\end{pmatrix}。$$

故原方程组的通解为

$$\begin{pmatrix}x_1\\x_2\\x_3\\x_4\\x_5\end{pmatrix}=k_1\boldsymbol{a}_1+k_2\boldsymbol{a}_2+k_3\boldsymbol{a}_3=k_1\begin{pmatrix}-2\\1\\1\\0\\0\end{pmatrix}+k_2\begin{pmatrix}-1\\-3\\0\\1\\0\end{pmatrix}+k_3\begin{pmatrix}2\\1\\0\\0\\1\end{pmatrix}(k_1,k_2,k_3\text{ 为任意常数})。$$

例 3 设向量组 $\boldsymbol{a}_1,\boldsymbol{a}_2,\boldsymbol{a}_3$ 是齐次线性方程组 $\boldsymbol{Ax}=\boldsymbol{0}$ 的基础解系,证明 $\boldsymbol{b}_1=\boldsymbol{a}_1+\boldsymbol{a}_2+\boldsymbol{a}_3,\boldsymbol{b}_2=\boldsymbol{a}_1+2\boldsymbol{a}_2,\boldsymbol{b}_3=\boldsymbol{a}_1+2\boldsymbol{a}_2+3\boldsymbol{a}_3$ 也是该方程组的基础解系。

证明 据题设可知,$\boldsymbol{Ax}=\boldsymbol{0}$ 的基础解系由 $\boldsymbol{Ax}=\boldsymbol{0}$ 的 3 个线性无关的解组成,所以要证 $\boldsymbol{b}_1,\boldsymbol{b}_2,\boldsymbol{b}_3$ 是 $\boldsymbol{Ax}=\boldsymbol{0}$ 的基础解系,首先要证 $\boldsymbol{x}=\boldsymbol{b}_1,\boldsymbol{x}=\boldsymbol{b}_2,\boldsymbol{x}=\boldsymbol{b}_3$ 均是 $\boldsymbol{Ax}=\boldsymbol{0}$ 的解,其次证明 $\boldsymbol{b}_1,\boldsymbol{b}_2,\boldsymbol{b}_3$ 是线性无关的。

因为 $\boldsymbol{x}=\boldsymbol{a}_1,\boldsymbol{x}=\boldsymbol{a}_2,\boldsymbol{x}=\boldsymbol{a}_3$ 是 $\boldsymbol{Ax}=\boldsymbol{0}$ 的解,由齐次线性方程组解的性质可知,
$\boldsymbol{x}=\boldsymbol{b}_1,\boldsymbol{x}=\boldsymbol{b}_2,\boldsymbol{x}=\boldsymbol{b}_3$ 均是 $\boldsymbol{Ax}=\boldsymbol{0}$ 的解。

若存在一组数 k_1,k_2,k_3,使得 $k_1\boldsymbol{b}_1+k_2\boldsymbol{b}_2+k_3\boldsymbol{b}_3=\boldsymbol{0}$,则有

$$k_1(\boldsymbol{a}_1+\boldsymbol{a}_2+\boldsymbol{a}_3)+k_2(\boldsymbol{a}_1+2\boldsymbol{a}_2)+k_3(\boldsymbol{a}_1+2\boldsymbol{a}_2+3\boldsymbol{a}_3)=\boldsymbol{0},$$

即$(k_1+k_2+k_3)\boldsymbol{a}_1+(k_1+2k_2+2k_3)\boldsymbol{a}_2+(k_1+3k_3)\boldsymbol{a}_3=\boldsymbol{0}$。

因 $\boldsymbol{a}_1,\boldsymbol{a}_2,\boldsymbol{a}_3$ 线性无关,得齐次线性方程组

$$\begin{cases}k_1+k_2+k_3=0,\\k_1+2k_2+2k_3=0,\\k_1+3k_3=0。\end{cases}$$

因其系数矩阵 $\boldsymbol{A}$ 的行列式 $|\boldsymbol{A}|\neq 0$，所以该齐次线性方程组仅有零解，因此 $\boldsymbol{b}_1,\boldsymbol{b}_2,\boldsymbol{b}_3$ 线性无关。综上可知 $\boldsymbol{b}_1,\boldsymbol{b}_2,\boldsymbol{b}_3$ 是齐次线性方程组 $\boldsymbol{Ax}=\boldsymbol{0}$ 的基础解系。

例 4 设 $\boldsymbol{A}$ 为 $m\times n$ 矩阵，$\boldsymbol{B}$ 为 $n\times k$ 矩阵，若 $\boldsymbol{AB}=\boldsymbol{O}$，证明 $R(\boldsymbol{A})+R(\boldsymbol{B})\leqslant n$。

证明：将 $\boldsymbol{B}$ 按列分块为 $\boldsymbol{B}=(\boldsymbol{b}_1,\boldsymbol{b}_2,\cdots,\boldsymbol{b}_k)$，由 $\boldsymbol{AB}=\boldsymbol{O}$，得

$$(\boldsymbol{Ab}_1,\boldsymbol{Ab}_2,\cdots,\boldsymbol{Ab}_k)=(\boldsymbol{0},\boldsymbol{0},\cdots,\boldsymbol{0}),$$

即有

$$\boldsymbol{Ab}_i=\boldsymbol{0}(i=1,2,\cdots,k)。$$

上式表明矩阵 $\boldsymbol{B}$ 的每一列向量均是齐次线性方程组 $\boldsymbol{A}_{m\times n}\boldsymbol{x}_{n\times 1}=\boldsymbol{0}$ 的解，又 $\boldsymbol{A}_{m\times n}\boldsymbol{x}_{n\times 1}=\boldsymbol{0}$ 的基础解系含有 $n-R(\boldsymbol{A})$ 个解，从而

$$R(\boldsymbol{B}_1,\boldsymbol{B}_2,\cdots,\boldsymbol{B}_k)\leqslant n-R(\boldsymbol{A}),$$

即

$$R(\boldsymbol{B})\leqslant n-R(\boldsymbol{A}),\text{证得 } R(\boldsymbol{A})+R(\boldsymbol{B})\leqslant n。$$

二、非齐次线性方程组解的结构

以 $x_1,x_2,\cdots,x_n$ 为未知量的 n 元非齐次线性方程组的一般形式为

$$\begin{cases} a_{11}x_1+a_{12}x_2+\cdots+a_{1n}x_n=b_1, \\ a_{21}x_1+a_{22}x_2+\cdots+a_{2n}x_n=b_2, \\ \cdots\cdots \\ a_{m1}x_1+a_{m2}x_2+\cdots+a_{mn}x_n=b_m。\end{cases} \tag{3}$$

若令 $\boldsymbol{A}=\begin{pmatrix} a_{11} & a_{12} & \cdots & a_{1n} \\ a_{21} & a_{22} & \cdots & a_{2n} \\ \vdots & \vdots & & \vdots \\ a_{m1} & a_{m2} & \cdots & a_{mn}\end{pmatrix}$，$\boldsymbol{x}=\begin{pmatrix} x_1 \\ x_2 \\ \vdots \\ x_n\end{pmatrix}$，$\boldsymbol{b}=\begin{pmatrix} b_1 \\ b_2 \\ \vdots \\ b_m\end{pmatrix}$，

则方程组(3)等效于以向量 $\boldsymbol{x}$ 为未知元的向量方程

$$\boldsymbol{Ax}=\boldsymbol{b}。\tag{4}$$

在理论研究中，常用向量方程(4)代表线性方程组(3)，并在 $\boldsymbol{b}\neq\boldsymbol{0}$ 时称向量方程 $\boldsymbol{Ax}=\boldsymbol{b}$ 为非齐次线性方程组。若 $\lambda_1,\lambda_2,\cdots,\lambda_n$ 是具体的常数，$\boldsymbol{x}=(\lambda_1,\lambda_1,\cdots,\lambda_n)^{\mathrm{T}}$ 是 $\boldsymbol{Ax}=\boldsymbol{b}$ 的解，则 $\boldsymbol{x}=(\lambda_1,\lambda_1,\cdots,\lambda_n)^{\mathrm{T}}$ 是 $\boldsymbol{Ax}=\boldsymbol{b}$ 的一个特解。

1. 非齐次线性方程组解的性质

性质 3 如果 $\boldsymbol{x}=\boldsymbol{a}_1$，$\boldsymbol{x}=\boldsymbol{a}_2$ 均是非齐次线性方程组 $\boldsymbol{Ax}=\boldsymbol{b}$ 的解，则 $\boldsymbol{x}=\boldsymbol{a}_1-\boldsymbol{a}_2$ 必是对应的齐次线性方程组 $\boldsymbol{Ax}=\boldsymbol{0}$ 的解。

性质 4 如果 $\boldsymbol{x}=\boldsymbol{a}$ 是非齐次线性方程组 $\boldsymbol{Ax}=\boldsymbol{b}$ 的解，而 $\boldsymbol{x}=\boldsymbol{\eta}$ 是对应的齐次线性方程组 $\boldsymbol{Ax}=\boldsymbol{0}$ 的解，则 $\boldsymbol{x}=\boldsymbol{a}+\boldsymbol{\eta}$ 必是非齐次线性方程组 $\boldsymbol{Ax}=\boldsymbol{b}$ 的解。

例 5　设 $\boldsymbol{x}=\boldsymbol{\eta}_1,\boldsymbol{x}=\boldsymbol{\eta}_2,\cdots,\boldsymbol{x}=\boldsymbol{\eta}_s$ 是非齐次线性方程组 $\boldsymbol{Ax}=\boldsymbol{b}$ 的 s 个解，$k_1,k_2,\cdots,k_s$ 为常数，满足 $k_1+k_2+\cdots+k_s=1$。证明 $\boldsymbol{x}=k_1\boldsymbol{\eta}_1+k_2\boldsymbol{\eta}_2+\cdots+k_s\boldsymbol{\eta}_s$ 也是 $\boldsymbol{Ax}=\boldsymbol{b}$ 的解。

证明　因为 $\boldsymbol{x}=\boldsymbol{\eta}_1,\boldsymbol{x}=\boldsymbol{\eta}_2,\cdots,\boldsymbol{x}=\boldsymbol{\eta}_s$ 是非齐次线性方程组 $\boldsymbol{Ax}=\boldsymbol{b}$ 的 s 个解，
所以 $\boldsymbol{A\eta}_i=\boldsymbol{b}(i=1,\cdots,s)$，
因此 $\boldsymbol{A}(k_1\boldsymbol{\eta}_1+k_2\boldsymbol{\eta}_2+\cdots+k_s\boldsymbol{\eta}_s)=k_1\boldsymbol{A\eta}_1+k_2\boldsymbol{A\eta}_2+\cdots+k_s\boldsymbol{A\eta}_s=\boldsymbol{b}(k_1+k_2+\cdots+k)=\boldsymbol{b}$。

故 $\boldsymbol{x}=k_1\boldsymbol{\eta}_1+k_2\boldsymbol{\eta}_2+\cdots+k_s\boldsymbol{\eta}_s$ 是方程组 $\boldsymbol{Ax}=\boldsymbol{b}$ 的解。

由性质 3 和性质 4 易知。

定理 2　若 $\boldsymbol{x}=\boldsymbol{\eta}^*$ 是非齐次线性方程组 $\boldsymbol{Ax}=\boldsymbol{b}$ 的一个特解，$\boldsymbol{a}_1,\boldsymbol{a}_2,\cdots,\boldsymbol{a}_{n-r}$ 是对应的齐次线性方程组 $\boldsymbol{Ax}=\boldsymbol{0}$ 的基础解系，则非齐次线性方程组 $\boldsymbol{Ax}=\boldsymbol{b}$ 的任何一个解 $\boldsymbol{x}$ 均可表示为：

$$\boldsymbol{x}=\boldsymbol{\eta}^*+k_1\boldsymbol{a}_1+k_2\boldsymbol{a}_2+\cdots+k_{n-r}\boldsymbol{a}_{n-r},$$

其中 k_1、$k_2,\cdots,k_{n-r}$ 为任意常数。

显然，定理 2 中的 $\boldsymbol{x}=\boldsymbol{\eta}^*+k_1\boldsymbol{a}_1+k_2\boldsymbol{a}_2+\cdots+k_{n-r}\boldsymbol{a}_{n-r}$（$k_1,k_2,\cdots,k_{n-r}$ 为任意常数）就是非齐次线性方程组 $\boldsymbol{Ax}=\boldsymbol{b}$ 的通解。

2. 非齐次线性方程组通解的求法

下面针对以 $x_1,x_2,\cdots,x_n$ 为未知元的 n 元非齐次线性方程组 $\boldsymbol{Ax}=\boldsymbol{b}$ 介绍其求解方法。为叙述方便，假定：(1)$R(\boldsymbol{A})=r$；(2)$\boldsymbol{A}$ 中前 r 个列向量（$x_1,x_2,\cdots,x_r$ 对应的列向量）线性无关。对不满足此假定的线性方程组，可参考下述思想及求齐次线性方程组通解的方法完成求解任务。

第一步　用初等行变换将 $\boldsymbol{Ax}=\boldsymbol{b}$ 的增广矩阵 $\overline{\boldsymbol{A}}=(\boldsymbol{A},\boldsymbol{b})$ 化为行最简形得

$$\boldsymbol{B}=\begin{pmatrix}1&0&\cdots&0&b_{11}&b_{12}&\cdots&b_{1,n-r}&d_1\\0&1&\cdots&0&b_{21}&b_{22}&\cdots&b_{2,n-r}&d_2\\\vdots&\vdots&&\vdots&\vdots&\vdots&&\vdots&\vdots\\0&0&\cdots&1&b_{r1}&b_{r2}&\cdots&b_{r,n-r}&d_r\\0&0&\cdots&0&0&0&\cdots&0&d_{r+1}\\0&0&\cdots&0&0&0&\cdots&0&0\\\vdots&\vdots&&\vdots&\vdots&\vdots&&\vdots&\vdots\\0&0&\cdots&0&0&0&\cdots&0&0\end{pmatrix}。$$

第二步　如果 $R(\boldsymbol{A})\neq R(\overline{\boldsymbol{A}})$，则方程组 $\boldsymbol{Ax}=\boldsymbol{b}$ 无解；如果 $R(\boldsymbol{A})=R(\overline{\boldsymbol{A}})=n$，则方程组 $\boldsymbol{Ax}=\boldsymbol{b}$ 有唯一解，可根据 $\boldsymbol{B}$ 直接写出方程组的解；如果 $R(\boldsymbol{A})=R(\overline{\boldsymbol{A}})<n$，则由 $\boldsymbol{B}$ 写出原方程组的同解方程组：

$$\begin{cases}x_1=-b_{11}x_{r+1}-b_{12}x_{r+2}-\cdots-b_{1,n-r}x_n+d_1,\\x_2=-b_{21}x_{r+1}-b_{22}x_{r+2}-\cdots-b_{2,n-r}x_n+d_2,\\\qquad\cdots\cdots\\x_r=-b_{r1}x_{r+1}-b_{r2}x_{r+2}-\cdots-b_{r,n-r}x_n+d_r。\end{cases}$$

第三步 令 $x_{r+1}=x_{r+2}=\cdots x_n=0$ 得原方程组的一个特解 $\boldsymbol{\eta}^*=\begin{pmatrix}x_1\\x_2\\\vdots\\x_r\\x_{r+1}\\\vdots\\x_n\end{pmatrix}=\begin{pmatrix}d_1\\d_2\\\vdots\\d_r\\0\\\vdots\\0\end{pmatrix}$。

第四步 求出对应的齐次线性方程组 $\begin{cases}x_1=-b_{11}x_{r+1}-b_{12}x_{r+2}-\cdots-b_{1,n-r}x_n,\\x_2=-b_{21}x_{r+1}-b_{22}x_{r+2}-\cdots-b_{2,n-r}x_n,\\\quad\cdots\cdots\\x_r=-b_{r1}x_{r+1}-b_{r2}x_{r+2}-\cdots-b_{r,n-r}x_n,\end{cases}$ 的基础解系

$$\boldsymbol{a}_1=\begin{pmatrix}-b_{11}\\-b_{21}\\\vdots\\-b_{r1}\\1\\0\\\vdots\\0\end{pmatrix},\boldsymbol{a}_2=\begin{pmatrix}-b_{12}\\-b_{22}\\\vdots\\-b_{r2}\\0\\1\\\vdots\\0\end{pmatrix},\cdots,\boldsymbol{a}_{n-r}=\begin{pmatrix}-b_{1,n-r}\\-b_{2,n-r}\\\vdots\\-b_{r,n-r}\\0\\0\\\vdots\\1\end{pmatrix}。$$

第五步 写出方程组 $\boldsymbol{Ax}=\boldsymbol{b}$ 的通解 $\boldsymbol{x}=c_1\boldsymbol{a}_1+c_2\boldsymbol{a}_2+\cdots+c_{n-r}\boldsymbol{a}_{n-r}+\boldsymbol{\eta}^*$（$c_1,c_2,\cdots,c_{n-r}$ 为任意常数）。

例 6 求解方程组 $\begin{cases}x_1+2x_2-x_3+3x_4+x_5=2,\\-x_1-2x_2+x_3-x_4+3x_5=4,\\2x_1+4x_2-2x_3+6x_4+3x_5=6。\end{cases}$

解 因为方程组的增广矩阵

$$\overline{\boldsymbol{A}}=\begin{pmatrix}1&2&-1&3&1&2\\-1&-2&1&-1&3&4\\2&4&-2&6&3&6\end{pmatrix}\xrightarrow{\text{初等行变换}}\begin{pmatrix}1&2&-1&0&0&3\\0&0&0&1&0&-1\\0&0&0&0&1&2\end{pmatrix},$$

所以

$$R(\boldsymbol{A})=R(\overline{\boldsymbol{A}})=3,$$

故方程组有解，且有

$$\begin{cases}x_1=-2x_2+x_3+3,\\x_4=\qquad\qquad-1,\\x_5=\qquad\qquad 2。\end{cases}$$

取 $x_2=x_3=0$ 得原方程组的一个特解 $\boldsymbol{\eta}^*=\begin{pmatrix}3\\0\\0\\-1\\2\end{pmatrix}$。

在对应的齐次线性方程组 $\begin{cases}x_1=-2x_2+x_3\\x_4=0\\x_5=0\end{cases}$ 中依次令 $\begin{pmatrix}x_2\\x_3\end{pmatrix}=\begin{pmatrix}1\\0\end{pmatrix},\begin{pmatrix}0\\1\end{pmatrix}$ 得 $\begin{pmatrix}x_1\\x_4\\x_5\end{pmatrix}=\begin{pmatrix}-2\\0\\0\end{pmatrix},\begin{pmatrix}1\\0\\0\end{pmatrix}$，

于是得对应的齐次线性方程组的基础解系为 $\boldsymbol{a}_1=\begin{pmatrix}-2\\1\\0\\0\\0\end{pmatrix},\boldsymbol{a}_2=\begin{pmatrix}1\\0\\1\\0\\0\end{pmatrix}$。

故原方程组的通解为

$$\begin{pmatrix}x_1\\x_2\\x_3\\x_4\\x_5\end{pmatrix}=c_1\begin{pmatrix}-2\\1\\0\\0\\0\end{pmatrix}+c_2\begin{pmatrix}1\\0\\1\\0\\0\end{pmatrix}+\begin{pmatrix}3\\0\\0\\-1\\2\end{pmatrix}(c_1,c_2\text{ 为任意常数})。$$

例 7　设四元非齐次线性方程组的系数矩阵的秩为 3，已知 $\boldsymbol{\eta}_1,\boldsymbol{\eta}_2,\boldsymbol{\eta}_3$ 是它的三个解向量，且 $\boldsymbol{\eta}_1=\begin{pmatrix}2\\3\\4\\5\end{pmatrix},\boldsymbol{\eta}_2+\boldsymbol{\eta}_3=\begin{pmatrix}1\\2\\3\\4\end{pmatrix}$，求该方程组的通解。

解　设该四元非齐次线性方程组为 $\boldsymbol{Ax}=\boldsymbol{b}$，由题设知 $r=R(\boldsymbol{A})=3,n-r=4-3=1$，故其对应的齐次线性方程组 $\boldsymbol{Ax}=\boldsymbol{0}$ 的基础解系只含有一个向量。

因为 $\boldsymbol{\eta}_1,\boldsymbol{\eta}_2,\boldsymbol{\eta}_3$ 均为方程组 $\boldsymbol{Ax}=\boldsymbol{b}$ 的解，
所以

$$\boldsymbol{A\eta}_1=\boldsymbol{b},\boldsymbol{A\eta}_2=b,\boldsymbol{A\eta}_3=\boldsymbol{b},$$

于是

$$\boldsymbol{A}(2\boldsymbol{\eta}_1-\boldsymbol{\eta}_2-\boldsymbol{\eta}_3)=2\boldsymbol{A\eta}_1-\boldsymbol{A\eta}_2-\boldsymbol{A\eta}_3=2\boldsymbol{b}-\boldsymbol{b}-\boldsymbol{b}=\boldsymbol{0},$$

故 $2\boldsymbol{\eta}_1-\boldsymbol{\eta}_2-\boldsymbol{\eta}_3$ 是 $\boldsymbol{Ax}=\boldsymbol{b}$ 对应的齐次线性方程组 $\boldsymbol{Ax}=\boldsymbol{0}$ 的解向量。

由已知 $2\boldsymbol{\eta}_1-\boldsymbol{\eta}_2-\boldsymbol{\eta}_3=2\boldsymbol{\eta}_1-(\boldsymbol{\eta}_2+\boldsymbol{\eta}_3)=\begin{pmatrix}3\\4\\5\\6\end{pmatrix}$，故方程组 $\boldsymbol{Ax}=\boldsymbol{b}$ 的通解为：

$$x = k\begin{pmatrix}3\\4\\5\\6\end{pmatrix} + \begin{pmatrix}2\\3\\4\\5\end{pmatrix}（k \text{ 为任意常数}）。$$

例 8 设向量 $\boldsymbol{a}_1=(1,2,1,0)^{\mathrm{T}}$，$\boldsymbol{a}_2=(1,5,1,-1)^{\mathrm{T}}$，$\boldsymbol{a}_3=(0,-3,0,u)^{\mathrm{T}}$，$\boldsymbol{b}=(1,8,1,v)^{\mathrm{T}}$，问常数 u，v 取何值，可使：

(1)$\boldsymbol{b}$ 不能由 $\boldsymbol{a}_1,\boldsymbol{a}_2,\boldsymbol{a}_3$ 线性表示；

(2)$\boldsymbol{b}$ 可由 $\boldsymbol{a}_1,\boldsymbol{a}_2,\boldsymbol{a}_3$ 唯一线性表示；

(3)$\boldsymbol{b}$ 可由 $\boldsymbol{a}_1,\boldsymbol{a}_2,\boldsymbol{a}_3$ 非唯一线性表示，并写出表示式。

解 设 $\boldsymbol{b}=x_1\boldsymbol{a}_1+x_2\boldsymbol{a}_2+x_3\boldsymbol{a}_3$，把上述已知向量代入，得非齐次线性方程组

$$\begin{cases} x_1+x_2=1, \\ 2x_1+5x_2-3x_3=8, \\ x_1+x_2=1, \\ -x_2+ux_3=v。\end{cases} \tag{5}$$

对上面方程组的增广矩阵做初等行变换化为阶梯形矩阵

$$\overline{\mathbf{A}}=\begin{pmatrix}1&1&0&1\\2&5&-3&8\\1&1&0&1\\0&-1&u&v\end{pmatrix}\xrightarrow{\text{初等行变换}}\begin{pmatrix}1&1&0&1\\0&1&-1&2\\0&0&u-1&v+2\\0&0&0&0\end{pmatrix}=\boldsymbol{B}。$$

(1)当 $u=1$，$v\neq-2$ 时，$R(\mathbf{A})\neq R(\overline{\mathbf{A}})$，方程组无解，$\boldsymbol{b}$ 不能由 $\boldsymbol{a}_1,\boldsymbol{a}_2,\boldsymbol{a}_3$ 线性表示。

(2)当 $u\neq1$，v 为任意数时，$R(\mathbf{A})=R(\overline{\mathbf{A}})=3$，方程组有唯一解，$\boldsymbol{b}$ 可由 $\boldsymbol{a}_1,\boldsymbol{a}_2,\boldsymbol{a}_3$ 唯一线性表示。

(3)当 $u=1$，$v=-2$ 时，$R(\mathbf{A})=R(\overline{\mathbf{A}})=2$，方程组有无穷多解，$\boldsymbol{b}$ 可由 $\boldsymbol{a}_1,\boldsymbol{a}_2,\boldsymbol{a}_3$ 不唯一地线性表示。

此时，由矩阵 $\boldsymbol{B}$ 可得方程组(5)的一个同解方程组为

$$\begin{cases} x_1+x_2=1, \\ x_2-x_3=2。\end{cases}$$

$(x_1,x_2,x_3)^{\mathrm{T}}=k(-1,1,1)^{\mathrm{T}}+(1,0,-2)^{\mathrm{T}}$ 是其通解（k 为任意常数）。

于是 $\boldsymbol{b}=(-k+1)\boldsymbol{a}_1+k\boldsymbol{a}_2+(k-2)\boldsymbol{a}_3$，$k$ 为任意常数。

第六节 向量空间

向量空间是线性代数的基础内容之一。其理论和方法在科学技术的各个领域都有广泛的应用。本节将介绍关于向量空间的一些常用知识。

一、向量空间

定义 1 若数集 F 同时满足以下两个条件：

(1)$0\in F,1\in F$；

(2)F 中的任意两个数参与和、差、积、商(分母不为 0)运算后的结果均在 F 中。

就称 F 是一个**数域**。

如实数集 $\mathbf{R}$ 是数域，称之为实数域，自然数集 $\mathbf{N}$、整数集 $\mathbf{Z}$ 均不是数域，常用的数域有 3 个，分别是：实数域、复数域、有理数域。

定义 2 设 $\mathbf{V}$ 是数域 F 上的 n 维向量构成的非空集合，且 $\mathbf{V}$ 满足：

(1)对 $\forall \boldsymbol{a},\boldsymbol{b}\in\mathbf{V}$，均有 $\boldsymbol{a}+\boldsymbol{b}\in\mathbf{V}$；

(2)对 $\forall \boldsymbol{a}\in\mathbf{V},k\in F$，均有 $k\boldsymbol{a}\in\mathbf{V}$。

则称集合 $\mathbf{V}$ 是一个定义在数域 F 上的**向量空间**。若 F 为实(复)数域，则称 $\mathbf{V}$ 为实(复)向量空间，全体 n 维实向量作成的实向量空间记作 $\mathbf{R}^n$。本节仅讨论实向量空间。定义 2 中的(1)(2)分别称为 $\mathbf{V}$ 对向量的"加法""数乘"封闭，因此，向量空间即是对向量"加法""数乘"两种运算封闭的非空向量集。

上一节我们研究了齐次线性方程组解的结构，由于齐次线性方程组的解集 $\boldsymbol{S}$ 非空且对向量的"加法""数乘"运算具有封闭性，故 $\boldsymbol{S}$ 是一个向量空间，称之为该齐次线性方程组的解空间。而非齐次线性方程组的解集对向量的"加法""数乘"运算不封闭，它不是向量空间，从而非齐次线性方程组没有解空间的提法。

由定义 2 不难得到向量空间 $\mathbf{V}$ 的下述性质：

(1)$\mathbf{0}\in\mathbf{V}$，即任一向量空间必含有零向量，事实上由定义 2 中第(2)条，取 $0\in F,\boldsymbol{a}\in\mathbf{V}$，有 $0\boldsymbol{a}=\mathbf{0}\in\mathbf{V}$。

(2)若 $\boldsymbol{a}\in\mathbf{V}$，则有 $-\boldsymbol{a}\in\mathbf{V}$。

从上面也可看到若向量空间含有非零向量，则必含有任意多非零向量，且每一非零向量 $\boldsymbol{a}$ 与其负向量 $-\boldsymbol{a}$ 在 $\mathbf{V}$ 中是成对出现的。

例 1 (1)仅含一个零向量的集合 $\{\mathbf{0}\}$ 是向量空间，称为零空间。

(2)对于实向量空间 $\mathbf{R}^n$，当 $n=2$ 时，它表示全体平面向量所组成的集合，当 $n=3$ 时，它表示全体(3 维)空间向量所组成的集合，称之为几何空间。

例 2 判断下列集合是否构成 $\mathbf{R}$ 上的向量空间

(1)$V_1=\{\boldsymbol{a}=(0,x_1,x_2,\cdots,x_n)\mid x_i\in R\}$； (2)$V_2=\{\boldsymbol{a}=(1,x_1,x_2,\cdots,x_n)\mid x_i\in R\}$。

解 (1)因 V_1 非空且对向量的加法、数乘封闭，故 V_1 是向量空间。

(2)因 V_2 对向量的加法不封闭(同样对数乘也不封闭)，故 V_2 不是向量空间。

另解：因 $\mathbf{0}\notin V_2$，故 V_2 不是向量空间。

注意，当要判别某集合是向量空间时，必须用定义验证；而要判断某集合不是向量空间时，除可用定义判断外，也可用上述性质判断，当上述两条性质有一条不满足，则不是向量空间。

例 3 设 $\boldsymbol{a},\boldsymbol{b}$ 是两个 n 维实向量，则 $\{k_1\boldsymbol{a}+k_2\boldsymbol{b}\mid k_1,k_2\in R\}$ 是向量空间，称之为由 $\boldsymbol{a},\boldsymbol{b}$ 生成的向量空间，记作 $L(\boldsymbol{a},\boldsymbol{b})$。

一般地，设 $\boldsymbol{a}_1,\boldsymbol{a}_2,\cdots,\boldsymbol{a}_m$ 是 m 个 n 维实向量，$L(\boldsymbol{a}_1,\boldsymbol{a}_2,\cdots,\boldsymbol{a}_m)=\{k_1\boldsymbol{a}_1+k_2\boldsymbol{a}_2+\cdots+k_m\boldsymbol{a}_m\mid k_1,k_2,\cdots,k_m\in R\}$ 是向量空间，称为由 $\boldsymbol{a}_1,\boldsymbol{a}_2,\cdots,\boldsymbol{a}_m$ **生成的向量空间**。因 $L(\boldsymbol{a}_1,\boldsymbol{a}_2,\cdots,\boldsymbol{a}_m)\subseteq\mathbf{R}^n$，我们称其为 $\mathbf{R}^n$ 的子空间，下面给出子空间的定义：

定义 3 设 $\mathbf{V}$ 是一个向量空间，$\mathbf{V}_1\subseteq\mathbf{V}$，且 $\mathbf{V}_1$ 对向量的加法及数乘仍是封闭的，则称 V_1 是 V 的**子空间**。

注意，$\mathbf{V}$ 的子空间必是向量空间，而 $\mathbf{V}$ 的任意子集不一定是向量空间。

二、基与坐标

下面定义向量组的基底、维数与坐标。

定义 4 设 $\mathbf{V}$ 是向量空间，若 $\boldsymbol{x}_1,\boldsymbol{x}_2,\cdots,\boldsymbol{x}_r$ 且满足：

(1)$\boldsymbol{a}_1,\boldsymbol{a}_2,\cdots\boldsymbol{a}_r$ 线性无关；

(2)$\mathbf{V}$ 中任一向量都可用 $\boldsymbol{a}_1,\boldsymbol{a}_2,\cdots,\boldsymbol{a}_r$ 线性表示。

则称向量组 $\boldsymbol{a}_1,\boldsymbol{a}_2,\cdots\boldsymbol{a}_r$ 为向量空间 $\mathbf{V}$ 的一个**基底**，简称**基**，r 称为 $\mathbf{V}$ 的**维数**，记为 $\dim\mathbf{V}=r$，并称 $\mathbf{V}$ 是 $\boldsymbol{r}$ **维向量空间**。

规定零空间的维数是零。

容易证明：n 维单位坐标向量组 $\boldsymbol{e}_1,\boldsymbol{e}_2,\cdots,\boldsymbol{e}_n$ 是 $\mathbf{R}^n$ 的一个基。所以 $\mathbf{R}^n$ 是 n 维实向量空间。

如把向量空间 $\mathbf{V}$ 看作向量组，则基底即是其极大无关组，维数即是其秩。

显然，如果对于向量空间 $\mathbf{V}$ 有 $\dim\mathbf{V}=n$，则 $\mathbf{V}$ 中任意 n 个线性无关的向量所形成的向量组都是 $\mathbf{V}$ 的一个基。

定义 5 如果在向量空间 $\mathbf{V}$ 中取定一个基 $\boldsymbol{a}_1,\boldsymbol{a}_2,\cdots,\boldsymbol{a}_r$，那么对 $\mathbf{V}$ 中任一向量 $\boldsymbol{x}$，有且仅有一组数 $\lambda_1,\lambda_2,\cdots,\lambda_r$，使得

$$\boldsymbol{x}=\lambda_1\boldsymbol{a}_1+\lambda_2\boldsymbol{a}_2+\cdots+\lambda_r\boldsymbol{a}_r,$$

称有序数组$(\lambda_1,\lambda_2,\cdots,\lambda_r)$为向量 $\boldsymbol{x}$ 在基 $\boldsymbol{a}_1,\boldsymbol{a}_2,\cdots,\boldsymbol{a}_r$ 下的**坐标**。

特别地，在 n 维向量空间 $\mathbf{R}^n$ 中，取单位坐标向量组 $\boldsymbol{e}_1,\boldsymbol{e}_2,\cdots,\boldsymbol{e}_n$ 为基，则以 $x_1,x_2,\cdots,x_n$ 为第 $1,2,\cdots,n$ 分量的向量 $\boldsymbol{x}$，可表示为

$$\boldsymbol{x}=x_1\boldsymbol{e}_1+x_2\boldsymbol{e}_2+\cdots+x_n\boldsymbol{e}_n。$$

可见 n 维实向量在基 $\boldsymbol{e}_1,\boldsymbol{e}_2,\cdots,\boldsymbol{e}_n$ 下的坐标就是该向量本身。因此称 $\boldsymbol{e}_1,\boldsymbol{e}_2,\cdots,\boldsymbol{e}_n$ 为 $\mathbf{R}^n$ 的**自然基**。

例 4　设 $\boldsymbol{a}_1=(1,0,2,1)^{\mathrm{T}},\boldsymbol{a}_2=(0,1,0,1)^{\mathrm{T}},\boldsymbol{a}_3=(-1,0,2,1)^{\mathrm{T}},\boldsymbol{a}_4=(0,0,0,1)^{\mathrm{T}}$，证明向量组 $\boldsymbol{a}_1,\boldsymbol{a}_2,\boldsymbol{a}_3,\boldsymbol{a}_4$ 是 $\mathbf{R}^4$ 的一个基，并求向量 $\boldsymbol{a}=(1,-3,6,5)^{\mathrm{T}}$ 在该基下的坐标。

解　记 $\boldsymbol{A}=(\boldsymbol{a}_1,\boldsymbol{a}_2,\boldsymbol{a}_3,\boldsymbol{a}_4)$，

因 $|\boldsymbol{A}|\neq 0$，故 $\boldsymbol{a}_1,\boldsymbol{a}_2,\boldsymbol{a}_3,\boldsymbol{a}_4$ 线性无关。又因为 $\mathbf{R}^4$ 是 4 维向量空间，且 $\boldsymbol{a}_1,\boldsymbol{a}_2,\boldsymbol{a}_3,\boldsymbol{a}_4\in\mathbf{R}^4$，所以向量组 $\boldsymbol{a}_1,\boldsymbol{a}_2,\boldsymbol{a}_3,\boldsymbol{a}_4$ 是 $\mathbf{R}^4$ 的一个基。

令 $\boldsymbol{a}=x_1\boldsymbol{a}_1+x_2\boldsymbol{a}_2+x_3\boldsymbol{a}_3+x_4\boldsymbol{a}_4$，
解此非齐次线性方程组，得唯一解 $x_1=2,x_2=-3,x_3=1,x_4=5$，
故 $\boldsymbol{a}$ 在基 $\boldsymbol{a}_1,\boldsymbol{a}_2,\boldsymbol{a}_3,\boldsymbol{a}_4$ 下的坐标为 $(2,-3,1,5)$，

若针对 $\mathbf{R}^4$ 的自然基 $\boldsymbol{e}_1,\boldsymbol{e}_2,\boldsymbol{e}_3,\boldsymbol{e}_4$，则 $\boldsymbol{a}$ 在该基下的坐标为 $(1,-3,6,5)$。可见，同一向量在不同基下的坐标是不同的。

例 5　在 $\mathbf{R}^3$ 中取定一个基 $\boldsymbol{a}_1,\boldsymbol{a}_2,\boldsymbol{a}_3$，再取一个新基 $\boldsymbol{b}_1,\boldsymbol{b}_2,\boldsymbol{b}_3$，设 $\boldsymbol{A}=(\boldsymbol{a}_1,\boldsymbol{a}_2,\boldsymbol{a}_3)$，$\boldsymbol{B}=(\boldsymbol{b}_1,\boldsymbol{b}_2,\boldsymbol{b}_3)$。求用 $\boldsymbol{a}_1,\boldsymbol{a}_2,\boldsymbol{a}_3$ 表示 $\boldsymbol{b}_1,\boldsymbol{b}_2,\boldsymbol{b}_3$ 的表示式（基变换公式），并求向量在两个基下的坐标之间的关系式（坐标变换公式）。

解　　$(\boldsymbol{a}_1,\boldsymbol{a}_2,\boldsymbol{a}_3)=(\boldsymbol{e}_1,\boldsymbol{e}_2,\boldsymbol{e}_3)\boldsymbol{A}$，则 $(\boldsymbol{e}_1,\boldsymbol{e}_2,\boldsymbol{e}_3)=(\boldsymbol{a}_1,\boldsymbol{a}_2,\boldsymbol{a}_3)\boldsymbol{A}^{-1}$，
所以

$$(\boldsymbol{b}_1,\boldsymbol{b}_2,\boldsymbol{b}_3)=(\boldsymbol{e}_1,\boldsymbol{e}_2,\boldsymbol{e}_3)\boldsymbol{B}=(\boldsymbol{a}_1,\boldsymbol{a}_2,\boldsymbol{a}_3)\boldsymbol{A}^{-1}\boldsymbol{B},$$

即基变换公式为

$$(\boldsymbol{b}_1,\boldsymbol{b}_2,\boldsymbol{b}_3)=(\boldsymbol{a}_1,\boldsymbol{a}_2,\boldsymbol{a}_3)\boldsymbol{P},\text{其中 }\boldsymbol{P}=\boldsymbol{A}^{-1}\boldsymbol{B},$$

称矩阵 $\boldsymbol{P}=\boldsymbol{A}^{-1}\boldsymbol{B}$ 为从旧基 $\boldsymbol{a}_1$、$\boldsymbol{a}_2$、$\boldsymbol{a}_3$ 到新基的 $\boldsymbol{b}_1$、$\boldsymbol{b}_2$、$\boldsymbol{b}_3$ 过渡矩阵。

设向量 $\boldsymbol{x}$ 在旧基 $\boldsymbol{a}_1$、$\boldsymbol{a}_2$、$\boldsymbol{a}_3$ 和新基 $\boldsymbol{b}_1$、$\boldsymbol{b}_2$、$\boldsymbol{b}_3$ 下的坐标分别为 $\boldsymbol{y}_1,\boldsymbol{y}_2,\boldsymbol{y}_3$ 和 $\boldsymbol{z}_1,\boldsymbol{z}_2,\boldsymbol{z}_3$，即

$$\boldsymbol{x}=(\boldsymbol{a}_1,\boldsymbol{a}_2,\boldsymbol{a}_3)\begin{pmatrix}y_1\\y_2\\y_3\end{pmatrix},\boldsymbol{x}=(\boldsymbol{b}_1,\boldsymbol{b}_2,\boldsymbol{b}_3)\begin{pmatrix}z_1\\z_2\\z_3\end{pmatrix},$$

有

$$\boldsymbol{A}\begin{pmatrix}y_1\\y_2\\y_3\end{pmatrix}=\boldsymbol{B}\begin{pmatrix}z_1\\z_2\\z_3\end{pmatrix},$$

得

$$\begin{pmatrix}z_1\\z_2\\z_3\end{pmatrix}=\boldsymbol{B}^{-1}\boldsymbol{A}\begin{pmatrix}y_1\\y_2\\y_3\end{pmatrix},$$

即$\begin{pmatrix} z_1 \\ z_2 \\ z_3 \end{pmatrix} = \boldsymbol{P}^{-1}\begin{pmatrix} y_1 \\ y_2 \\ y_3 \end{pmatrix}$，其中 $\boldsymbol{P} = \boldsymbol{A}^{-1}\boldsymbol{B}$。

这就是从旧坐标到新坐标的坐标变换公式。

把向量空间的知识用于解齐次线性方程组便有下面结论：

定理 设 $m \times n$ 矩阵 $\boldsymbol{A}$ 的秩 $R(\boldsymbol{A}) = r$，若 $r < n$，则齐次线性方程组 $\boldsymbol{Ax} = \boldsymbol{0}$ 的解空间 S 的维数为 $n - r$；若 $r = n$，则 $S = \{\boldsymbol{0}\}$，即 $\boldsymbol{Ax} = \boldsymbol{0}$ 只有零解。

习题三

1. 用克莱姆法则解下列方程组：

(1)$\begin{cases} x + y + z = 0, \\ 2x - 5y - 3z = 10, \\ 4x + 8y + 2z = 4; \end{cases}$

(2)$\begin{cases} x_1 + x_2 - x_3 - x_4 = 0, \\ x_1 - 2x_2 - x_3 + x_4 = 1, \\ x_1 + 2x_2 - 2x_4 = 1, \\ 7x_1 - 3x_2 + 5x_3 - 2x_4 = 38。 \end{cases}$

2. 问常数 λ 取何值时，齐次方程组

$$\begin{cases} (1-\lambda)x_1 - 2x_2 + 4x_3 = 0, \\ 2x_1 + (3-\lambda)x_2 + x_3 = 0, \\ x_1 + x_2 + (1-\lambda)x_3 = 0, \end{cases}$$

有非零解？

3. 求解下列齐次线性方程组：

(1)$\begin{cases} x_1 - 2x_2 + 2x_3 + 3x_4 = 0, \\ 3x_2 + x_3 + 2x_4 = 0, \\ -x_1 + x_2 - x_3 - 4x_4 = 0; \end{cases}$

(2)$\begin{cases} x_1 + x_2 + 5x_3 - x_4 = 0, \\ x_1 + 2x_2 - 2x_3 + 3x_4 = 0, \\ 3x_1 + 4x_2 + 8x_3 + x_4 = 0。 \end{cases}$

4. 求解下列非齐次线性方程组：

(1)$\begin{cases} -x_1 - 4x_2 + x_3 = 1, \\ -x_2 - x_3 = 1, \\ x_1 + 3x_2 - 2x_3 = 0; \end{cases}$

(2)$\begin{cases} x + y - 2z - w = 4, \\ 3x - 2y - z + 2w = 2, \\ 2x + 3y - 5z - 3w = 10。 \end{cases}$

5. 常数 λ 为何值时,线性方程组 $\begin{cases} x_1+(\lambda-1)x_2- \quad 2x_3=1 \\ (\lambda-2)x_2+(\lambda+1)x_3=3 \\ (2\lambda+1)x_3=5 \end{cases}$

(1)有唯一解;(2)无解;(3)有无穷多个解?并在有无穷多个解时求其通解。

6. 对于非齐次线性方程组

$$\begin{cases} x_1+x_2-2x_3+3x_4=0, \\ 3x_1+2x_2-8x_3+7x_4=1, \\ x_1-x_2-6x_3-x_4=2\lambda, \end{cases}$$

当常数 λ 取何值时有解?并在此时求出它的解。

7. 常数 λ 为何值时,方程组 $\begin{cases} (1+\lambda)x_1+x_2+x_3=0, \\ x_1+(1+\lambda)x_2+x_3=3, \\ x_1+x_2+(1+\lambda)x_3=\lambda, \end{cases}$

有唯一解、无解或有无穷多解?并在有无穷多解时求其通解。

8. 以下向量 $\boldsymbol{a}$ 能否表示成 $\boldsymbol{a}_1,\boldsymbol{a}_2,\boldsymbol{a}_3$ 的线性组合?若能,则写出其所有的线性表示式。

(1) $\boldsymbol{a}=(4,0)^{\mathrm{T}},\boldsymbol{a}_1=(-1,2)^{\mathrm{T}},\boldsymbol{a}_2=(3,2)^{\mathrm{T}},\boldsymbol{a}_3=(6,4)^{\mathrm{T}}$;

(2) $\boldsymbol{a}=(-3,3,7)^{\mathrm{T}},\boldsymbol{a}_1=(1,-1,2)^{\mathrm{T}},\boldsymbol{a}_2=(2,1,0)^{\mathrm{T}},\boldsymbol{a}_3=(-1,2,1)^{\mathrm{T}}$;

(3) $\boldsymbol{a}=(1,2,3,4)^{\mathrm{T}},\boldsymbol{a}_1=(0,-1,2,3)^{\mathrm{T}},\boldsymbol{a}_2=(2,3,8,10)^{\mathrm{T}},\boldsymbol{a}_3=(2,3,6,8)^{\mathrm{T}}$。

9. 判断下列各向量组的线性相关性。

(1) $\boldsymbol{a}_1=(2,-1,0)^{\mathrm{T}},\boldsymbol{a}_2=(1,3,-2)^{\mathrm{T}}$;

(2) $\boldsymbol{a}_1=(1,1,2,1)^{\mathrm{T}},\boldsymbol{a}_2=(1,2,3,3)^{\mathrm{T}},\boldsymbol{a}_3=(2,4,6,6)^{\mathrm{T}}$;

(3) $\boldsymbol{a}_1=(2,3,1)^{\mathrm{T}},\boldsymbol{a}_2=(1,2,1)^{\mathrm{T}},\boldsymbol{a}_3=(3,2,1)^{\mathrm{T}}$。

10. 设向量组 $\boldsymbol{a}_1=(1,-2,2)^{\mathrm{T}},\boldsymbol{a}_2=(2,0,1)^{\mathrm{T}},\boldsymbol{a}_3=(3,t,3)^{\mathrm{T}}$ 线性相关,试确定常数 t 的取值。

11. 证明题。

(1)若 $\boldsymbol{a}_1,\boldsymbol{a}_2,\boldsymbol{a}_3$ 线性无关,则 $\boldsymbol{b}_1=\boldsymbol{a}_1+2\boldsymbol{a}_2,\boldsymbol{b}_2=\boldsymbol{a}_1+\boldsymbol{a}_2+3\boldsymbol{a}_3,\boldsymbol{b}_3=\boldsymbol{a}_1-\boldsymbol{a}_3$ 也线性无关;

(2)若 $\boldsymbol{a}_1,\boldsymbol{a}_2,\boldsymbol{a}_3$ 线性相关,$\boldsymbol{a}_1,\boldsymbol{a}_2$ 线性无关,证明 $\boldsymbol{a}_3$ 可唯一地由 $\boldsymbol{a}_1,\boldsymbol{a}_2$ 线性表示;

(3)若 $\boldsymbol{a}_1,\boldsymbol{a}_2,\boldsymbol{a}_3$ 线性无关,$\boldsymbol{b}_1=l\boldsymbol{a}_2-\boldsymbol{a}_1,\boldsymbol{b}_2=m\boldsymbol{a}_3-\boldsymbol{a}_2,\boldsymbol{b}_3=\boldsymbol{a}_1-\boldsymbol{a}_3$ 线性相关,证明常数 l 和 m 满足:$lm=1$。

12. 判断题。

(1)设 $\boldsymbol{a}_1,\boldsymbol{a}_2,\cdots,\boldsymbol{a}_m$ 线性相关,$l_1,l_2,\cdots,l_m$ 是一组不全为 0 的数,则 $l_1\boldsymbol{a}_1+l_2\boldsymbol{a}_2+\cdots+l_m\boldsymbol{a}_m=\boldsymbol{0}$。(　　)

(2)设 $\boldsymbol{a}_1,\boldsymbol{a}_2,\cdots,\boldsymbol{a}_m$ 线性无关,则对任一组不全为 0 的数 $k_1,k_2,\cdots,k_m$,都有 $k_1\boldsymbol{a}_1+k_2\boldsymbol{a}_2+\cdots+k_m\boldsymbol{a}_m\neq\boldsymbol{0}$。(　　)

(3)设 $\boldsymbol{a}_1,\boldsymbol{a}_2,\cdots,\boldsymbol{a}_m$ 线性相关,则 $\boldsymbol{a}_1$ 一定可由 $\boldsymbol{a}_2,\cdots,\boldsymbol{a}_m$ 线性表示。(　　)

(4)设 $\boldsymbol{a}_1,\boldsymbol{a}_2,\cdots,\boldsymbol{a}_m$ 线性无关，则其中任一向量都不能由其它向量线性表示。(　　)

(5)向量组 $\boldsymbol{a}_1,\boldsymbol{a}_2,\cdots,\boldsymbol{a}_s(s\geqslant 3)$ 两两线性无关，则 $\boldsymbol{a}_1,\boldsymbol{a}_2,\cdots,\boldsymbol{a}_s$ 线性无关。(　　)

(6)向量 $\boldsymbol{b}$ 不能由 $\boldsymbol{a}_1,\boldsymbol{a}_2,\cdots,\boldsymbol{a}_s$ 线性表示，则 $\boldsymbol{a}_1,\boldsymbol{a}_2,\cdots,\boldsymbol{a}_s,\boldsymbol{b}$ 线性无关。(　　)

(7)向量组 $\boldsymbol{V}$ 中，$\boldsymbol{a}_1,\boldsymbol{a}_2,\boldsymbol{a}_3$ 线性无关，而对 $\boldsymbol{V}$ 中的其余任一向量 $\boldsymbol{a}$，都有 $\boldsymbol{a},\boldsymbol{a}_1,\boldsymbol{a}_2,\boldsymbol{a}_3$ 线性相关，则 $\boldsymbol{a}_1,\boldsymbol{a}_2,\boldsymbol{a}_3$ 是 $\boldsymbol{V}$ 的一个极大无关组。(　　)

(8)若向量组的秩为 r，则其中任意 r 个线性无关的向量都构成其一个极大无关组。(　　)

(9)若矩阵 $\boldsymbol{A}$ 的秩等于 r，则 $\boldsymbol{A}$ 有 r 个行向量线性无关，任意 $r+1$ 个行向量必线性相关。(　　)

(10)两个等价向量组所含向量个数相等。(　　)

(11)若 $R(\boldsymbol{A}_{m\times n})<n$，则 $\boldsymbol{A}$ 中必有一列向量是其余列向量的线性组合。(　　)

(12)若齐次线性方程组 $\boldsymbol{Ax}=\boldsymbol{0}$ 有两个不同的解，则它一定有无穷多个解。(　　)

(13)若 $m\times n$ 矩阵 $\boldsymbol{A}$ 的 n 个列向量线性无关，则非齐次线性方程组 $\boldsymbol{Ax}=\boldsymbol{b}$ 有唯一解。(　　)

(14)若 $m\times n$ 矩阵 $\boldsymbol{A}$ 的 n 个列向量线性无关，则齐次线性方程组 $\boldsymbol{Ax}=\boldsymbol{0}$ 仅有零解。(　　)

13. 求下列各向量组的秩和一个极大无关组，并把其余向量用该极大无关组线性表示

(1)$\boldsymbol{a}_1=(1,2,1)^{\mathrm{T}},\boldsymbol{a}_2=(2,5,1)^{\mathrm{T}},\boldsymbol{a}_3=(-1,3,-6)^{\mathrm{T}}$；

(2)$\boldsymbol{b}_1=(1,-1,2,1)^{\mathrm{T}},\boldsymbol{b}_2=(1,0,2,2)^{\mathrm{T}},\boldsymbol{b}_3=(0,2,1,1)^{\mathrm{T}},\boldsymbol{b}_4=(1,0,3,1)^{\mathrm{T}}$；

(3)$\boldsymbol{c}_1=(1,2,3,4)^{\mathrm{T}},\boldsymbol{c}_2=(2,3,4,5)^{\mathrm{T}},\boldsymbol{c}_3=(3,4,5,6)^{\mathrm{T}},\boldsymbol{c}_4=(4,5,6,7)^{\mathrm{T}}$。

14. 判定下列各题所给的两个向量组是否等价：

(1)$\boldsymbol{a}_1=(2,0)^{\mathrm{T}},\boldsymbol{a}_2=(0,2)^{\mathrm{T}}$ 与 $\boldsymbol{b}_1=(2,4)^{\mathrm{T}},\boldsymbol{b}_2=(-2,2)^{\mathrm{T}}$；

(2)$\boldsymbol{a}_1=(3,3)^{\mathrm{T}},\boldsymbol{a}_2=(0,-3)^{\mathrm{T}}$ 与 $\boldsymbol{b}_1=(6,6)^{\mathrm{T}},\boldsymbol{b}_2=(0,0)^{\mathrm{T}}$。

15. 已知向量组 $\boldsymbol{a}_1,\boldsymbol{a}_2,\boldsymbol{a}_3$ 与 $\boldsymbol{b}_1,\boldsymbol{b}_2,\boldsymbol{b}_3$ 满足

$$\begin{cases}\boldsymbol{b}_1=\boldsymbol{a}_1-\boldsymbol{a}_2+\boldsymbol{a}_3\\ \boldsymbol{b}_2=2\boldsymbol{a}_1+2\boldsymbol{a}_2-2\boldsymbol{a}_3\\ \boldsymbol{b}_3=-3\boldsymbol{a}_1+3\boldsymbol{a}_2+3\boldsymbol{a}_3\end{cases},$$

试证明：$(\boldsymbol{a}_1,\boldsymbol{a}_2,\boldsymbol{a}_3)\cong(\boldsymbol{b}_1,\boldsymbol{b}_2,\boldsymbol{b}_3)$。

16. 证明题

(1)设 $\boldsymbol{b}_1=\boldsymbol{a}_1+\boldsymbol{a}_2,\boldsymbol{b}_2=\boldsymbol{a}_2+\boldsymbol{a}_3,\boldsymbol{b}_3=\boldsymbol{a}_3+\boldsymbol{a}_4,\boldsymbol{b}_4=\boldsymbol{a}_4+\boldsymbol{a}_1$，证明向量组 $\boldsymbol{b}_1,\boldsymbol{b}_2,\boldsymbol{b}_3,\boldsymbol{b}_4$ 线性相关；

(2)设 $\boldsymbol{b}_1=\boldsymbol{a}_1,\boldsymbol{b}_2=\boldsymbol{a}_1+\boldsymbol{a}_2,\cdots,\boldsymbol{b}_r=\boldsymbol{a}_1+\boldsymbol{a}_2+\cdots+\boldsymbol{a}_r$，且向量组 $\boldsymbol{a}_1,\boldsymbol{a}_2,\cdots,\boldsymbol{a}_r$ 线性无关，证明向量组 $\boldsymbol{b}_1,\boldsymbol{b}_2,\cdots,\boldsymbol{b}_r$ 线性无关；

(3)设 $\boldsymbol{a}_1=(a_{11},a_{12},a_{13}),\boldsymbol{a}_2=(a_{21},a_{22},a_{23}),\boldsymbol{a}_3=(a_{31},a_{32},a_{33})$ 线性无关，令 $\boldsymbol{b}_1=(a_{11},a_{12},a_{13},a_{14}),\boldsymbol{b}_2=(a_{21},a_{22},a_{23},a_{24}),\boldsymbol{b}_3=(a_{31},a_{32},a_{33},a_{34})$，称其为原向量组的延长

一维的向量组。证明 $\boldsymbol{b}_1,\boldsymbol{b}_2,\boldsymbol{b}_3$ 也线性无关。将上述结果推广可得什么结论？

(4)设单位向量组 $\boldsymbol{e}_1=(1,0,0)^{\mathrm{T}},\boldsymbol{e}_2=(0,1,0)^{\mathrm{T}},\boldsymbol{e}_3=(0,0,1)^{\mathrm{T}}$ 可由 $\boldsymbol{a}_1,\boldsymbol{a}_2,\boldsymbol{a}_3$ 线性表示，证明：

①$\boldsymbol{e}_1,\boldsymbol{e}_2,\boldsymbol{e}_3$ 与 $\boldsymbol{a}_1,\boldsymbol{a}_2,\boldsymbol{a}_3$ 等价；

②求 $R(\boldsymbol{a}_1,\boldsymbol{a}_2,\boldsymbol{a}_3)$。

17. 求下列齐次线性方程组的一个基础解系，并用此基础解系表示方程组的全部解。

(1)$\begin{cases} 2x_2-x_3-x_4=0, \\ x_1+x_2+x_3=0, \\ x_1+3x_2-x_4=0; \end{cases}$

(2)$\begin{cases} x_1+x_2-x_3+2x_4+x_5=0, \\ x_3+3x_4-x_5=0, \\ 2x_3+x_4-2x_5=0; \end{cases}$

(3)$\begin{cases} 2x_1+x_2+2x_3+3x_4+x_5=0, \\ 4x_1+x_2+3x_3+5x_4+3x_5=0, \\ 2x_1+x_3+2x_4+2x_5=0。 \end{cases}$

18. 判断下列线性方程组是否有解，若有解，试求其解（在有无穷多个解的情况下，用基础解系表示全部解）。

(1)$\begin{cases} x_1-3x_2-x_3=2, \\ -x_1-2x_2-x_4=4, \\ 3x_2+x_3+2x_4=1, \\ 3x_1+x_2+3x_4=-3; \end{cases}$

(2)$\begin{cases} x_1-x_2=-\dfrac{1}{6}, \\ x_2-x_3=-\dfrac{1}{3}, \\ x_3-x_4=-\dfrac{1}{2}, \\ -x_1+x_4=1; \end{cases}$

(3)$\begin{cases} x_1+5x_2-x_3-x_4=-1, \\ x_1+7x_2+x_3+3x_4=3, \\ 3x_1+17x_2-x_3+x_4=1, \\ x_1+3x_2-3x_3-5x_4=-5; \end{cases}$

(4)$\begin{cases} -2x_1+x_2+3x_3=0, \\ x_1-3x_2=-1, \\ 2x_2+2x_3=4, \\ 3x_1+4x_2-x_3=9。 \end{cases}$

19. 设有向量组 $\boldsymbol{A}:\boldsymbol{a}_1=\begin{pmatrix}m\\2\\10\end{pmatrix},\boldsymbol{a}_2=\begin{pmatrix}-2\\1\\5\end{pmatrix},\boldsymbol{a}_3=\begin{pmatrix}-1\\1\\4\end{pmatrix}$，及向量 $\boldsymbol{b}=\begin{pmatrix}1\\n\\-1\end{pmatrix}$，问常数 m,n 为何值时：

(1)向量 $\boldsymbol{b}$ 不能由向量组 $\boldsymbol{A}$ 线性表示；

(2)向量 $\boldsymbol{b}$ 能由向量组 $\boldsymbol{A}$ 线性表示，且表示式唯一；

(3)向量 $\boldsymbol{b}$ 能由向量组 $\boldsymbol{A}$ 线性表示，且表示式不唯一，并求一般表示式。

20. 设 $\boldsymbol{a}_1,\boldsymbol{a}_2,\boldsymbol{a}_3$ 是齐次线性方程组 $\boldsymbol{Ax}=\boldsymbol{0}$ 的基础解系，证明 $\boldsymbol{b}_1=\boldsymbol{a}_1+\boldsymbol{a}_2,\boldsymbol{b}_2=\boldsymbol{a}_2+2\boldsymbol{a}_3,\boldsymbol{b}_3=\boldsymbol{a}_3+3\boldsymbol{a}_1$ 也是 $\boldsymbol{Ax}=\boldsymbol{0}$ 的基础解系。

21. 设 $V_1=\{\boldsymbol{x}=(x_1,x_2,\cdots,x_n)^{\mathrm{T}}\mid x_1,x_2,\cdots,x_n\in R$ 且 $x_1+x_2+\cdots+x_n=0\}$，$V_2=\{\boldsymbol{x}=(x_1,x_2,\cdots,x_n)^{\mathrm{T}}\mid x_2,x_3,\cdots,x_n\in R$ 且 $x_1=-1\}$。问 V_1,V_2 是不是向量空间？为什么？

22. 证明：三维行向量空间 $\mathbf{R}^3$ 中的向量集合 $\mathbf{V}=\{(x,y,z)\mid x+y+z=0\}$ 是向量空间，并求出它的维数和一个基。

23. 证明向量组 $\boldsymbol{a}_1=(1,1,0)^{\mathrm{T}},\boldsymbol{a}_2=(0,0,2)^{\mathrm{T}},\boldsymbol{a}_3=(0,3,2)^{\mathrm{T}}$ 是 $\mathbf{R}^3$ 的一个基，并求出 $\boldsymbol{b}=(5,9,-2)^{\mathrm{T}}$ 在这个基下的坐标。

24. 设 $\boldsymbol{A}$ 为 n 阶矩阵($n\geqslant 2$)，$\boldsymbol{A}^*$ 为 $\boldsymbol{A}$ 的伴随矩阵。证明：

$$R(\boldsymbol{A}^*)=\begin{cases}n,\text{如果 } R(\boldsymbol{A})=n,\\1,\text{如果 } R(\boldsymbol{A})=n-1,\\0,\text{如果 } R(\boldsymbol{A})<n-1。\end{cases}$$

第四章 矩阵相似对角化

相似矩阵是矩阵理论中的重要内容之一，矩阵的特征值和特征向量反映了矩阵最本质的特性，矩阵相似对角化理论在信息、管理、工程等学科的计算中有着广泛的应用。

第一节 向量的内积及正交性

一、向量的内积

在 3 维向量空间 $\mathbf{R}^3$ 中，定义了两个向量 $\boldsymbol{x}=(x_1,x_2,x_3)^{\mathrm{T}}$，$\boldsymbol{y}=(y_1,y_2,y_3)^{\mathrm{T}}$ 的数量积：$\boldsymbol{x}\cdot\boldsymbol{y}=\|\boldsymbol{x}\|\,\|\boldsymbol{y}\|\cos\theta$（其中 θ 是这两个向量 $\boldsymbol{x},\boldsymbol{y}$ 的夹角）。其几何解释是向量 $\boldsymbol{x}$ 的模与向量 $\boldsymbol{y}$ 在向量 $\boldsymbol{x}$ 方向上的投影的积。在计算时，常用到以下公式：$\boldsymbol{xy}=x_1y_1+x_2y_2+x_3y_3$。现将 3 维向量空间 $\mathbf{R}^3$ 的数量积推广到 n 维向量空间 $\mathbf{R}^n$，得到以下定义。

定义 1 设 $\boldsymbol{x}=(x_1,x_2,\cdots,x_n)^{\mathrm{T}}$，$\boldsymbol{y}=(y_1,y_2,\cdots,y_n)^{\mathrm{T}}$ 是 $\mathbf{R}^n$ 中的两个向量，令 $[\boldsymbol{x},\boldsymbol{y}]=x_1y_1+x_2y_2+\cdots+x_ny_n$，称 $[\boldsymbol{x},\boldsymbol{y}]$ 为向量 x 与 y 的**内积**。

由矩阵的乘法运算可知：

(1)若 $\boldsymbol{x},\boldsymbol{y}$ 是列向量，则 $[\boldsymbol{x},\boldsymbol{y}]=\boldsymbol{x}^{\mathrm{T}}\boldsymbol{y}=\boldsymbol{y}^{\mathrm{T}}\boldsymbol{x}$；

(2)若 $\boldsymbol{x},\boldsymbol{y}$ 是行向量，则 $[\boldsymbol{x},\boldsymbol{y}]=\boldsymbol{xy}^{\mathrm{T}}=\boldsymbol{yx}^{\mathrm{T}}$。

由定义 1 可知，向量的内积是两个同维向量之间的一种运算，其结果是一个数。在 $\mathbf{R}^3$ 中，向量的内积具有清晰、直观的几何解释，但在 $\mathbf{R}^n(n>3)$ 中，向量的内积难以做出传统的几何解释了。

例 1 设 $\boldsymbol{x}=(1,1,1,1)^{\mathrm{T}}$，$\boldsymbol{y}=(1,-2,0,-1)^{\mathrm{T}}$，求 $[\boldsymbol{x},\boldsymbol{y}]$ 和 $[\boldsymbol{x},\boldsymbol{x}]$。

解 $[\boldsymbol{x},\boldsymbol{y}]=(1,1,1,1)\begin{pmatrix}1\\-2\\0\\-1\end{pmatrix}=-2$，$[\boldsymbol{x},\boldsymbol{x}]=(1,1,1,1)\begin{pmatrix}1\\1\\1\\1\end{pmatrix}=4$。

由定义 1 可知，内积具有如下 6 个常用性质（设 $\boldsymbol{x},\boldsymbol{y},\boldsymbol{z}\in\mathbf{R}^n$，$\lambda_1,\lambda_2\in R$）：

(1) $[\boldsymbol{0},\boldsymbol{x}]=[\boldsymbol{x},\boldsymbol{0}]=0$；

(2) $[\boldsymbol{x},\boldsymbol{y}]=[\boldsymbol{y},\boldsymbol{x}]$；

(3)$[\lambda_1 \boldsymbol{x},\lambda_2 \boldsymbol{y}]=\lambda_1\lambda_2[\boldsymbol{x},\boldsymbol{y}]$；

(4)$[\boldsymbol{x}+\boldsymbol{y},\boldsymbol{z}]=[\boldsymbol{x},\boldsymbol{z}]+[\boldsymbol{y},\boldsymbol{z}]$；

(5)$[\boldsymbol{x},\boldsymbol{x}]\geqslant 0$，只有 $\boldsymbol{x}=\boldsymbol{0}$ 时，$[\boldsymbol{x},\boldsymbol{x}]=0$；

(6)施瓦兹(Schwarz)不等式：$[\boldsymbol{x},\boldsymbol{y}]^2\leqslant[\boldsymbol{x},\boldsymbol{x}][\boldsymbol{y},\boldsymbol{y}]$。

证明 取 $\lambda\in R$，对于向量 $\boldsymbol{x}+\lambda\boldsymbol{y}$，

有

$$0\leqslant[\boldsymbol{x}+\lambda\boldsymbol{y},\boldsymbol{x}+\lambda\boldsymbol{y}]=[\boldsymbol{x},\boldsymbol{x}]+2\lambda[\boldsymbol{x},\boldsymbol{y}]+\lambda^2[\boldsymbol{y},\boldsymbol{y}]。$$

这是关于 λ 的一元二次不等式，由二次不等式的性质可知

$$4[\boldsymbol{x},\boldsymbol{y}]^2-4[\boldsymbol{x},\boldsymbol{x}][\boldsymbol{y},\boldsymbol{y}]\leqslant 0,$$

即

$$[\boldsymbol{x},\boldsymbol{y}]^2\leqslant[\boldsymbol{x},\boldsymbol{x}][\boldsymbol{y},\boldsymbol{y}]。$$

证毕。

定义 2 设 $\boldsymbol{x}\in\mathbf{R}^n$，称 $\sqrt{[\boldsymbol{x},\boldsymbol{x}]}$ 为 n 维向量 $\boldsymbol{x}$ 的**长度(或模，或范数)**，记之为 $\|\boldsymbol{x}\|$。

由定义 2 可知，若 $\boldsymbol{x}=(x_1,x_2,\cdots,x_n)^{\mathrm{T}}$，则 $\|\boldsymbol{x}\|=\sqrt{[\boldsymbol{x},\boldsymbol{x}]}=\sqrt{x_1^2+x_2^2+\cdots+x_n^2}$。

当 $\|\boldsymbol{x}\|=1$ 时，称向量 $\boldsymbol{x}$ 为**单位向量**。如：$\boldsymbol{x}=(-1,0,0)^{\mathrm{T}}$，$\boldsymbol{y}=(-\frac{\sqrt{2}}{2},\frac{\sqrt{2}}{2})^{\mathrm{T}}$ 都是单位向量。

由定义 2 可知，向量的长度具有如下 3 个常用性质(设 $\boldsymbol{x},\boldsymbol{y}\in\mathbf{R}^n$，$\lambda\in R$)：

(1)非负性：$\|\boldsymbol{x}\|\geqslant 0$，只有 $\boldsymbol{x}=\boldsymbol{0}$ 时，$\|\boldsymbol{x}\|=0$；

(2)齐次性：$\|\lambda\boldsymbol{x}\|=|\lambda|\,\|\boldsymbol{x}\|$；

(3)三角不等式：$\|\boldsymbol{x}+\boldsymbol{y}\|\leqslant\|\boldsymbol{x}\|+\|\boldsymbol{y}\|$。

性质(3)用定义 2 及施瓦兹(Schwarz)不等式即可证明。

若向量 $\boldsymbol{x}\neq\boldsymbol{0}$，令 $\boldsymbol{x}^0=\frac{1}{\|\boldsymbol{x}\|}\boldsymbol{x}$，因

$$\left\|\frac{1}{\|\boldsymbol{x}\|}\boldsymbol{x}\right\|=\frac{1}{\|\boldsymbol{x}\|}\|\boldsymbol{x}\|=1,$$

称 $\boldsymbol{x}^0$ 为与向量 $\boldsymbol{x}$ 同向的**单位向量**，将向量 $\boldsymbol{x}$ 化为 $\boldsymbol{x}^0$ 的过程称为将向量 $\boldsymbol{x}$ **单位化(或标准化)**。

由施瓦兹(Schwarz)不等式知，当 $\boldsymbol{x}\neq\boldsymbol{0},\boldsymbol{y}\neq\boldsymbol{0}$ 时，$\frac{[\boldsymbol{x},\boldsymbol{y}]}{\|\boldsymbol{x}\|\,\|\boldsymbol{y}\|}\leqslant 1$，于是当 $\boldsymbol{x}\neq\boldsymbol{0},\boldsymbol{y}\neq\boldsymbol{0}$ 时，令 $\theta=\arccos\frac{[\boldsymbol{x},\boldsymbol{y}]}{\|\boldsymbol{x}\|\,\|\boldsymbol{y}\|}$，称 θ 为向量 $\boldsymbol{x}$ 与 $\boldsymbol{y}$ 的**夹角**。

例 2 求向量 $\boldsymbol{x}=(1,2,2,3)^{\mathrm{T}}$，$\boldsymbol{y}=(3,1,5,1)^{\mathrm{T}}$ 的长度与夹角，并将向量 $\boldsymbol{x},\boldsymbol{y}$ 单位化。

解 $\|\boldsymbol{x}\|=\sqrt{1^2+2^2+2^2+3^2}=3\sqrt{2}$，

$\|\boldsymbol{y}\|=\sqrt{3^2+1^2+5^2+1^2}=6$，

向量 $\boldsymbol{x}$ 与 $\boldsymbol{y}$ 的夹角 $\theta=\arccos\frac{[\boldsymbol{x},\boldsymbol{y}]}{\|\boldsymbol{x}\|\,\|\boldsymbol{y}\|}=\arccos\frac{18}{3\sqrt{2}\cdot 6}=\arccos\frac{\sqrt{2}}{2}=\frac{\pi}{4}$。

向量 $\boldsymbol{x}$ 单位化为 $\boldsymbol{x}^0=\frac{1}{\|\boldsymbol{x}\|}\boldsymbol{x}=\frac{1}{3\sqrt{2}}(1,2,2,3)^{\mathrm{T}}=\frac{\sqrt{2}}{6}(1,2,2,3)^{\mathrm{T}}$。

向量 $\boldsymbol{y}$ 单位化为 $\boldsymbol{y}^0=\frac{1}{\|\boldsymbol{y}\|}\boldsymbol{y}=\frac{1}{6}(3,1,5,1)^{\mathrm{T}}$。

二、向量组的正交性

定义 3 设 $\boldsymbol{x},\boldsymbol{y}\in\mathbf{R}^n$，若 $[\boldsymbol{x},\boldsymbol{y}]=0$，则称向量 $\boldsymbol{x}$ 与 $\boldsymbol{y}$ **正交**。

由定义 3 可知，若非零向量 $\boldsymbol{x},\boldsymbol{y}\in\mathbf{R}^3$，则 $\boldsymbol{x}$ 与 $\boldsymbol{y}$ 正交在几何上表示代表 $\boldsymbol{x}$ 与 $\boldsymbol{y}$ 的有向线段相互垂直，因此人们通常将"向量的正交"说成"向量的垂直"。

如与向量 $\boldsymbol{x}=(3,2,-1)^{\mathrm{T}}$ 正交的向量 $\boldsymbol{y}=(y_1,y_2,y_3)^{\mathrm{T}}$ 满足 $3y_1+2y_2-y_3=0$。

若向量 $\boldsymbol{x}=\mathbf{0}$，则 $\boldsymbol{x}$ 与任何向量都正交。反之，若某 n 维向量 $\boldsymbol{x}$ 与 $\mathbf{R}^n$ 中的任意向量都正交，则 $[\boldsymbol{x},\boldsymbol{x}]=0$，从而有 $\boldsymbol{x}=\mathbf{0}$。

定义 4 若一个非零向量组（即向量组中的每个向量都不是零向量）$\boldsymbol{a}_1,\boldsymbol{a}_2,\cdots,\boldsymbol{a}_s$ 中的任意两个向量都正交（简称两两正交），则称 $\boldsymbol{a}_1,\boldsymbol{a}_2,\cdots,\boldsymbol{a}_s$ 为**正交向量组**。若正交向量组中的每个向量都是单位向量，则称其为**标准正交向量组**。

如：$\boldsymbol{e}_1=(1,0,0)^{\mathrm{T}},\boldsymbol{e}_2=(0,1,0)^{\mathrm{T}},\boldsymbol{e}_3=(0,0,1)^{\mathrm{T}}$，和 $\boldsymbol{a}_1=\frac{1}{3}(2,-1,2)^{\mathrm{T}},\boldsymbol{a}_2=\frac{1}{3}(2,2,-1)^{\mathrm{T}}$，$\boldsymbol{a}_3=\frac{1}{3}(1,-2,-2)^{\mathrm{T}}$ 不仅是正交向量组，而且是标准正交向量组。

例 3 已知向量 $\boldsymbol{a}_1=(-1,-1,1)^{\mathrm{T}},\boldsymbol{a}_2=(-1,2,1)^{\mathrm{T}}$，在 $\mathbf{R}^3$ 中求非零向量 $\boldsymbol{a}_3$，使 $\boldsymbol{a}_1,\boldsymbol{a}_2,\boldsymbol{a}_3$ 为正交向量组。

解 因 $\boldsymbol{a}_1{}^{\mathrm{T}}\boldsymbol{a}_2=0$，故 $\boldsymbol{a}_1$ 与 $\boldsymbol{a}_2$ 正交。

设 $\boldsymbol{a}_3=(x_1,x_2,x_3)^{\mathrm{T}}$，由向量 $\boldsymbol{a}_1$ 与 $\boldsymbol{a}_3$ 正交，$\boldsymbol{a}_2$ 与 $\boldsymbol{a}_3$ 正交，可得齐次线性方程组

$$\begin{cases}-x_1-x_2+x_3=0,\\-x_1+2x_2+x_3=0。\end{cases}$$

由

$$\begin{pmatrix}-1&-1&1\\-1&2&1\end{pmatrix}\to\begin{pmatrix}1&0&-1\\0&1&0\end{pmatrix}$$

得 $\begin{cases}x_1-x_3=0\\x_2=0\end{cases}$，取基础解系 $\boldsymbol{p}=(1,0,1)^{\mathrm{T}}$，因此所求向量 $\boldsymbol{a}_3=k(1,0,1)^{\mathrm{T}}(k\in R,k\neq0)$。

定理 1 若 $\boldsymbol{a}_1,\boldsymbol{a}_2,\cdots,\boldsymbol{a}_s$ 为一正交向量组，则该向量组一定线性无关。

证明 设有常数 $\lambda_1,\lambda_2\cdots,\lambda_s$，使

$$\lambda_1\boldsymbol{a}_1+\lambda_2\boldsymbol{a}_2+\cdots+\lambda_s\boldsymbol{a}_s=\mathbf{0},$$

用 $\boldsymbol{a}_1$ 与上式两端作内积，有 $[\lambda_1\boldsymbol{a}_1+\lambda_2\boldsymbol{a}_2+\cdots+\lambda_s\boldsymbol{a}_s,\boldsymbol{a}_1]=[\mathbf{0},\boldsymbol{a}_1]=0$，

而 $\boldsymbol{a}_1,\boldsymbol{a}_2,\cdots,\boldsymbol{a}_s$ 为正交向量组，知 $[\boldsymbol{a}_i,\boldsymbol{a}_1]=0(i\geqslant2)$，

有 $\lambda_1[\boldsymbol{a}_1,\boldsymbol{a}_1]=0$。

因 $\boldsymbol{a}_1\neq\boldsymbol{0}$，有$[\boldsymbol{a}_1,\boldsymbol{a}_1]\neq 0$，从而 $\lambda_1=0$。

类似可得 $\lambda_2=\lambda_3=\cdots=\lambda_s=0$，

故 $\boldsymbol{a}_1,\boldsymbol{a}_2,\cdots,\boldsymbol{a}_s$ 线性无关。证毕。

显然，该定理的逆命题不成立，即线性无关的向量组不一定是正交向量组。

定义 5 设 $\boldsymbol{a}_1,\boldsymbol{a}_2,\cdots,\boldsymbol{a}_r$ 为向量空间 $\mathbf{V}(\mathbf{V}\subseteq\mathbf{R}^n)$中的一个基，若 $\boldsymbol{a}_1,\boldsymbol{a}_2,\cdots,\boldsymbol{a}_r$ 两两正交，则称其为向量空间 $\mathbf{V}(\mathbf{V}\subseteq\mathbf{R}^n)$的一个**正交基**；若正交基中的每个向量都是单位向量，则称其为向量空间 $\mathbf{V}$ 的一个**标准正交基**(或称为**规范正交基**)。

如例 3 中令
$$\boldsymbol{e}_1=\frac{1}{\sqrt{3}}\boldsymbol{a}_1=\frac{1}{\sqrt{3}}(-1,-1,1)^{\mathrm{T}},$$
$$\boldsymbol{e}_2=\frac{1}{\sqrt{6}}\boldsymbol{a}_2=\frac{1}{\sqrt{6}}(-1,2,1)^{\mathrm{T}},$$
$$\boldsymbol{e}_3=\frac{1}{k\sqrt{2}}\boldsymbol{a}_3=\frac{1}{\sqrt{2}}(1,0,1)^{\mathrm{T}},$$
则向量组 $\boldsymbol{e}_1,\boldsymbol{e}_2,\boldsymbol{e}_3$ 就是 $\mathbf{R}^3$ 的一个标准正交基。

设向量组 $\boldsymbol{e}_1,\boldsymbol{e}_2,\cdots,\boldsymbol{e}_r$ 为向量空间 $\mathbf{V}(\mathbf{V}\subseteq\mathbf{R}^n)$的一个标准正交基，则对于 $\mathbf{V}$ 的任一向量 $\boldsymbol{x}$，必有 $\lambda_1,\lambda_2,\cdots,\lambda_r\in R$，使得 $\boldsymbol{x}=\lambda_1\boldsymbol{e}_1+\lambda_2\boldsymbol{e}_2+\cdots+\lambda_r\boldsymbol{e}_r$。

为了求系数 $\lambda_1,\lambda_2,\cdots,\lambda_r$，用 $\boldsymbol{e}_1$ 对上式两端作内积，有
$$[\boldsymbol{e}_1,\boldsymbol{x}]=[\boldsymbol{e}_1,\lambda_1\boldsymbol{e}_1+\lambda_2\boldsymbol{e}_2+\cdots+\lambda_r\boldsymbol{e}_r]=\lambda_1。$$

类似可得
$$\lambda_2=[\boldsymbol{e}_2,\boldsymbol{x}],\cdots,\lambda_r=[\boldsymbol{e}_r,\boldsymbol{x}],$$
从而有
$$\boldsymbol{x}=[\boldsymbol{x},\boldsymbol{e}_1]\boldsymbol{e}_1+[\boldsymbol{x},\boldsymbol{e}_2]\boldsymbol{e}_2+\cdots+[\boldsymbol{x},\boldsymbol{e}_r]\boldsymbol{e}_r。$$

上式是向量在标准正交基下的坐标计算公式，该公式能方便求出向量的坐标。因此，在向量空间中取基时常常取标准正交基。

在实际应用中，寻找向量空间的非标准正交基比较容易，因而将向量空间的非标准正交基转换为与之等价的标准正交基具有较大的实用价值。施密特(Schmidt)正交化方法有效解决了这类问题，下面以定理的方式介绍其思想。

定理 2 (施密特[Schmidt]正交化方法)

若向量组 $\boldsymbol{a}_1,\boldsymbol{a}_2,\cdots,\boldsymbol{a}_r$ 线性无关，令
$$\begin{cases}\boldsymbol{b}_1=\boldsymbol{a}_1\\ \boldsymbol{b}_2=\boldsymbol{a}_2-\dfrac{[\boldsymbol{a}_2,\boldsymbol{b}_1]}{[\boldsymbol{b}_1,\boldsymbol{b}_1]}\boldsymbol{b}_1\\ \cdots\cdots\\ \boldsymbol{b}_r=\boldsymbol{a}_r-\dfrac{[\boldsymbol{a}_r,\boldsymbol{b}_1]}{[\boldsymbol{b}_1,\boldsymbol{b}_1]}\boldsymbol{b}_1-\dfrac{[\boldsymbol{a}_r,\boldsymbol{b}_2]}{[\boldsymbol{b}_2,\boldsymbol{b}_2]}\boldsymbol{b}_2-\cdots-\dfrac{[\boldsymbol{a}_r,\boldsymbol{b}_{r-1}]}{[\boldsymbol{b}_{r-1},\boldsymbol{b}_{r-1}]}\boldsymbol{b}_{r-1}\end{cases}$$

则向量组 $\boldsymbol{b}_1,\boldsymbol{b}_2,\cdots,\boldsymbol{b}_l$ 是与 $\boldsymbol{a}_1,\boldsymbol{a}_2,\cdots,\boldsymbol{a}_l(1\leqslant l\leqslant r)$等价的正交向量组。

再令 $\boldsymbol{e}_s=\dfrac{1}{\|\boldsymbol{b}_s\|}\boldsymbol{b}_s(s=1,2,\cdots,r)$，

则向量组 $\boldsymbol{e}_1,\boldsymbol{e}_2,\cdots,\boldsymbol{e}_l$ 是与 $\boldsymbol{a}_1,\boldsymbol{a}_2,\cdots,\boldsymbol{a}_l(1\leqslant l\leqslant r)$等价的标准正交向量组。

如果 $\boldsymbol{a}_1,\boldsymbol{a}_2,\cdots,\boldsymbol{a}_r$ 是向量空间 $\mathbf{R}^n$ 的一个线性无关向量组，则可将其扩充成 $\mathbf{R}^n$ 的一个基 $\boldsymbol{a}_1,\boldsymbol{a}_2,\cdots\boldsymbol{a}_r,\cdots,\boldsymbol{a}_n$，然后通过施密特正交化方法就可得到 $\mathbf{R}^n$ 的一个标准正交基。

例 4　用施密特正交化方法将下列向量组标准正交化：$\boldsymbol{a}_1=(1,1,1,1)^{\mathrm{T}}$，$\boldsymbol{a}_2=(1,-1,0,4)^{\mathrm{T}}$，$\boldsymbol{a}_3=(3,5,1,-1)^{\mathrm{T}}$。

解　先正交化。取

$$\boldsymbol{b}_1=\boldsymbol{a}_1=(1,1,1,1)^{\mathrm{T}},$$

$$\begin{aligned}\boldsymbol{b}_2&=\boldsymbol{a}_2-\frac{[\boldsymbol{a}_2,\boldsymbol{b}_1]}{[\boldsymbol{b}_1,\boldsymbol{b}_1]}\boldsymbol{b}_1\\&=(1,-1,0,4)^{\mathrm{T}}-\frac{1-1+0+4}{1+1+1+1}(1,1,1,1)^{\mathrm{T}}\\&=(0,-2,-1,3)^{\mathrm{T}},\end{aligned}$$

$$\begin{aligned}\boldsymbol{b}_3&=\boldsymbol{a}_3-\frac{[\boldsymbol{a}_3,\boldsymbol{b}_1]}{[\boldsymbol{b}_1,\boldsymbol{b}_1]}\boldsymbol{b}_1-\frac{[\boldsymbol{a}_3,\boldsymbol{b}_2]}{[\boldsymbol{b}_2,\boldsymbol{b}_2]}\boldsymbol{b}_2\\&=(3,5,1,-1)^{\mathrm{T}}-\frac{8}{4}(1,1,1,1)^{\mathrm{T}}-\frac{-14}{14}(0,-2,-1,3)^{\mathrm{T}}\\&=(1,1,-2,0)^{\mathrm{T}},\end{aligned}$$

再单位化。

令　$$\boldsymbol{e}_1=\frac{\boldsymbol{b}_1}{\|\boldsymbol{b}_1\|}=\frac{1}{2}(1,1,1,1)^{\mathrm{T}}=\left(\frac{1}{2},\frac{1}{2},\frac{1}{2},\frac{1}{2}\right)^{\mathrm{T}},$$

$$\boldsymbol{e}_2=\frac{\boldsymbol{b}_2}{\|\boldsymbol{b}_2\|}=\frac{1}{\sqrt{14}}(0,-2,-1,3)^{\mathrm{T}}=\left(0,-\frac{2}{\sqrt{14}},-\frac{1}{\sqrt{14}},\frac{3}{\sqrt{14}}\right)^{\mathrm{T}},$$

$$\boldsymbol{e}_3=\frac{\boldsymbol{b}_3}{\|\boldsymbol{b}_3\|}=\frac{1}{\sqrt{6}}(1,1,-2,0)^{\mathrm{T}}=\left(\frac{1}{\sqrt{6}},\frac{1}{\sqrt{6}},-\frac{2}{\sqrt{6}},0\right)^{\mathrm{T}},$$

则 $\boldsymbol{e}_1,\boldsymbol{e}_2,\boldsymbol{e}_3$ 为所求的标准正交向量组。

上例中，若要求 $\boldsymbol{e}_4$，使 $\boldsymbol{e}_1,\boldsymbol{e}_2,\boldsymbol{e}_3,\boldsymbol{e}_4$ 为 $\mathbf{R}^4$ 的一个标准正交基，则可设

$$\boldsymbol{a}_4=(x_1,x_2,x_3,x_4)^{\mathrm{T}}。$$

由 $\boldsymbol{a}_4$ 与 $\boldsymbol{e}_1,\boldsymbol{e}_2,\boldsymbol{e}_3$ 分别正交，可取 $\boldsymbol{a}_4=(-7,5,-1,3)^{\mathrm{T}}$(具体方法见例 3)。

再将 $\boldsymbol{a}_4$ 单位化，有

$$\boldsymbol{e}_4=\frac{\boldsymbol{a}_4}{\|\boldsymbol{a}_4\|}=\frac{1}{2\sqrt{21}}(-7,5,-1,3)^{\mathrm{T}}=(-\frac{7}{2\sqrt{21}},\frac{5}{2\sqrt{21}},-\frac{1}{2\sqrt{21}},\frac{3}{2\sqrt{21}})^{\mathrm{T}}。$$

则 $\boldsymbol{e}_1,\boldsymbol{e}_2,\boldsymbol{e}_3,\boldsymbol{e}_4$ 为 $\mathbf{R}^4$ 的一个标准正交基。

例 5　设 $\boldsymbol{A}$ 是秩为 2 的 5×4 阶矩阵，向量组

$$\boldsymbol{p}_1=(1,1,0,0)^{\mathrm{T}},\boldsymbol{p}_2=(1,0,1,0)^{\mathrm{T}},\boldsymbol{p}_3=(4,3,1,0)^{\mathrm{T}}$$

是方程组 $\boldsymbol{Ax}=\boldsymbol{0}$ 的解向量,求 $\boldsymbol{Ax}=\boldsymbol{0}$ 的解空间的一个标准正交基。

解 因为 $R(\boldsymbol{A})=2$,$\boldsymbol{Ax}=\boldsymbol{0}$ 是四元齐次方程组,所以 $\boldsymbol{Ax}=\boldsymbol{0}$ 的解空间的维数是 $4-R(\boldsymbol{A})=2$。易知向量 $\boldsymbol{p}_1$ 与 $\boldsymbol{p}_2$ 线性无关,可取 $\boldsymbol{p}_1,\boldsymbol{p}_2$ 作为解空间的基。令

$$\boldsymbol{q}_1=\boldsymbol{p}_1=(1,1,0,0)^{\mathrm{T}},$$

$$\boldsymbol{q}_2=\boldsymbol{p}_2-\frac{[\boldsymbol{q}_1,\boldsymbol{p}_2]}{[\boldsymbol{q}_1,\boldsymbol{q}_1]}\boldsymbol{q}_1=(1,0,1,0)^{\mathrm{T}}-\frac{1}{2}(1,1,0,0)^{\mathrm{T}}$$

$$=(\frac{1}{2},-\frac{1}{2},1,0)^{\mathrm{T}}$$

$$=\frac{1}{2}(1,-1,2,0)^{\mathrm{T}}。$$

再单位化,得

$$\boldsymbol{e}_1=\frac{1}{\|\boldsymbol{q}_1\|}\boldsymbol{q}_1=\frac{1}{\sqrt{2}}(1,1,0,0)^{\mathrm{T}},$$

$$\boldsymbol{e}_2=\frac{1}{\|\boldsymbol{q}_2\|}\boldsymbol{q}_2=\frac{1}{\sqrt{6}}(1,-1,2,0)^{\mathrm{T}}。$$

则 $\boldsymbol{e}_1,\boldsymbol{e}_2$ 就是所求的一个标准正交基。

三、正交矩阵与正交变换

定义 6 如果 n 阶实矩阵 $\boldsymbol{A}$ 满足

$$\boldsymbol{A}^{\mathrm{T}}\boldsymbol{A}=\boldsymbol{E},$$

则称矩阵 $\boldsymbol{A}$ 为**正交矩阵**。

由定义 6,可得正交矩阵有以下性质:

(1)若 $\boldsymbol{A}$ 为正交矩阵,则 $|\boldsymbol{A}|=1$ 或 -1;

(2)若 $\boldsymbol{A}$ 为正交矩阵,则 $\boldsymbol{A}^{-1}=\boldsymbol{A}^{\mathrm{T}}$,且 $\boldsymbol{A}^{-1},\boldsymbol{A}^{\mathrm{T}},\boldsymbol{A}^*$($\boldsymbol{A}$ 的伴随矩阵)也是正交矩阵;

(3)若 $\boldsymbol{A}$ 为正交矩阵,则 $\boldsymbol{AA}^{\mathrm{T}}=\boldsymbol{E}$;

(4)若同阶矩阵 $\boldsymbol{A},\boldsymbol{B}$ 均为正交矩阵,则 $\boldsymbol{AB}$ 也是正交矩阵。

定理 3 n 阶实矩阵 $\boldsymbol{A}$ 为正交矩阵的充分必要条件是 $\boldsymbol{A}$ 的行(列)向量组为 $\mathbf{R}^n$ 的标准正交基。

证明 设实矩阵 $\boldsymbol{A}=(a_{ij})_{n\times n}$,因 $\boldsymbol{A}$ 的列向量组是 $\boldsymbol{A}^{\mathrm{T}}$ 的行向量组,只需证明列向量组的情况。

令 $\boldsymbol{A}=(\boldsymbol{a}_1,\boldsymbol{a}_2,\cdots,\boldsymbol{a}_n)$,作运算

$$A^{T}A=\begin{pmatrix}a_1^{T}\\a_2^{T}\\\vdots\\a_n^{T}\end{pmatrix}(a_1,a_2,\cdots,a_n)=\begin{pmatrix}a_1^{T}a_1 & a_1^{T}a_2 & \cdots & a_1^{T}a_n\\a_2^{T}a_1 & a_2^{T}a_2 & \cdots & a_2^{T}a_n\\\vdots & \vdots & & \vdots\\a_n^{T}a_1 & a_n^{T}a_2 & \cdots & a_n^{T}a_n\end{pmatrix}$$

因此矩阵 A 为正交矩阵的充分必要条件是 $a_i^{T}a_j=\begin{cases}1,i=j\\0,i\neq j\end{cases}(i,j=1,2,\cdots,n)$，即 $a_1,a_2,\cdots,a_n$ 是 $\mathbf{R}^n$ 的标准正交基。证毕。

例 6　验证以下矩阵都是正交矩阵：

$$A_1=\frac{1}{3}\begin{pmatrix}2 & -1 & 2\\-1 & 2 & 2\\2 & 2 & -1\end{pmatrix};\quad A_2=\begin{pmatrix}\frac{1}{9} & -\frac{8}{9} & -\frac{4}{9}\\-\frac{8}{9} & \frac{1}{9} & -\frac{4}{9}\\-\frac{4}{9} & -\frac{4}{9} & \frac{7}{9}\end{pmatrix};$$

$$A_3=\begin{pmatrix}-\frac{1}{2} & \frac{1}{2} & \frac{1}{2} & -\frac{1}{2}\\-\frac{1}{2} & \frac{1}{2} & -\frac{1}{2} & \frac{1}{2}\\\frac{1}{\sqrt{2}} & \frac{1}{\sqrt{2}} & 0 & 0\\0 & 0 & \frac{1}{\sqrt{2}} & \frac{1}{\sqrt{2}}\end{pmatrix}。$$

解　由正交矩阵的定义或定理 3 容易完成此题(略)。

例 7　设 x 为 n 维单位列向量，证明 $H=E_n-2xx^{T}$ 是正交矩阵，且有 $Hx=-x$。

证明

$$\begin{aligned}HH^{T}&=(E_n-2xx^{T})(E_n-2xx^{T})^{T}\\&=(E_n-2xx^{T})(E_n-2xx^{T})\\&=E_n-4xx^{T}+4x(x^{T}x)x^{T}\\&=E_n-4xx^{T}+4xx^{T}\\&=E_n。\end{aligned}$$

所以矩阵 H 为正交矩阵。

$$\begin{aligned}Hx&=(E_n-2xx^{T})x\\&=x-2xx^{T}x\\&=x-2x\\&=-x。\end{aligned}$$

如果把矩阵 H 看作一面镜子，x 看作站在镜子前的人，上式结论说明：站在镜子前的人与他在镜子中所成的像正好与镜子的距离相等且方向相反，所以常称矩阵 H 为镜像矩阵。

定义 7 若 $\boldsymbol{P}$ 为正交矩阵,则线性变换 $\boldsymbol{y}=\boldsymbol{P}\boldsymbol{x}$ 称为**正交变换**。

设 $\boldsymbol{y}=\boldsymbol{P}\boldsymbol{x}$ 为正交变换,有

$$\|\boldsymbol{y}\|=\sqrt{\boldsymbol{y}^{\mathrm{T}}\boldsymbol{y}}=\sqrt{\boldsymbol{x}^{\mathrm{T}}\boldsymbol{P}^{\mathrm{T}}\boldsymbol{P}\boldsymbol{x}}=\sqrt{\boldsymbol{x}^{\mathrm{T}}\boldsymbol{x}}=\|\boldsymbol{x}\|。$$

上式表明:经过正交变换可保持向量的长度不变。

例 8 试判断以下线性变换是否是正交变换:

$$\begin{cases} y_1= & \frac{1}{\sqrt{2}}x_2-\frac{1}{\sqrt{2}}x_3, \\ y_2=-\frac{2}{\sqrt{6}}x_1+\frac{1}{\sqrt{6}}x_2+\frac{1}{\sqrt{6}}x_3, \\ y_3=\frac{1}{\sqrt{3}}x_1+\frac{1}{\sqrt{3}}x_2+\frac{1}{\sqrt{3}}x_3。 \end{cases}$$

解 题目所给线性变换可写成 $\boldsymbol{y}=\boldsymbol{P}\boldsymbol{x}$,其中

$$\boldsymbol{y}=\begin{pmatrix} y_1 \\ y_2 \\ y_3 \end{pmatrix},\boldsymbol{P}=\begin{pmatrix} 0 & \frac{1}{\sqrt{2}} & -\frac{1}{\sqrt{2}} \\ -\frac{2}{\sqrt{6}} & \frac{1}{\sqrt{6}} & \frac{1}{\sqrt{6}} \\ \frac{1}{\sqrt{3}} & \frac{1}{\sqrt{3}} & \frac{1}{\sqrt{3}} \end{pmatrix},\boldsymbol{x}=\begin{pmatrix} x_1 \\ x_2 \\ x_3 \end{pmatrix},$$

容易判断矩阵 $\boldsymbol{P}$ 为正交矩阵,所以该线性变换是正交变换。

第二节 矩阵的特征值与特征向量

一、特征值与特征向量的概念及求法

定义 设 $\boldsymbol{A}=(a_{ij})$ 为 n 阶方阵,如果数 λ 和 n 维非零列向量 $\boldsymbol{x}$,满足

$$\boldsymbol{A}\boldsymbol{x}=\lambda\boldsymbol{x}, \tag{1}$$

则称数 λ 为方阵 $\boldsymbol{A}$ 的**特征值**,非零向量 $\boldsymbol{x}$ 称为方阵 $\boldsymbol{A}$ 的**属于(或对应于)特征值** λ **的特征向量**。

(1)式可写成 $(\boldsymbol{A}-\lambda\boldsymbol{E})\boldsymbol{x}=\boldsymbol{0}$,

这是关于 n 个未知数 n 个方程的齐次线性方程组,它有非零解的充分必要条件是

$$|\boldsymbol{A}-\lambda\boldsymbol{E}|=0, \tag{2}$$

即

$$\begin{vmatrix} a_{11}-\lambda & a_{12} & \cdots & a_{1n} \\ a_{21} & a_{22}-\lambda & \cdots & a_{2n} \\ \vdots & \vdots & & \vdots \\ a_{n1} & a_{n2} & \cdots & a_{nn}-\lambda \end{vmatrix} = 0 。$$

上式是一个以 λ 为未知元的 n 次方程,它在复数范围内有 n 个根(重根按重数计算根的个数)。多项式 $f(\lambda)=|\boldsymbol{A}-\lambda\boldsymbol{E}|$ 称为方阵 $\boldsymbol{A}$ 的**特征多项式**,而方程 $|\boldsymbol{A}-\lambda\boldsymbol{E}|=0$ 称为方阵 $\boldsymbol{A}$ 的**特征方程**。

显然,特征方程 $|\boldsymbol{A}-\lambda\boldsymbol{E}|=0$ 的根就是方阵 $\boldsymbol{A}$ 的特征值。设 λ_i 是方阵 $\boldsymbol{A}$ 的一个特征值,则其对应的齐次线性方程组 $(\boldsymbol{A}-\lambda_i\boldsymbol{E})x=\boldsymbol{0}$ 必有非零解 $\boldsymbol{p}_i$。按定义,$\boldsymbol{p}_i$ 就是方阵 $\boldsymbol{A}$ 的属于特征值 λ_i 的特征向量。

如:对角阵 $\boldsymbol{\Lambda}=\begin{pmatrix} \lambda_1 & & & \\ & \lambda_2 & & \\ & & \ddots & \\ & & & \lambda_n \end{pmatrix}$,不难计算出它的特征值为 $\lambda_1,\lambda_2,\cdots,\lambda_n$。

限于编写目的,本书只讨论矩阵的实特征值与特征向量。

定理 1 设 $\boldsymbol{p}_1,\boldsymbol{p}_2,\cdots,\boldsymbol{p}_r$ 是矩阵 $\boldsymbol{A}$ 的属于特征值 λ_0 的特征向量,若 $\boldsymbol{p}_1,\boldsymbol{p}_2,\cdots,\boldsymbol{p}_r$ 线性无关,则 $k_1\boldsymbol{p}_1+k_2\boldsymbol{p}_2+\cdots+k_r\boldsymbol{p}_r$($k_1,k_2,\cdots,k_r$ 是任意给定的一组不全为零的常数)仍是 $\boldsymbol{A}$ 的属于特征值 λ_0 的特征向量。

证明 由定理 1 的条件可得

$\boldsymbol{A}\boldsymbol{p}_1=\lambda_0\boldsymbol{p}_1,\boldsymbol{A}\boldsymbol{p}_2=\lambda_0\boldsymbol{p}_2,\cdots,\boldsymbol{A}\boldsymbol{p}_r=\lambda_0\boldsymbol{p}_r$,

$k_1\boldsymbol{p}_1+k_2\boldsymbol{p}_2+\cdots+k_r\boldsymbol{p}_r\neq\boldsymbol{0}$,

则
$$\begin{aligned}\boldsymbol{A}(k_1\boldsymbol{p}_1+k_2\boldsymbol{p}_2+\cdots+k_r\boldsymbol{p}_r)&=k_1(\boldsymbol{A}\boldsymbol{p}_1)+k_2(\boldsymbol{A}\boldsymbol{p}_2)+\cdots+k_r(\boldsymbol{A}\boldsymbol{p}_r)\\&=k_1(\lambda_0\boldsymbol{p}_1)+k_2(\lambda_0\boldsymbol{p}_2)+\cdots+k_r(\lambda_0\boldsymbol{p}_r)\\&=\lambda_0(k_1\boldsymbol{p}_1+k_2\boldsymbol{p}_2+\cdots+k_r\boldsymbol{p}_r)。\end{aligned}$$

所以定理 1 的结论成立。

证毕。

由以上讨论可得到求 n 阶矩阵 $\boldsymbol{A}$ 的特征值与特征向量的步骤:

(1)计算 $\boldsymbol{A}$ 的特征多项式 $f(\lambda)=|\boldsymbol{A}-\lambda\boldsymbol{E}|$;

(2)求出特征方程 $|\boldsymbol{A}-\lambda\boldsymbol{E}|=0$ 的全部根,也就是 $\boldsymbol{A}$ 的全部特征值 $\lambda_1,\lambda_2,\cdots,\lambda_n$(其中可能有重根或复根);

(3)对于每个特征值 λ_i,求出对应的齐次线性方程组 $(\boldsymbol{A}-\lambda_i\boldsymbol{E})\boldsymbol{x}=\boldsymbol{0}$ 的基础解系 $\boldsymbol{p}_{i1}$,$\boldsymbol{p}_{i2},\cdots,\boldsymbol{p}_{ir}$,则 $\boldsymbol{A}$ 的属于特征值 λ_i 的全部特征向量为 $k_1\boldsymbol{p}_{i1}+k_2\boldsymbol{p}_{i2}+\cdots+k_r\boldsymbol{p}_{ir}$,其中 k_1,$k_2,\cdots,k_r$ 不全为零。

例 1 求矩阵 $\boldsymbol{A}=\begin{pmatrix} 2 & 1 \\ 6 & 1 \end{pmatrix}$ 的特征值与特征向量。

解 $\boldsymbol{A}$ 的特征多项式为

$$|\boldsymbol{A}-\lambda\boldsymbol{E}|=\begin{vmatrix}2-\lambda & 1\\ 6 & 1-\lambda\end{vmatrix}=(\lambda-4)(\lambda+1),$$

所以 $\boldsymbol{A}$ 的特征值为 $\lambda_1=4,\lambda_2=-1$。

对于 $\lambda_1=4$，解齐次方程组 $(\boldsymbol{A}-4\boldsymbol{E})\boldsymbol{x}=\boldsymbol{0}$。由

$$\boldsymbol{A}-4\boldsymbol{E}=\begin{pmatrix}-2 & 1\\ 6 & -3\end{pmatrix}\to\begin{pmatrix}-2 & 1\\ 0 & 0\end{pmatrix},$$

得基础解系 $\boldsymbol{p}_1=(1,2)^{\mathrm{T}}$。

所以 $\boldsymbol{A}$ 的属于特征值 $\lambda_1=4$ 的全部特征向量为

$$k_1\boldsymbol{p}_1=k_1(1,2)^{\mathrm{T}}\quad(k_1\neq 0)。$$

对于 $\lambda_2=-1$，解齐次方程组 $(\boldsymbol{A}+\boldsymbol{E})\boldsymbol{x}=\boldsymbol{0}$。由

$$\boldsymbol{A}+\boldsymbol{E}=\begin{pmatrix}3 & 1\\ 6 & 2\end{pmatrix}\to\begin{pmatrix}3 & 1\\ 0 & 0\end{pmatrix},$$

得基础解系 $\boldsymbol{p}_2=(-1,3)^{\mathrm{T}}$。

所以 $\boldsymbol{A}$ 的属于特征值 $\lambda_2=-1$ 的全部特征向量为

$$k_2\boldsymbol{p}_2=k_2(-1,3)^{\mathrm{T}}\quad(k_2\neq 0)。$$

例 2 求矩阵 $\boldsymbol{A}=\begin{pmatrix}2 & 0 & -1\\ 1 & 2 & -1\\ 1 & 0 & 0\end{pmatrix}$ 的特征值与特征向量。

解 $\boldsymbol{A}$ 的特征多项式为

$$|\boldsymbol{A}-\lambda\boldsymbol{E}|=\begin{vmatrix}2-\lambda & 0 & -1\\ 1 & 2-\lambda & -1\\ 1 & 0 & -\lambda\end{vmatrix}=(2-\lambda)\begin{vmatrix}2-\lambda & -1\\ 1 & -\lambda\end{vmatrix}=(2-\lambda)(\lambda-1)^2,$$

所以 $\boldsymbol{A}$ 的特征值为 $\lambda_1=2,\lambda_2=\lambda_3=1$。

对于 $\lambda_1=2$，解齐次方程组 $(\boldsymbol{A}-2\boldsymbol{E})\boldsymbol{x}=\boldsymbol{0}$。由

$$\boldsymbol{A}-2\boldsymbol{E}=\begin{pmatrix}0 & 0 & -1\\ 1 & 0 & -1\\ 1 & 0 & -2\end{pmatrix}\to\begin{pmatrix}1 & 0 & 0\\ 0 & 0 & 1\\ 0 & 0 & 0\end{pmatrix},$$

得基础解系 $\boldsymbol{p}_1=(0,1,0)^{\mathrm{T}}$。

所以 $\boldsymbol{A}$ 的属于特征值 $\lambda_1=2$ 的全部特征向量为

$$k_1\boldsymbol{p}_1=k_1(0,1,0)^{\mathrm{T}}\quad(k_1\neq 0)。$$

对于 $\lambda_2=\lambda_3=1$，解齐次方程组 $(\boldsymbol{A}-\boldsymbol{E})\boldsymbol{x}=\boldsymbol{0}$。由

$$\boldsymbol{A}-\boldsymbol{E}=\begin{pmatrix}1 & 0 & -1\\ 1 & 1 & -1\\ 1 & 0 & -1\end{pmatrix}\to\begin{pmatrix}1 & 0 & -1\\ 0 & 1 & 0\\ 0 & 0 & 0\end{pmatrix}$$

得基础解系 $\boldsymbol{p}_2=(1,0,1)^{\mathrm{T}}$，

所以 $\boldsymbol{A}$ 的属于特征值 $\lambda_2=\lambda_3=1$ 的全部特征向量为

$$k_2\boldsymbol{p}_2=k_2(1,0,1)^{\mathrm{T}}\quad(k_2\neq 0)。$$

例 3　求矩阵 $\boldsymbol{A}=\begin{pmatrix}3&-1&-2\\2&0&-2\\2&-1&-1\end{pmatrix}$ 的特征值与特征向量。

解　$\boldsymbol{A}$ 的特征多项式为

$$|\boldsymbol{A}-\lambda\boldsymbol{E}|=\boldsymbol{A}=\begin{vmatrix}3-\lambda&-1&-2\\2&-\lambda&-2\\2&-1&-1-\lambda\end{vmatrix}=-\lambda(\lambda-1)^2,$$

所以 $\boldsymbol{A}$ 的特征值为 $\lambda_1=0,\lambda_2=\lambda_3=1$。

对于 $\lambda_1=0$，解齐次方程组 $(\boldsymbol{A}-0\boldsymbol{E})\boldsymbol{x}=\boldsymbol{0}$。由

$$\boldsymbol{A}-0\boldsymbol{E}=\boldsymbol{A}=\begin{pmatrix}3&-1&-2\\2&0&-2\\2&-1&-1\end{pmatrix}\rightarrow\begin{pmatrix}1&0&1\\0&1&-1\\0&0&0\end{pmatrix}$$

得基础解系 $\boldsymbol{p}_1=(1,-1,-1)^{\mathrm{T}}$。

所以 $\boldsymbol{A}$ 的属于特征值 $\lambda_1=0$ 的全部特征向量为

$$k_1\boldsymbol{p}_1=k_1(-1,1,1)^{\mathrm{T}}\quad(k_1\neq 0)。$$

对于 $\lambda_2=\lambda_3=1$，解齐次方程组 $(\boldsymbol{A}-\boldsymbol{E})\boldsymbol{x}=\boldsymbol{0}$。由

$$\boldsymbol{A}-\boldsymbol{E}=\begin{pmatrix}2&-1&-2\\2&-1&-2\\2&-1&-2\end{pmatrix}\rightarrow\begin{pmatrix}2&-1&-2\\0&0&0\\0&0&0\end{pmatrix}$$

得基础解系 $\boldsymbol{p}_2=(1,2,0)^{\mathrm{T}},\boldsymbol{p}_3=(1,0,1)^{\mathrm{T}}$。

所以 $\boldsymbol{A}$ 的属于特征值 $\lambda_2=\lambda_3=2$ 的全部特征向量为

$$k_2\boldsymbol{p}_2+k_3\boldsymbol{p}_3=k_2(1,2,0)^{\mathrm{T}}+k_3(1,0,1)^{\mathrm{T}}\quad(k_2,k_3\text{ 不全为零})。$$

二、特征值与特征向量的性质

性质 1　设 n 阶矩阵 $\boldsymbol{A}=(a_{ij})$ 的特征值为 $\lambda_1,\lambda_2,\cdots,\lambda_n$，则

(1)$\lambda_1+\lambda_2+\cdots+\lambda_n=a_{11}+a_{22}+\cdots+a_{nn}$，称 $a_{11}+a_{22}+\cdots+a_{nn}$ 为矩阵 $\boldsymbol{A}$ 的**迹**，记作 $\mathrm{tr}(\boldsymbol{A})$；

(2)$\lambda_1\lambda_2\cdots\lambda_n=|\boldsymbol{A}|$。

性质 1 不予证明。

由性质 1(2)可得到以下性质：

性质 2　矩阵 $\boldsymbol{A}$ 可逆的充分必要条件是 $\boldsymbol{A}$ 的任一个特征值都不为零。

例 4　已知向量 $\boldsymbol{p}=(1,1,1)^{\mathrm{T}}$ 是矩阵 $\boldsymbol{A}=\begin{pmatrix}1&0&1\\m&1&1\\n&1&0\end{pmatrix}$ 的属于特征值 λ_1 的特征向量，求

λ_1, m, n 及其他特征值。

解 由 $(\boldsymbol{A}-\lambda_1\boldsymbol{E})\boldsymbol{p}=\boldsymbol{0}$，即

$$\begin{pmatrix} 1-\lambda_1 & 0 & 1 \\ m & 1-\lambda_1 & 1 \\ n & 1 & -\lambda_1 \end{pmatrix}\begin{pmatrix} 1 \\ 1 \\ 1 \end{pmatrix}=\begin{pmatrix} 0 \\ 0 \\ 0 \end{pmatrix},$$

可得

$$\begin{cases} 1-\lambda_1+1 = 0, \\ m+1-\lambda_1+1=0, \\ n+1-\lambda_1 = 0。 \end{cases}$$

即

$$\begin{cases} \lambda_1=2, \\ m=0, \\ n=1。 \end{cases}$$

所以

$$矩阵 \boldsymbol{A}=\begin{pmatrix} 1 & 0 & 1 \\ 0 & 1 & 1 \\ 1 & 1 & 0 \end{pmatrix}。$$

设矩阵 $\boldsymbol{A}$ 的其他两个特征值为 λ_2, λ_3，有 $\begin{cases} 2+\lambda_2+\lambda_3=1+1+0, \\ 2\lambda_2\lambda_3=|\boldsymbol{A}|, \end{cases}$
而 $|\boldsymbol{A}|=-2$，知矩阵 $\boldsymbol{A}$ 的其他两个特征值分别为 $1,-1$。

性质 3 矩阵 $\boldsymbol{A}$ 与它的转置矩阵 $\boldsymbol{A}^{\mathrm{T}}$ 有相同的特征值。(此结论的证明留作习题)

性质 4 设 λ 是矩阵 $\boldsymbol{A}$ 的特征值，则

(1) λ^k 是 $\boldsymbol{A}^k$ 的特征值(k 为正整数)；

(2) λ^k+1 是 $\boldsymbol{A}^k+\boldsymbol{E}$ 的特征值；

(3) 当 $\boldsymbol{A}$ 可逆时，$\dfrac{1}{\lambda}$ 是 $\boldsymbol{A}^{-1}$ 的特征值。

证明 (1) 因为 λ 是 $\boldsymbol{A}$ 的特征值，所以存在非零向量 $\boldsymbol{p}$，使 $\boldsymbol{A}\boldsymbol{p}=\lambda\boldsymbol{p}$，由此有

$$\boldsymbol{A}^2\boldsymbol{p}=\boldsymbol{A}(\boldsymbol{A}\boldsymbol{p})=\boldsymbol{A}(\lambda\boldsymbol{p})=\lambda(\boldsymbol{A}\boldsymbol{p})=\lambda^2\boldsymbol{p}。$$

以此类推，得 $\boldsymbol{A}^k\boldsymbol{p}=\lambda^k\boldsymbol{p}$，所以 λ^k 是 $\boldsymbol{A}^k$ 的特征值。

(2) 由于 $\boldsymbol{A}^k\boldsymbol{p}=\lambda^k\boldsymbol{p}, \boldsymbol{E}\boldsymbol{p}=1\boldsymbol{p}$，
两式相加，得 $(\boldsymbol{A}^k+\boldsymbol{E})\boldsymbol{p}=(\lambda^k+1)\boldsymbol{p}$，
故 λ^k+1 是 $\boldsymbol{A}^k+\boldsymbol{E}$ 的特征值。

(3) 当 $\boldsymbol{A}$ 可逆时，由 $\boldsymbol{A}\boldsymbol{p}=\lambda\boldsymbol{p}$ 得 $\boldsymbol{p}=\lambda\boldsymbol{A}^{-1}\boldsymbol{p}$，
因为 $\boldsymbol{p}\neq\boldsymbol{0}$，所以 $\lambda\neq 0$，

从而得 $\boldsymbol{A}^{-1}\boldsymbol{p}=\frac{1}{\lambda}\boldsymbol{p}$，

所以$\frac{1}{\lambda}$是 $\boldsymbol{A}^{-1}$ 的特征值。证毕。

一般的，设 $\varphi(\boldsymbol{A})=a_0\boldsymbol{E}+a_1\boldsymbol{A}+a_2\boldsymbol{A}^2+\cdots+a_m\boldsymbol{A}^m$。若 λ 是 $\boldsymbol{A}$ 的特征值，$\boldsymbol{p}$ 为 $\boldsymbol{A}$ 的属于特征值 λ 的特征向量，因为

$$\begin{aligned}\varphi(\boldsymbol{A})\boldsymbol{p}&=(a_0\boldsymbol{E}+a_1\boldsymbol{A}+a_2\boldsymbol{A}^2+\cdots+a_m\boldsymbol{A}^m)\boldsymbol{p}\\&=a_0\boldsymbol{p}+a_1\boldsymbol{A}\boldsymbol{p}+a_2\boldsymbol{A}^2\boldsymbol{p}+\cdots+a_m\boldsymbol{A}^m\boldsymbol{p}\\&=a_0\boldsymbol{p}+a_1\lambda\boldsymbol{p}+a_2\lambda^2\boldsymbol{p}+\cdots+a_m\lambda^m\boldsymbol{p}\\&=(a_0+a_1\lambda+a_2\lambda^2+\cdots+a_m\lambda^m)\boldsymbol{p},\end{aligned}$$

所以 $\varphi(\lambda)=a_0+a_1\lambda+a_2\lambda^2+\cdots+a_m\lambda^m$ 是矩阵 $\varphi(\boldsymbol{A})$的特征值。

类似可推出：

当 $\boldsymbol{A}$ 可逆时，设 $\varphi(\boldsymbol{A})=b_1\boldsymbol{A}^{-1}+b_2\boldsymbol{A}^{-2}+\cdots+b_k\boldsymbol{A}^{-k}+a_0\boldsymbol{E}+a_1\boldsymbol{A}+a_2\boldsymbol{A}^2+\cdots+a_m\boldsymbol{A}^m$ (k,m 为正整数)，若 λ 是 $\boldsymbol{A}$ 的特征值，则 $\varphi(\lambda)$是 $\varphi(\boldsymbol{A})$的特征值。

例 5　设矩阵 $\boldsymbol{A}$ 为 2 阶矩阵，且 $|3\boldsymbol{E}-\boldsymbol{A}|=0$，$|4\boldsymbol{E}+\boldsymbol{A}|=0$，求矩阵 $\boldsymbol{A}$ 的行列式 $|\boldsymbol{A}|$。

解　矩阵 $\boldsymbol{A}$ 为 2 阶矩阵，可知 $\boldsymbol{A}$ 有两个特征值。

再由题设，有

$$|\boldsymbol{A}-3\boldsymbol{E}|=0,\ |\boldsymbol{A}-(-4\boldsymbol{E})|=0,$$

根据特征值的定义，知矩阵 $\boldsymbol{A}$ 的特征值分别为 $3,-4$。

所以

$$|\boldsymbol{A}|=3\times(-4)=-12。$$

例 6　设 3 阶矩阵 $\boldsymbol{A}$ 的特征值为 1，2，3，求矩阵 $2\boldsymbol{A}^2+3\boldsymbol{A}^*-2\boldsymbol{E}$ 的特征值及行列式 $|2\boldsymbol{A}^2+3\boldsymbol{A}^*-2\boldsymbol{E}|$。

解　由矩阵 $\boldsymbol{A}$ 的特征值全不为零，知 $\boldsymbol{A}$ 可逆，故 $\boldsymbol{A}^*=|\boldsymbol{A}|\boldsymbol{A}^{-1}$，而

$$|\boldsymbol{A}|=\lambda_1\lambda_2\lambda_3=6,$$

有

$$\boldsymbol{A}^*=|\boldsymbol{A}|\boldsymbol{A}^{-1}=6\boldsymbol{A}^{-1}。$$

所以

$$2\boldsymbol{A}^2+3\boldsymbol{A}^*-2\boldsymbol{E}=2\boldsymbol{A}^2+18\boldsymbol{A}^{-1}-2\boldsymbol{E},$$

因此 $2\boldsymbol{A}^2+3\boldsymbol{A}^*-2\boldsymbol{E}$ 的特征值分别为(令 $\varphi(\lambda)=2\lambda^2+18\lambda^{-1}-2$)：

$$\varphi(1)=2\times1^2+18\times1^{-1}-2=18,$$

$$\varphi(2)=2\times2^2+18\times2^{-1}-2=15,$$

$$\varphi(3)=2\times3^2+18\times3^{-1}-2=22。$$

所以

$$|2\boldsymbol{A}^2+3\boldsymbol{A}^*-2\boldsymbol{E}|=\varphi(1)\varphi(2)\varphi(3)=18\times15\times22=5940。$$

定理 2 设 $\lambda_1,\lambda_2,\cdots,\lambda_m$ 是矩阵 $\boldsymbol{A}$ 的 m 个互不相同的特征值，$\boldsymbol{p}_1,\boldsymbol{p}_2,\cdots,\boldsymbol{p}_m$ 是 $\boldsymbol{A}$ 的分别属于特征值 $\lambda_1,\lambda_2,\cdots,\lambda_m$ 的特征向量，则 $\boldsymbol{p}_1,\boldsymbol{p}_2,\cdots,\boldsymbol{p}_m$ 线性无关。

证明 用数学归纳法。

当 $m=1$ 时，因 $\boldsymbol{A}$ 的属于特征值 λ_1 的特征向量 $\boldsymbol{p}_1\neq\boldsymbol{0}$，则 $\boldsymbol{p}_1$ 线性无关。

假设结论对于 $m=s-1$ 成立，只需证明结论对于 $m=s$ 成立。设

$$k_1\boldsymbol{p}_1+k_2\boldsymbol{p}_2+\cdots+k_s\boldsymbol{p}_s=\boldsymbol{0}, \qquad ①$$

用矩阵 $\boldsymbol{A}$ 左乘上式两端，有

$$k_1\boldsymbol{A}\boldsymbol{p}_1+k_2\boldsymbol{A}\boldsymbol{p}_2+\cdots+k_s\boldsymbol{A}\boldsymbol{p}_s=\boldsymbol{0},$$

即

$$k_1\lambda_1\boldsymbol{p}_1+k_2\lambda_2\boldsymbol{p}_2+\cdots+k_s\lambda_s\boldsymbol{p}_s=\boldsymbol{0}, \qquad ②$$

②$-\lambda_s\times$①，有

$$k_1(\lambda_1-\lambda_s)\boldsymbol{p}_1+k_2(\lambda_2-\lambda_s)\boldsymbol{p}_2+\cdots+k_{s-1}(\lambda_{s-1}-\lambda_s)\boldsymbol{p}_{s-1}=\boldsymbol{0}$$

由假设 $\boldsymbol{p}_1,\boldsymbol{p}_2,\cdots,\boldsymbol{p}_{s-1}$ 线性无关，有

$$\begin{cases}k_1(\lambda_1-\lambda_s)=0,\\ k_2(\lambda_2-\lambda_s)=0,\\ \qquad\cdots\cdots\\ k_{s-1}(\lambda_{s-1}-\lambda_s)=0,\end{cases}$$

而 $\lambda_1,\lambda_2,\cdots,\lambda_m$ 互不相同，有

$$k_1=k_2=\cdots=k_{s-1}=0, \qquad ③$$

将③式代入①，有 $k_s\boldsymbol{p}_s=\boldsymbol{0}$，而 $\boldsymbol{p}_s\neq\boldsymbol{0}$，得 $k_s=0$。

故 $\boldsymbol{p}_1,\boldsymbol{p}_2,\cdots,\boldsymbol{p}_s$ 线性无关。由数学归纳法知 $\boldsymbol{p}_1,\boldsymbol{p}_2,\cdots,\boldsymbol{p}_m$ 线性无关。证毕。

类似可证明以下定理：

定理 3 设 λ_1,λ_2 是矩阵 $\boldsymbol{A}$ 的两个不同的特征值，$\boldsymbol{p}_1,\boldsymbol{p}_2,\cdots,\boldsymbol{p}_s$ 是 $\boldsymbol{A}$ 的属于特征值 λ_1 的线性无关的特征向量，$\boldsymbol{q}_1,\boldsymbol{q}_2,\cdots,\boldsymbol{q}_t$ 是 $\boldsymbol{A}$ 的属于特征值 λ_2 的线性无关的特征向量，则 $\boldsymbol{p}_1,\boldsymbol{p}_2,\cdots,\boldsymbol{p}_s,\boldsymbol{q}_1,\boldsymbol{q}_2,\cdots,\boldsymbol{q}_t$ 线性无关。

此结论对于矩阵 $\boldsymbol{A}$ 的 $m(m\geqslant2)$ 个不同的特征值的情形也成立。

如：在本节例 3 中，$\boldsymbol{p}_1=(1,-1,-1)^{\mathrm{T}}$ 是矩阵 $\boldsymbol{A}$ 的属于特征值 $\lambda_1=0$ 的特征向量，$\boldsymbol{p}_2=(1,2,0)^{\mathrm{T}},\boldsymbol{p}_3=(1,0,1)^{\mathrm{T}}$ 是属于特征值 $\lambda_2=\lambda_3=2$ 的线性无关的特征向量，则向量组 $\boldsymbol{p}_1,\boldsymbol{p}_2,\boldsymbol{p}_3$ 是线性无关的。

第三节 相似矩阵与矩阵相似对角化

一、相似矩阵的概念

定义 设 $\boldsymbol{A},\boldsymbol{B}$ 为 n 阶矩阵，若存在可逆矩阵 $\boldsymbol{P}$，使得 $\boldsymbol{P}^{-1}\boldsymbol{A}\boldsymbol{P}=\boldsymbol{B}$，则称矩阵 $\boldsymbol{A}$ 与 $\boldsymbol{B}$ 相

似，或称矩阵 $\boldsymbol{B}$ 是 $\boldsymbol{A}$ 的**相似矩阵**，记作 $\boldsymbol{A}\sim\boldsymbol{B}$。对 $\boldsymbol{A}$ 进行 $\boldsymbol{P}^{-1}\boldsymbol{AP}$ 运算称为对矩阵 $\boldsymbol{A}$ 进行**相似变换**，其中 $\boldsymbol{P}$ 称为把矩阵 $\boldsymbol{A}$ 变为 $\boldsymbol{B}$ 的**相似变换矩阵**。

由定义知，n 阶矩阵 $\boldsymbol{A},\boldsymbol{B},\boldsymbol{C}$ 的相似关系具有以下性质：

(1)反身性：$\boldsymbol{A}\sim\boldsymbol{A}$。

事实上，$\boldsymbol{E}^{-1}\boldsymbol{AE}=\boldsymbol{A}$。

(2)对称性：若 $\boldsymbol{A}\sim\boldsymbol{B}$，则 $\boldsymbol{B}\sim\boldsymbol{A}$。

事实上，由已知，存在 n 阶可逆阵 $\boldsymbol{P}$，有 $\boldsymbol{P}^{-1}\boldsymbol{AP}=\boldsymbol{B}$，可得
$\boldsymbol{A}=\boldsymbol{PBP}^{-1}=(\boldsymbol{P}^{-1})^{-1}\boldsymbol{BP}^{-1}$。

(3)传递性：若 $\boldsymbol{A}\sim\boldsymbol{B},\boldsymbol{B}\sim\boldsymbol{C}$，则 $\boldsymbol{A}\sim\boldsymbol{C}$。

事实上，由已知，存在 n 阶可逆阵 $\boldsymbol{P},\boldsymbol{Q}$，有 $\boldsymbol{P}^{-1}\boldsymbol{AP}=\boldsymbol{B},\boldsymbol{Q}^{-1}\boldsymbol{BQ}=\boldsymbol{C}$，可得
$\boldsymbol{C}=\boldsymbol{Q}^{-1}\boldsymbol{P}^{-1}\boldsymbol{APQ}=(\boldsymbol{PQ})^{-1}\boldsymbol{A}(\boldsymbol{PQ})$。

定理 1　若矩阵 $\boldsymbol{A}\sim\boldsymbol{B}$，则

(1) $|\boldsymbol{A}|=|\boldsymbol{B}|$；

(2) $\boldsymbol{A}$ 与 $\boldsymbol{B}$ 有相同的特征多项式，从而 $\boldsymbol{A}$ 与 $\boldsymbol{B}$ 有相同的特征值和相同的迹。

证明　(1)因为 $\boldsymbol{A}$ 与 $\boldsymbol{B}$ 相似，所以存在可逆阵 $\boldsymbol{P}$，使 $\boldsymbol{P}^{-1}\boldsymbol{AP}=\boldsymbol{B}$。
所以有

$$|\boldsymbol{B}|=|\boldsymbol{P}^{-1}\boldsymbol{AP}|=|\boldsymbol{P}^{-1}|\cdot|\boldsymbol{A}|\cdot|\boldsymbol{P}|=|\boldsymbol{A}|。$$

(2)由 $\boldsymbol{A}$ 与 $\boldsymbol{B}$ 相似，知存在可逆阵 $\boldsymbol{P}$，使 $\boldsymbol{P}^{-1}\boldsymbol{AP}=\boldsymbol{B}$。
有

$$\begin{aligned}|\boldsymbol{B}-\lambda\boldsymbol{E}|&=|\boldsymbol{P}^{-1}\boldsymbol{AP}-\boldsymbol{P}^{-1}(\lambda\boldsymbol{E})\boldsymbol{P}|=|\boldsymbol{P}^{-1}(\boldsymbol{A}-\lambda\boldsymbol{E})\boldsymbol{P}|\\&=|\boldsymbol{P}^{-1}|\cdot|\boldsymbol{A}-\lambda\boldsymbol{E}|\cdot|\boldsymbol{P}|=|\boldsymbol{A}-\lambda\boldsymbol{E}|,\end{aligned}$$

所以 $\boldsymbol{A}$ 与 $\boldsymbol{B}$ 有相同的特征多项式，从而 $\boldsymbol{A}$ 与 $\boldsymbol{B}$ 有相同的特征值和相同的迹。

证毕。

注意　①由 $\boldsymbol{A}\sim\boldsymbol{B}$，知 $\boldsymbol{A}$ 与 $\boldsymbol{B}$ 有相同的特征值，但对应的特征向量不一定相同。

②由 $\boldsymbol{A},\boldsymbol{B}$ 有相同的特征值推不出 $\boldsymbol{A}$ 与 $\boldsymbol{B}$ 相似。但是：如果 $\boldsymbol{A},\boldsymbol{B}$ 均是对称矩阵，且有相同的特征值，那么 $\boldsymbol{A}$ 与 $\boldsymbol{B}$ 相似。(此结论留作下一节习题)

推论　若 n 阶矩阵 $\boldsymbol{A}$ 与对角矩阵

$$\boldsymbol{\Lambda}=\begin{pmatrix}\lambda_1&&&\\&\lambda_2&&\\&&\ddots&\\&&&\lambda_n\end{pmatrix}$$

相似，则 $\lambda_1,\lambda_2,\cdots,\lambda_n$ 是 $\boldsymbol{A}$ 的 n 个特征值。

证明　因为 $\lambda_1,\lambda_2,\cdots,\lambda_n$ 是对角矩阵 $\boldsymbol{\Lambda}$ 的特征值，由定理 1 知，$\lambda_1,\lambda_2,\cdots,\lambda_n$ 也是矩阵 $\boldsymbol{A}$ 的特征值。证毕。

推论表明，如果矩阵 $\boldsymbol{A}$ 能与对角矩阵 $\boldsymbol{\Lambda}$ 相似，那么 $\boldsymbol{\Lambda}$ 的主对角线上元素 $\lambda_1,\lambda_2,\cdots,\lambda_n$ 必然是 $\boldsymbol{A}$ 的特征值。

例 1 设矩阵 $A=\begin{pmatrix}-1&1&0\\-4&3&0\\1&0&2\end{pmatrix}$，且 $A\sim B$，求

(1) $|B^{-1}|$；

(2) B^{-1} 的特征值。

解 (1) $|A|=\begin{vmatrix}-1&1&0\\-4&3&0\\1&0&2\end{vmatrix}=2$，

由 $A\sim B$，知 $|B|=|A|=2$，于是 $|B^{-1}|=\dfrac{1}{|B|}=\dfrac{1}{2}$。

(2) $|A-\lambda E|=\begin{vmatrix}-1-\lambda&1&0\\-4&3-\lambda&0\\1&0&2-\lambda\end{vmatrix}=(2-\lambda)(\lambda-1)^2$，

可得 A 的特征值为 2,1,1。

由定理 1 知 B 的特征值为 2,1,1，所以 B^{-1} 的特征值为$\dfrac{1}{2}$,1,1。

定理 2 若矩阵 $A\sim B$，则 $A^m\sim B^m$（m 为正整数）。

定理 3 若矩阵 $A\sim B$，则 A，B 或都可逆，或都不可逆。当 A，B 都可逆时，其逆矩阵也相似。

定理 2、定理 3 的证明留作习题。

二、矩阵相似对角化的条件

设 A 为 n 阶矩阵，若 A 与对角矩阵相似，即有可逆矩阵 P，使得 $P^{-1}AP$ 为对角矩阵，则称 A **可对角化**。下面讨论：对已知 n 阶矩阵 A，能否对角化？即是否存在可逆阵 P，使得 $P^{-1}AP$ 为对角矩阵。

假设矩阵 A 与对角矩阵 $\Lambda=\begin{pmatrix}\lambda_1&&&\\&\lambda_2&&\\&&\ddots&\\&&&\lambda_n\end{pmatrix}$ 相似，则存在可逆矩阵 P，使得

$$P^{-1}AP=\begin{pmatrix}\lambda_1&&&\\&\lambda_2&&\\&&\ddots&\\&&&\lambda_n\end{pmatrix}$$

有
$$\boldsymbol{AP}=\boldsymbol{P}\begin{pmatrix}\lambda_1 & & & \\ & \lambda_2 & & \\ & & \ddots & \\ & & & \lambda_n\end{pmatrix},$$
令 $\boldsymbol{P}=(\boldsymbol{p}_1,\boldsymbol{p}_2,\cdots,\boldsymbol{p}_n)$，代入上式，有
$$\begin{aligned}\boldsymbol{A}(\boldsymbol{p}_1,\boldsymbol{p}_2,\cdots,\boldsymbol{p}_n)&=(\boldsymbol{A}\boldsymbol{p}_1,\boldsymbol{A}\boldsymbol{p}_2,\cdots,\boldsymbol{A}\boldsymbol{p}_n)\\&=(\boldsymbol{p}_1,\boldsymbol{p}_2,\cdots,\boldsymbol{p}_n)\begin{pmatrix}\lambda_1 & & & \\ & \lambda_2 & & \\ & & \ddots & \\ & & & \lambda_n\end{pmatrix}\\&=(\lambda_1\boldsymbol{p}_1,\lambda_2\boldsymbol{p}_2,\cdots,\lambda_n\boldsymbol{p}_n),\end{aligned}$$
可得
$$\boldsymbol{A}\boldsymbol{p}_1=\lambda_1\boldsymbol{p}_1,\boldsymbol{A}\boldsymbol{p}_2=\lambda_2\boldsymbol{p}_2,\cdots,\boldsymbol{A}\boldsymbol{p}_n=\lambda_n\boldsymbol{p}_n,$$
由此可得 $\boldsymbol{P}$ 的列向量 $\boldsymbol{p}_i$ 是 $\boldsymbol{A}$ 的与 λ_i 对应的特征向量。

再由 $\boldsymbol{P}$ 可逆，有 $\boldsymbol{p}_1,\boldsymbol{p}_2,\cdots,\boldsymbol{p}_n$ 线性无关。

反之，设 $\boldsymbol{A}$ 有 n 个线性无关的特征向量 $\boldsymbol{p}_1,\boldsymbol{p}_2,\cdots,\boldsymbol{p}_n$，与之对应的特征值分别为 $\lambda_1,\lambda_2,\cdots,\lambda_n$，则有
$$\boldsymbol{A}\boldsymbol{p}_1=\lambda_1\boldsymbol{p}_1,\boldsymbol{A}\boldsymbol{p}_2=\lambda_2\boldsymbol{p}_2,\cdots,\boldsymbol{A}\boldsymbol{p}_n=\lambda_n\boldsymbol{p}_n。$$

以 $\boldsymbol{p}_1,\boldsymbol{p}_2,\cdots,\boldsymbol{p}_n$ 为列向量构造矩阵 $\boldsymbol{P}$，即 $\boldsymbol{P}=(\boldsymbol{p}_1,\boldsymbol{p}_2,\cdots,\boldsymbol{p}_n)$（因特征向量 $\boldsymbol{p}_1,\boldsymbol{p}_2,\cdots,\boldsymbol{p}_n$ 的取法不唯一，故矩阵 $\boldsymbol{P}$ 也不唯一）。

因为 $\boldsymbol{p}_1,\boldsymbol{p}_2,\cdots,\boldsymbol{p}_n$ 线性无关，所以 $\boldsymbol{P}$ 可逆。

又由
$$\begin{aligned}\boldsymbol{AP}=\boldsymbol{A}(\boldsymbol{p}_1,\boldsymbol{p}_2,\cdots,\boldsymbol{p}_n)&=(\boldsymbol{A}\boldsymbol{p}_1,\boldsymbol{A}\boldsymbol{p}_2,\cdots,\boldsymbol{A}\boldsymbol{p}_n)\\&=(\lambda_1\boldsymbol{p}_1,\lambda_2\boldsymbol{p}_2,\cdots,\lambda_n\boldsymbol{p}_n)\\&=(\boldsymbol{p}_1,\boldsymbol{p}_2,\cdots,\boldsymbol{p}_n)\begin{pmatrix}\lambda_1 & & & \\ & \lambda_2 & & \\ & & \ddots & \\ & & & \lambda_n\end{pmatrix}\\&=\boldsymbol{P}\begin{pmatrix}\lambda_1 & & & \\ & \lambda_2 & & \\ & & \ddots & \\ & & & \lambda_n\end{pmatrix},\end{aligned}$$
得
$$\boldsymbol{P}^{-1}\boldsymbol{AP}=\begin{pmatrix}\lambda_1 & & & \\ & \lambda_2 & & \\ & & \ddots & \\ & & & \lambda_n\end{pmatrix},$$

即 $\boldsymbol{A}$ 与对角矩阵相似。故得到以下定理。

定理 4 n 阶矩阵 $\boldsymbol{A}$ 与对角矩阵相似的充分必要条件是 $\boldsymbol{A}$ 有 n 个线性无关的特征向量。

推论 若 n 阶矩阵 $\boldsymbol{A}$ 的 n 个特征值互不相同，则 $\boldsymbol{A}$ 与对角矩阵相似。

当 n 阶矩阵 $\boldsymbol{A}$ 的特征值中有重根时，就不一定有 n 个线性无关的特征向量，$\boldsymbol{A}$ 就不一定能对角化。如本章第二节中例 3 的矩阵能对角化，但例 2 中的矩阵就不能对角化。

由定理 4，结合第二节定理 3 的结论，不难得出以下定理。

定理 5 n 阶矩阵 $\boldsymbol{A}$ 与对角矩阵相似的充分必要条件是对于 $\boldsymbol{A}$ 的每一个 n_i 重特征值 λ_i，对应的特征矩阵 $\boldsymbol{A}-\lambda_i\boldsymbol{E}$ 的秩 $R(\boldsymbol{A}-\lambda_i\boldsymbol{E})=n-n_i$。

如本章第二节例 3 中，3 阶矩阵 $\boldsymbol{A}$ 的 2 重特征值 1 对应的特征矩阵 $A-E$，秩 $R(A-E)=3-2=1$，所以 $\boldsymbol{A}$ 与对角矩阵相似。

另一方面，如果 $\boldsymbol{A}$ 与对角矩阵 $\boldsymbol{\Lambda}=\begin{pmatrix}\lambda_1 & & & \\ & \lambda_2 & & \\ & & \ddots & \\ & & & \lambda_n\end{pmatrix}$ 相似，则存在可逆阵 $\boldsymbol{P}$，使

$$\boldsymbol{P}^{-1}\boldsymbol{A}\boldsymbol{P}=\boldsymbol{\Lambda}=\begin{pmatrix}\lambda_1 & & & \\ & \lambda_2 & & \\ & & \ddots & \\ & & & \lambda_n\end{pmatrix},$$

则

$$\boldsymbol{A}=\boldsymbol{P}\begin{pmatrix}\lambda_1 & & & \\ & \lambda_2 & & \\ & & \ddots & \\ & & & \lambda_n\end{pmatrix}\boldsymbol{P}^{-1}=\boldsymbol{P}\boldsymbol{\Lambda}\boldsymbol{P}^{-1},$$

有

$$\boldsymbol{A}^k=\boldsymbol{P}\boldsymbol{\Lambda}^k\boldsymbol{P}^{-1}=\boldsymbol{P}\begin{pmatrix}\lambda_1^k & & & \\ & \lambda_2^k & & \\ & & \ddots & \\ & & & \lambda_n^k\end{pmatrix}\boldsymbol{P}^{-1},$$

上式是计算 $\boldsymbol{A}^k$ 的一个简便方法。

例 2 设

$$\boldsymbol{A}=\begin{pmatrix}2 & 0 & 0\\ 1 & 2 & -1\\ 1 & 0 & 1\end{pmatrix},$$

请解决以下问题：

(1)$\boldsymbol{A}$ 能否对角化？如能，求出将 $\boldsymbol{A}$ 对角化的相似变换矩阵 $\boldsymbol{P}$，并基于 $\boldsymbol{P}$ 写出 $\boldsymbol{A}$ 的对角化结果；

(2)求 $\boldsymbol{A}^{1000}$。

解　(1)由

$$|\boldsymbol{A}-\lambda\boldsymbol{E}|=\begin{vmatrix}2-\lambda & 0 & 0\\ 1 & 2-\lambda & -1\\ 1 & 0 & 1-\lambda\end{vmatrix}=(2-\lambda)^2(1-\lambda),$$

所以 $\boldsymbol{A}$ 的特征值为 $\lambda_1=\lambda_2=2,\lambda_3=1$。

对于 $\lambda_1=\lambda_2=2$ 时，解方程组 $(\boldsymbol{A}-2\boldsymbol{E})\boldsymbol{x}=\boldsymbol{0}$，得其基础解系

$$\boldsymbol{p}_1=(1,0,1)^{\mathrm{T}},\boldsymbol{p}_2=(0,1,0)^{\mathrm{T}}。$$

对于 $\lambda_3=1$ 时，解 $(\boldsymbol{A}-\boldsymbol{E})\boldsymbol{x}=\boldsymbol{0}$，得其基础解系

$$\boldsymbol{p}_3=(0,1,1)^{\mathrm{T}}。$$

所以 3 阶矩阵 $\boldsymbol{A}$ 有 3 个线性无关的特征向量 $\boldsymbol{p}_1,\boldsymbol{p}_2,\boldsymbol{p}_3$，故 $\boldsymbol{A}$ 能对角化。令

$$\boldsymbol{P}=(\boldsymbol{p}_1,\boldsymbol{p}_2,\boldsymbol{p}_3)=\begin{pmatrix}1 & 0 & 0\\ 0 & 1 & 1\\ 1 & 0 & 1\end{pmatrix},$$

则有

$$\boldsymbol{P}^{-1}\boldsymbol{A}\boldsymbol{P}=\boldsymbol{\Lambda}=\begin{pmatrix}2 & & \\ & 2 & \\ & & 1\end{pmatrix}。$$

因此可取将 $\boldsymbol{A}$ 对角化的相似变换矩阵 $\boldsymbol{P}=\begin{pmatrix}1 & 0 & 0\\ 0 & 1 & 1\\ 1 & 0 & 1\end{pmatrix}$，此时 $\boldsymbol{A}$ 的对角化结果为

$$\boldsymbol{\Lambda}=\begin{pmatrix}2 & & \\ & 2 & \\ & & 1\end{pmatrix}。$$

注：上式中对角矩阵 $\boldsymbol{\Lambda}$ 的对角元的排列顺序要与相似变换矩阵 $\boldsymbol{P}$ 的列向量的排列顺序一致。

(2)下面利用式 $\boldsymbol{P}^{-1}\boldsymbol{A}\boldsymbol{P}=\boldsymbol{\Lambda}$，求 $\boldsymbol{A}^{1000}$。

因 $\boldsymbol{P}^{-1}\boldsymbol{A}\boldsymbol{P}=\boldsymbol{\Lambda}$，有 $\boldsymbol{A}=\boldsymbol{P}\boldsymbol{\Lambda}\boldsymbol{P}^{-1}$，则

$$\boldsymbol{A}^{1000}=\boldsymbol{P}\boldsymbol{\Lambda}^{1000}\boldsymbol{P}^{-1}=\boldsymbol{P}\begin{pmatrix}2^{1000} & & \\ & 2^{1000} & \\ & & 1\end{pmatrix}\boldsymbol{P}^{-1}$$

$$=\begin{pmatrix}1&0&0\\0&1&1\\1&0&1\end{pmatrix}\begin{pmatrix}2^{1000}&&\\&2^{1000}&\\&&1\end{pmatrix}\begin{pmatrix}1&0&0\\1&1&-1\\-1&0&1\end{pmatrix}$$

$$=\begin{pmatrix}2^{1000}&0&0\\0&2^{1000}&1\\2^{1000}&0&1\end{pmatrix}\begin{pmatrix}1&0&0\\1&1&-1\\-1&0&1\end{pmatrix}$$

$$=\begin{pmatrix}2^{1000}&0&0\\2^{1000}-1&2^{1000}&-2^{1000}+1\\2^{1000}-1&0&1\end{pmatrix}。$$

从上例可以看出，如果方阵 $\boldsymbol{A}$ 能对角化，则可利用对角矩阵的特殊运算性质简化 $\boldsymbol{A}^n$ 的计算过程。

例 3 设

$$\boldsymbol{A}=\begin{pmatrix}-2&0&1\\0&2&k\\-4&0&3\end{pmatrix},$$

问：常数 k 为何值时，矩阵 $\boldsymbol{A}$ 可对角化？

解 因为

$$|\boldsymbol{A}-\lambda\boldsymbol{E}|=\begin{vmatrix}-2-\lambda&0&1\\0&2-\lambda&k\\-4&0&3-\lambda\end{vmatrix}=(2-\lambda)\begin{vmatrix}-2-\lambda&1\\-4&3-\lambda\end{vmatrix}=-(2-\lambda)^2(\lambda+1),$$

所以 $\boldsymbol{A}$ 的特征值为 $\lambda_1=-1,\lambda_2=\lambda_3=2$。

由定理 5，矩阵 $\boldsymbol{A}$ 可对角化的充分必要条件是对应于 $\lambda_2=\lambda_3=2$，$\boldsymbol{A}$ 应有两个线性无关的特征向量，即方程组 $(\boldsymbol{A}-2\boldsymbol{E})\boldsymbol{x}=\boldsymbol{0}$ 的基础解系中有两个向量，须 $R(\boldsymbol{A}-2\boldsymbol{E})=3-2=1$。由

$$\boldsymbol{A}-2\boldsymbol{E}=\begin{pmatrix}-4&0&1\\0&0&k\\-4&0&1\end{pmatrix}\to\begin{pmatrix}-4&0&1\\0&0&k\\0&0&0\end{pmatrix}$$

知，当且仅当 $k=0$，$R(\boldsymbol{A}-2\boldsymbol{E})=1$。

故当且仅当 $k=0$ 时，$\boldsymbol{A}$ 可对角化。

例 4 设 3 阶矩阵 $\boldsymbol{A}$ 的特征值为 2，2，6，对应的特征向量依次为 $\boldsymbol{p}_1=(-1,1,0)^{\mathrm{T}}$，$\boldsymbol{p}_2=(1,0,1)^{\mathrm{T}}$，$\boldsymbol{p}_3=(1,-2,3)^{\mathrm{T}}$，求矩阵 $\boldsymbol{A}$。

解 令 $\boldsymbol{\Lambda}=\begin{pmatrix}2&&\\&2&\\&&6\end{pmatrix}$，$\boldsymbol{P}=(\boldsymbol{p}_1,\boldsymbol{p}_2,\boldsymbol{p}_3)=\begin{pmatrix}-1&1&1\\1&0&-2\\0&1&3\end{pmatrix}$，

由题意，可知 $\boldsymbol{P}$ 可逆，且 $\boldsymbol{P}^{-1}\boldsymbol{A}\boldsymbol{P}=\boldsymbol{\Lambda}$，则 $\boldsymbol{A}=\boldsymbol{P}\boldsymbol{\Lambda}\boldsymbol{P}^{-1}$，而

$$P^{-1}=\begin{pmatrix}-\frac{1}{2}&\frac{1}{2}&\frac{1}{2}\\\frac{3}{4}&\frac{3}{4}&\frac{1}{4}\\-\frac{1}{4}&-\frac{1}{4}&\frac{1}{4}\end{pmatrix},$$

所以

$$A=\begin{pmatrix}-1&1&1\\1&0&-2\\0&1&3\end{pmatrix}\begin{pmatrix}2&&\\&2&\\&&6\end{pmatrix}\begin{pmatrix}-\frac{1}{2}&\frac{1}{2}&\frac{1}{2}\\\frac{3}{4}&\frac{3}{4}&\frac{1}{4}\\-\frac{1}{4}&-\frac{1}{4}&\frac{1}{4}\end{pmatrix}=\begin{pmatrix}1&-1&1\\2&4&-2\\-3&-3&5\end{pmatrix}。$$

第四节　实对称矩阵的相似对角化

若对称矩阵的所有元素都为实数,则称之为**实对称矩阵**。本节将介绍实对称矩阵在特征值、特征向量以及相似对角化等方面的一些常用结论。

一、实对称矩阵的特征值与特征向量的性质

定理 1　实对称矩阵的特征值必为实数。

为方便定理 1 的证明,做出如下符号约定:

(1)$\overline{A}$:A 中各元均置换为其共轭复数后所得矩阵;

(2)$\overline{x}$:x 中各元均置换为其共轭复数后所得向量,类似理解$\overline{Ax}$ 和$\overline{\lambda x}$;

(3)$\overline{\lambda}$:λ 的共轭复数;

(4)$|x_i|$:复数 x_i 的模。

基于上述符号约定,可得定理 1 的证明过程如下:

* **证明**　设 λ 是实对称矩阵 A 在复数域上的一个特征值,对应的特征向量为 x,则

$$Ax=\lambda x(x\neq 0)。$$

上式两边取共轭,有$\overline{Ax}=\overline{\lambda x}$,即 $\overline{A}\,\overline{x}=\overline{\lambda}\,\overline{x}$。

因为 A 的元素均为实数,所以 $\overline{A}=A$,从而有

$$A\overline{x}=\overline{\lambda}\,\overline{x}。$$

上式两边同时取其转置矩阵,有 $\overline{x}^{\mathrm{T}}A=\overline{\lambda}\,\overline{x}^{\mathrm{T}}$。

上式两边右乘 x,得 $\overline{x}^{\mathrm{T}}Ax=\overline{x}^{\mathrm{T}}(Ax)=\overline{x}^{\mathrm{T}}(\lambda x)=\lambda(\overline{x}^{\mathrm{T}}x)=\overline{\lambda}\,\overline{x}^{\mathrm{T}}x$。

所以有$(\lambda-\overline{\lambda})\overline{x}^{\mathrm{T}}x=0$。

由 $x\neq 0$,有

$$\overline{\boldsymbol{x}}^{\mathrm{T}}\boldsymbol{x}=(\overline{x}_1,\overline{x}_2,\cdots,\overline{x}_n)\begin{pmatrix}x_1\\x_2\\\vdots\\x_n\end{pmatrix}=\sum_{i=1}^{n}\overline{x}_i x_i=\sum_{i=1}^{n}|x_i|^2\neq 0。$$

故 $\overline{\lambda}=\lambda$，说明 λ 为实数。证毕。

定理 2　设 λ_1,λ_2 是实对称矩阵 $\boldsymbol{A}$ 的两个不同的特征值，$\boldsymbol{p}_1,\boldsymbol{p}_2$ 为对应的特征向量，则 $\boldsymbol{p}_1$ 与 $\boldsymbol{p}_2$ 正交。

证明　由定理 2 的条件可知

$$\boldsymbol{A}\boldsymbol{p}_1=\lambda_1\boldsymbol{p}_1, \tag{①}$$

$$\boldsymbol{A}\boldsymbol{p}_2=\lambda_2\boldsymbol{p}_2,$$

①式两边同时取其转置矩阵，有 $\boldsymbol{p}_1^{\mathrm{T}}\boldsymbol{A}^{\mathrm{T}}=\lambda_1\boldsymbol{p}_1^{\mathrm{T}}$。

由 $\boldsymbol{A}$ 是实对称矩阵可知 $\boldsymbol{A}^{\mathrm{T}}=\boldsymbol{A}$，所以

$$\boldsymbol{p}_1^{\mathrm{T}}\boldsymbol{A}=\lambda_1\boldsymbol{p}_1^{\mathrm{T}}。 \tag{②}$$

②式两边右乘 $\boldsymbol{p}_2$，得 $\boldsymbol{p}_1^{\mathrm{T}}\boldsymbol{A}\boldsymbol{p}_2=\boldsymbol{p}_1^{\mathrm{T}}\lambda_2\boldsymbol{p}_2=\lambda_2\boldsymbol{p}_1^{\mathrm{T}}\boldsymbol{p}_2=\lambda_1\boldsymbol{p}_1^{\mathrm{T}}\boldsymbol{p}_2$，从而有 $(\lambda_2-\lambda_1)\boldsymbol{p}_1^{\mathrm{T}}\boldsymbol{p}_2=0$，即 $(\lambda_2-\lambda_1)[\boldsymbol{p}_1,\boldsymbol{p}_2]=0$，

又因为 $\lambda_1\neq\lambda_2$，所以 $[\boldsymbol{p}_1,\boldsymbol{p}_2]=0$，故 $\boldsymbol{p}_1$ 与 $\boldsymbol{p}_2$ 正交。

证毕。

二、实对称矩阵对角化方法

定理 3　若 $\boldsymbol{A}$ 为 n 阶实对称矩阵，则必有正交矩阵 $\boldsymbol{Q}$，使得

$$\boldsymbol{Q}^{-1}\boldsymbol{A}\boldsymbol{Q}=\begin{pmatrix}\lambda_1&&&\\&\lambda_2&&\\&&\ddots&\\&&&\lambda_n\end{pmatrix},$$

其中 $\lambda_1,\lambda_2,\cdots,\lambda_n$ 为 $\boldsymbol{A}$ 的特征值。

* **证明**　对对称矩阵 $\boldsymbol{A}$ 的阶数 n 用数学归纳法。

当 $n=1$ 时，矩阵 $\boldsymbol{A}$ 为一阶对角矩阵，结论成立。

假设当 $n=k-1$ 时，结论成立，以下证明当 $n=k$ 时，结论也成立。

设 $\boldsymbol{A}$ 为 k 阶实对称矩阵，λ_1 是 $\boldsymbol{A}$ 的特征值，由定理 1 可知，λ_1 一定是实数，从而方程组 $(\boldsymbol{A}-\lambda_1\boldsymbol{E})\boldsymbol{x}=\boldsymbol{0}$ 必有非零实根，所以有实单位向量成为 $\boldsymbol{A}$ 的属于特征值 λ_1 的特征向量，不妨设单位向量 $\boldsymbol{e}_1$ 为 $\boldsymbol{A}$ 的属于特征值 λ_1 的实特征向量。将 $\boldsymbol{e}_1$ 扩充成 $\mathbf{R}^k$ 的标准正交基 $\boldsymbol{e}_1,\boldsymbol{e}_2,\cdots,\boldsymbol{e}_k$，令 $\boldsymbol{P}=(\boldsymbol{e}_1,\boldsymbol{e}_2,\cdots,\boldsymbol{e}_k)$，则 $\boldsymbol{P}$ 是正交矩阵。由

$$\boldsymbol{A}\boldsymbol{P}=\boldsymbol{A}(\boldsymbol{e}_1,\boldsymbol{e}_2,\cdots,\boldsymbol{e}_k)=(\boldsymbol{A}\boldsymbol{e}_1,\boldsymbol{A}\boldsymbol{e}_2,\cdots,\boldsymbol{A}\boldsymbol{e}_k)=(\lambda_1\boldsymbol{e}_1,\boldsymbol{A}\boldsymbol{e}_2,\cdots,\boldsymbol{A}\boldsymbol{e}_k),$$

有

$$\boldsymbol{P}^{-1}\boldsymbol{A}\boldsymbol{P}=\boldsymbol{P}^{\mathrm{T}}\boldsymbol{A}\boldsymbol{P}=\begin{pmatrix}\boldsymbol{e}_1^{\mathrm{T}}\\ \boldsymbol{e}_2^{\mathrm{T}}\\ \vdots\\ \boldsymbol{e}_k^{\mathrm{T}}\end{pmatrix}(\lambda_1\boldsymbol{e}_1,\boldsymbol{A}\boldsymbol{e}_2,\cdots,\boldsymbol{A}\boldsymbol{e}_k)$$

$$=\begin{pmatrix}\lambda_1\boldsymbol{e}_1^{\mathrm{T}}x\boldsymbol{e}_1 & \boldsymbol{e}_1^{\mathrm{T}}\boldsymbol{A}\boldsymbol{e}_2 & \cdots & \boldsymbol{e}_1^{\mathrm{T}}\boldsymbol{A}\boldsymbol{e}_k\\ \lambda_1\boldsymbol{e}_2^{\mathrm{T}}\boldsymbol{e}_1 & \boldsymbol{e}_2^{\mathrm{T}}\boldsymbol{A}\boldsymbol{e}_2 & \cdots & \boldsymbol{e}_2^{\mathrm{T}}\boldsymbol{A}\boldsymbol{e}_k\\ \vdots & \vdots & & \vdots\\ \lambda_1\boldsymbol{e}_k^{\mathrm{T}}\boldsymbol{e}_1 & \boldsymbol{e}_k^{\mathrm{T}}\boldsymbol{A}\boldsymbol{e}_2 & \cdots & \boldsymbol{e}_k^{\mathrm{T}}\boldsymbol{A}\boldsymbol{e}_k\end{pmatrix}$$

$$=\begin{pmatrix}\lambda_1 & \boldsymbol{e}_1^{\mathrm{T}}\boldsymbol{A}\boldsymbol{e}_2 & \cdots & \boldsymbol{e}_1^{\mathrm{T}}\boldsymbol{A}\boldsymbol{e}_k\\ 0 & \boldsymbol{e}_2^{\mathrm{T}}\boldsymbol{A}\boldsymbol{e}_2 & \cdots & \boldsymbol{e}_2^{\mathrm{T}}\boldsymbol{A}\boldsymbol{e}_k\\ \vdots & \vdots & & \vdots\\ 0 & \boldsymbol{e}_k^{\mathrm{T}}\boldsymbol{A}\boldsymbol{e}_2 & \cdots & \boldsymbol{e}_k^{\mathrm{T}}\boldsymbol{A}\boldsymbol{e}_k\end{pmatrix}。$$

又因为 $\boldsymbol{A}$ 为 k 阶实对称矩阵，且 $\boldsymbol{P}$ 是实正交矩阵，容易证明 $\boldsymbol{P}^{-1}\boldsymbol{A}\boldsymbol{P}$ 也是实对称矩阵。所以

$$\boldsymbol{P}^{-1}\boldsymbol{A}\boldsymbol{P}=\begin{pmatrix}\lambda_1 & 0 & \cdots & 0\\ 0 & \boldsymbol{e}_2^{\mathrm{T}}\boldsymbol{A}\boldsymbol{e}_2 & \cdots & \boldsymbol{e}_2^{\mathrm{T}}\boldsymbol{A}\boldsymbol{e}_k\\ \vdots & \vdots & & \vdots\\ 0 & \boldsymbol{e}_k^{\mathrm{T}}\boldsymbol{A}\boldsymbol{e}_2 & \cdots & \boldsymbol{e}_k^{\mathrm{T}}\boldsymbol{A}\boldsymbol{e}_k\end{pmatrix}=\begin{pmatrix}\lambda_1 & \boldsymbol{0}\\ \boldsymbol{0} & \boldsymbol{A}_1\end{pmatrix},$$

其中 $\boldsymbol{A}_1$ 为 $k-1$ 阶实对称矩阵。

由假设，对于实对称矩阵 $\boldsymbol{A}_1$，存在 $k-1$ 阶正交矩阵 $\boldsymbol{P}_1$ 和对角矩阵

$$\boldsymbol{\Lambda}_1=\begin{pmatrix}\lambda_2 & & & \\ & \lambda_3 & & \\ & & \ddots & \\ & & & \lambda_k\end{pmatrix},$$

使得

$$\boldsymbol{P}_1^{-1}\boldsymbol{A}_1\boldsymbol{P}_1=\boldsymbol{\Lambda}_1=\begin{pmatrix}\lambda_2 & & & \\ & \lambda_3 & & \\ & & \ddots & \\ & & & \lambda_k\end{pmatrix}。$$

令 $\boldsymbol{Q}=\boldsymbol{P}\begin{pmatrix}1 & \boldsymbol{0}\\ \boldsymbol{0} & \boldsymbol{P}_1\end{pmatrix}$，易证 $\boldsymbol{Q}$ 是正交矩阵，且

$$\boldsymbol{Q}^{-1}\boldsymbol{A}\boldsymbol{Q}=\begin{pmatrix}1 & \boldsymbol{0}\\ \boldsymbol{0} & \boldsymbol{P}_1^{-1}\end{pmatrix}\boldsymbol{P}^{-1}\boldsymbol{A}\boldsymbol{P}\begin{pmatrix}1 & \boldsymbol{0}\\ \boldsymbol{0} & \boldsymbol{P}_1\end{pmatrix}=\begin{pmatrix}1 & \boldsymbol{0}\\ \boldsymbol{0} & \boldsymbol{P}_1^{-1}\end{pmatrix}\begin{pmatrix}\lambda_1 & \boldsymbol{0}\\ \boldsymbol{0} & \boldsymbol{A}_1\end{pmatrix}\begin{pmatrix}1 & \boldsymbol{0}\\ \boldsymbol{0} & \boldsymbol{P}_1\end{pmatrix}$$

$$=\begin{pmatrix}\lambda_1 & \mathbf{0}\\ \mathbf{0} & \boldsymbol{P}_1^{-1}\boldsymbol{A}_1\boldsymbol{P}_1\end{pmatrix}=\begin{pmatrix}\lambda_1 & & & \\ & \lambda_2 & & \\ & & \ddots & \\ & & & \lambda_n\end{pmatrix}。$$

由数学归纳法知,结论成立。证毕。

从定理 3 可知:若 n 阶实对称矩阵 $\boldsymbol{A}$ 的互不相等的特征值为 $\lambda_1,\lambda_2,\cdots,\lambda_s$,它们的重数依次为 $r_1,r_2,\cdots,r_s$,则有

$$r_1+r_2+\cdots+r_s=n。$$

由定理 3 及第四节定理 5,容易得出:

推论 设 $\boldsymbol{A}$ 为 n 阶实对称矩阵,λ 是 $\boldsymbol{A}$ 的特征方程 $|\boldsymbol{A}-\lambda\boldsymbol{E}|=0$ 的 k 重根,则齐次方程组 $(\boldsymbol{A}-\lambda\boldsymbol{E})\boldsymbol{x}=\mathbf{0}$ 的基础解系由 k 个线性无关的向量组成。

由以上推论知,对应于 r_i 重特征值 $\lambda_i(i=1,2,\cdots,s)$,恰好有 r_i 个线性无关的特征向量,把他们正交化并单位化,即得 r_i 个两两正交的单位特征向量。由 $r_1+r_2+\cdots+r_s=n$ 知,这样的特征向量共有 n 个。又由定理 2 知,对应于不同特征值的特征向量正交,所以这 n 个单位特征向量两两正交,于是以它们为列向量构成正交矩阵 $\boldsymbol{Q}$,并有

$$\boldsymbol{Q}^{-1}\boldsymbol{A}\boldsymbol{Q}=\boldsymbol{Q}^{\mathrm{T}}\boldsymbol{A}\boldsymbol{Q}=\begin{pmatrix}\lambda_1 & & & \\ & \lambda_2 & & \\ & & \ddots & \\ & & & \lambda_n\end{pmatrix},$$

其中 $\lambda_1,\lambda_2,\cdots,\lambda_n$(包含重根)为 $\boldsymbol{A}$ 的特征值。

综上所述,得到把 n 阶实对称矩阵 $\boldsymbol{A}$ 对角化的步骤:

(1)由特征方程 $|\boldsymbol{A}-\lambda\boldsymbol{E}|=0$ 求出 $\boldsymbol{A}$ 的全部特征值 $\lambda_1,\lambda_2,\cdots,\lambda_s$,其重数分别为 $k_1,k_2,\cdots,k_s$,且 $k_1+k_2+\cdots+k_s=n$;

(2)对每个 k_i 重特征值 λ_i,解齐次方程组 $(\boldsymbol{A}-\lambda_i\boldsymbol{E})\boldsymbol{x}=\mathbf{0}$,得其基础解系,即有 k_i 个线性无关的特征向量,用施密特正交化方法将其正交化,再单位化,共可得到 n 个两两正交的单位特征向量;

(3)将这 n 个两两正交的单位特征向量作为列向量构成正交矩阵 $\boldsymbol{Q}$,有 $\boldsymbol{Q}^{-1}\boldsymbol{A}\boldsymbol{Q}=\boldsymbol{Q}^{\mathrm{T}}\boldsymbol{A}\boldsymbol{Q}=\boldsymbol{\Lambda}$,此对角矩阵的对角元为 $\boldsymbol{A}$ 的特征值,且排列顺序与正交矩阵 $\boldsymbol{Q}$ 中的列向量的排列顺序相对应。

例 1 设矩阵

$$\boldsymbol{A}=\begin{pmatrix}1 & 2 & 2\\ 2 & 1 & 2\\ 2 & 2 & 1\end{pmatrix},$$

求一个正交矩阵 $\boldsymbol{Q}$,使得 $\boldsymbol{Q}^{-1}\boldsymbol{A}\boldsymbol{Q}$ 为对角阵 $\boldsymbol{\Lambda}$。

解 由特征方程

$$|\boldsymbol{A}-\lambda\boldsymbol{E}|=\begin{vmatrix}1-\lambda & 2 & 2\\ 2 & 1-\lambda & 2\\ 2 & 2 & 1-\lambda\end{vmatrix}=(-1-\lambda)^2(5-\lambda)=0$$

得 $\boldsymbol{A}$ 的特征值为 $\lambda_1=5,\lambda_2=\lambda_3=-1$。

对于 $\lambda_1=5$，解 $(\boldsymbol{A}-5\boldsymbol{E})\boldsymbol{x}=\boldsymbol{0}$ 得基础解系：$\boldsymbol{p}_1=(1,1,1)^{\mathrm{T}}$。
再单位化得

$$\boldsymbol{e}_1=\frac{1}{\|\boldsymbol{p}_1\|}\boldsymbol{p}_1=\frac{1}{\sqrt{3}}(1,1,1)^{\mathrm{T}}。$$

对于 $\lambda_2=\lambda_3=-1$，解 $(\boldsymbol{A}+\boldsymbol{E})\boldsymbol{x}=\boldsymbol{0}$
得基础解系：$\boldsymbol{p}_2=(1,-1,0)^{\mathrm{T}},\boldsymbol{p}_3=(0,-1,1)^{\mathrm{T}}$。

将 $\boldsymbol{p}_2,\boldsymbol{p}_3$ 正交化，得

$\boldsymbol{q}_2=\boldsymbol{p}_2=(1,-1,0)^{\mathrm{T}}$，

$$\boldsymbol{q}_3=\boldsymbol{p}_3-\frac{[\boldsymbol{q}_2,\boldsymbol{p}_3]}{[\boldsymbol{q}_2,\boldsymbol{q}_2]}\boldsymbol{q}_2=(0,-1,1)^{\mathrm{T}}-\frac{1}{2}(1,-1,0)^{\mathrm{T}}=\frac{1}{2}(-1,-1,2)^{\mathrm{T}},$$

再单位化，得

$$\boldsymbol{e}_2=\frac{1}{\|\boldsymbol{q}_2\|}\boldsymbol{q}_2=\frac{1}{\sqrt{2}}(1,-1,0)^{\mathrm{T}},\boldsymbol{e}_3=\frac{1}{\|\boldsymbol{q}_3\|}\boldsymbol{q}_3=\frac{1}{\sqrt{6}}(-1,-1,2)^{\mathrm{T}},$$

故得到正交矩阵为

$$\boldsymbol{Q}=(\boldsymbol{e}_1,\boldsymbol{e}_2,\boldsymbol{e}_3)=\begin{pmatrix}\frac{1}{\sqrt{3}} & \frac{1}{\sqrt{2}} & -\frac{1}{\sqrt{6}}\\ \frac{1}{\sqrt{3}} & -\frac{1}{\sqrt{2}} & -\frac{1}{\sqrt{6}}\\ \frac{1}{\sqrt{3}} & 0 & \frac{2}{\sqrt{6}}\end{pmatrix},$$

且有

$$\boldsymbol{Q}^{-1}\boldsymbol{A}\boldsymbol{Q}=\begin{pmatrix}5 & & \\ & -1 & \\ & & -1\end{pmatrix}。$$

例 2　设 2 阶实对称矩阵 $\boldsymbol{A}$ 的特征值为 $\lambda_1=1,\lambda_2=3,\boldsymbol{p}_1=(1,-1)^{\mathrm{T}}$ 是特征值 1 对应的特征向量，求 $\boldsymbol{A}$ 的属于特征值 3 的特征向量，并求矩阵 $\boldsymbol{A}$。

解　设实对称矩阵 $\boldsymbol{A}$ 的属于特征 $\lambda_2=3$ 的特征向量为 $\boldsymbol{p}_2=(x_1,x_2)^{\mathrm{T}}$，则 $\boldsymbol{p}_2$ 与 $\boldsymbol{p}_1$ 正交，有

$$x_1-x_2=0,$$

解得基础解系为 $\boldsymbol{p}_2=(1,1)^{\mathrm{T}}$。

所以 $\boldsymbol{A}$ 的属于特征值 3 的特征向量为 $c\boldsymbol{p}_2(c\neq0)$，

令 $\boldsymbol{P}=(\boldsymbol{p}_1,\boldsymbol{p}_2)$，

则矩阵 $\boldsymbol{P}$ 可逆，且 $\boldsymbol{P}^{-1}\boldsymbol{A}\boldsymbol{P}=\begin{pmatrix}1 & \\ & 3\end{pmatrix}$，有

$$\boldsymbol{A}=\boldsymbol{P}\begin{pmatrix}1 & \\ & 3\end{pmatrix}\boldsymbol{P}^{-1}=\begin{pmatrix}1 & 1\\ -1 & 1\end{pmatrix}\begin{pmatrix}1 & \\ & 3\end{pmatrix}\begin{pmatrix}\frac{1}{2} & -\frac{1}{2}\\ \frac{1}{2} & \frac{1}{2}\end{pmatrix}=\begin{pmatrix}2 & 1\\ 1 & 2\end{pmatrix}。$$

习题四

1. 已知向量 $\boldsymbol{a}=(1,2,-1,1)^{\mathrm{T}}$，$\boldsymbol{b}=(2,3,1,-1)^{\mathrm{T}}$，求

(1) $\|\boldsymbol{a}\|$，$\|\boldsymbol{b}\|$；

(2) $[\boldsymbol{a},\boldsymbol{b}]$；

(3) $[3\boldsymbol{a}-2\boldsymbol{b},2\boldsymbol{a}-3\boldsymbol{b}]$；

(4) $\boldsymbol{a}$ 与 $\boldsymbol{b}$ 的夹角。

2. 设向量 $\boldsymbol{a},\boldsymbol{b}\in\mathbf{R}^n$，且 $[\boldsymbol{a},\boldsymbol{b}]=2$，求 $\|\boldsymbol{a}+\boldsymbol{b}\|^2-\|\boldsymbol{a}-\boldsymbol{b}\|^2$。

3. 已知 $\boldsymbol{a}_1=(1,1,1)^{\mathrm{T}}$，求一组单位向量 $\boldsymbol{a}_2,\boldsymbol{a}_3$，使 $\boldsymbol{a}_1,\boldsymbol{a}_2,\boldsymbol{a}_3$ 两两正交。

4. 求与向量 $\boldsymbol{a}_1=(1,1,1,1)^{\mathrm{T}}$，$\boldsymbol{a}_2=(1,0,1,0)^{\mathrm{T}}$ 都正交的向量集。

5. 把下列向量组用施密特正交化方法化为标准正交向量组：

(1) $\boldsymbol{a}_1=(0,1,1)^{\mathrm{T}}$，$\boldsymbol{a}_2=(0,-1,2)^{\mathrm{T}}$，$\boldsymbol{a}_3=(1,-1,-1)^{\mathrm{T}}$；

(2) $\boldsymbol{a}_1=(1,-1,0,-1)^{\mathrm{T}}$，$\boldsymbol{a}_2=(3,-3,1,3)^{\mathrm{T}}$，$\boldsymbol{a}_3=(2,0,-6,8)^{\mathrm{T}}$。

6. 设向量 $\boldsymbol{a}_1=\left(\frac{1}{2},\frac{\sqrt{3}}{2}\right)^{\mathrm{T}}$，求向量 $\boldsymbol{a}_2$，使 $\boldsymbol{A}=(\boldsymbol{a}_1,\boldsymbol{a}_2)$ 为正交矩阵。

7. 证明题。

(1) 已知 $\boldsymbol{a}_1,\boldsymbol{a}_2,\boldsymbol{a}_3$ 是 $\mathbf{R}^3$ 的一个标准正交基，证明向量组 $\boldsymbol{b}_1=\frac{1}{\sqrt{2}}\boldsymbol{a}_2+\frac{1}{\sqrt{2}}\boldsymbol{a}_3$，$\boldsymbol{b}_2=\frac{4}{3\sqrt{2}}\boldsymbol{a}_1+\frac{1}{3\sqrt{2}}\boldsymbol{a}_2-\frac{1}{3\sqrt{2}}\boldsymbol{a}_3$，$\boldsymbol{b}_3=\frac{1}{3}\boldsymbol{a}_1-\frac{2}{3}\boldsymbol{a}_2+\frac{2}{3}\boldsymbol{a}_3$ 也是 $\mathbf{R}^3$ 的一个标准正交基。

(2) 设矩阵 $\boldsymbol{A},\boldsymbol{B},\boldsymbol{A}+\boldsymbol{B}$ 都是 n 阶正交矩阵，证明：$\boldsymbol{A}^{-1}$，$\boldsymbol{A}^*$，$\boldsymbol{AB}$ 都是正交矩阵，且 $(\boldsymbol{A}+\boldsymbol{B})^{-1}=\boldsymbol{A}^{-1}+\boldsymbol{B}^{-1}$。

(3) 证明线性变换 $\begin{cases}x_1=\frac{1}{\sqrt{3}}y_1 \qquad\qquad -\frac{2}{\sqrt{6}}y_3\\ x_2=\frac{1}{\sqrt{3}}y_1-\frac{1}{\sqrt{2}}y_2+\frac{1}{\sqrt{6}}y_3\\ x_3=\frac{1}{\sqrt{3}}y_1+\frac{1}{\sqrt{2}}y_2+\frac{1}{\sqrt{6}}y_3\end{cases}$ 是正交变换。

8. 求下列矩阵的特征值和特征向量：

(1) $\begin{pmatrix} -2 & -1 \\ -5 & 2 \end{pmatrix}$；　(2) $\begin{pmatrix} 1 & 0 & 1 \\ 0 & 1 & 2 \\ -2 & 3 & -2 \end{pmatrix}$；

(3) $\begin{pmatrix} 3 & 0 & 0 \\ -1 & 3 & 2 \\ 1 & 0 & 1 \end{pmatrix}$；　(4) $\begin{pmatrix} 6 & 2 & 4 \\ 0 & 3 & 2 \\ 0 & 0 & 6 \end{pmatrix}$。

9. 矩阵 $\boldsymbol{A}=\begin{pmatrix} 3 & -2 & 0 \\ -1 & 3 & -1 \\ -5 & 7 & -1 \end{pmatrix}$，求矩阵 $\boldsymbol{B}=3\boldsymbol{A}^2+2\boldsymbol{A}+\boldsymbol{E}$，$\boldsymbol{C}=\boldsymbol{A}^{-1}+3\boldsymbol{A}^*-2\boldsymbol{E}$ 的特征值及行列式 $|\boldsymbol{B}|$，$|\boldsymbol{C}|$。

10. 设 $\boldsymbol{A}$ 是 3 阶矩阵，且 $|2\boldsymbol{E}+\boldsymbol{A}|=0$，$|3\boldsymbol{E}+\boldsymbol{A}|=0$，$|\boldsymbol{E}-2\boldsymbol{A}|=0$，求行列式 $|\boldsymbol{A}^2-2\boldsymbol{A}^{-1}+\boldsymbol{A}^*|$。

11. 向量 $\boldsymbol{p}=(1,1,-1)^{\mathrm{T}}$ 是矩阵 $\boldsymbol{A}=\begin{pmatrix} 2 & -1 & 2 \\ 5 & a & 3 \\ -1 & b & -2 \end{pmatrix}$ 的特征值 λ_1 对应的特征向量，求 λ_1，a，b 及其他特征值。

12. 设 n 阶矩阵 $\boldsymbol{A}$ 的各行元素之和均为 a，证明向量 $\boldsymbol{p}=(1,1,\cdots,1)^{\mathrm{T}}$ 为 $\boldsymbol{A}$ 的一个特征向量，并求出相应的特征值。

13. 证明题。

(1) 证明 n 阶矩阵 $\boldsymbol{A}$ 与 $\boldsymbol{A}^{\mathrm{T}}$ 的特征值相同；

(2) 设 λ_1，λ_2 是矩阵 $\boldsymbol{A}$ 的两个不同的特征值，它们对应的特征向量分别为 $\boldsymbol{p}_1$，$\boldsymbol{p}_2$，证明 $\boldsymbol{p}_1+2\boldsymbol{p}_2$ 不是 $\boldsymbol{A}$ 的特征向量。

14. 设 n 阶矩阵 $\boldsymbol{A}$ 与 $\boldsymbol{B}$ 相似，m 阶矩阵 $\boldsymbol{C}$ 与 $\boldsymbol{D}$ 相似，证明分块矩阵 $\begin{pmatrix} \boldsymbol{A} & \boldsymbol{O} \\ \boldsymbol{O} & \boldsymbol{C} \end{pmatrix}$ 与 $\begin{pmatrix} \boldsymbol{B} & \boldsymbol{O} \\ \boldsymbol{O} & \boldsymbol{D} \end{pmatrix}$ 相似。

15. 下列矩阵是否可以对角化？对于可对角化的矩阵 $\boldsymbol{A}$，求出可逆矩阵 $\boldsymbol{P}$，使 $\boldsymbol{P}^{-1}\boldsymbol{A}\boldsymbol{P}$ 为对角矩阵。

(1) $\begin{pmatrix} 1 & 2 & 3 \\ 0 & 1 & 2 \\ 0 & 0 & 1 \end{pmatrix}$；　(2) $\begin{pmatrix} 0 & 0 & 1 \\ 1 & 1 & -1 \\ 1 & 0 & 0 \end{pmatrix}$；

(3) $\begin{pmatrix} -5 & 1 & -3 \\ 6 & -4 & 6 \\ 6 & -2 & 4 \end{pmatrix}$；　(4) $\begin{pmatrix} 2 & 3 & -2 \\ 0 & 1 & 0 \\ 1 & 2 & 5 \end{pmatrix}$。

16. 已知矩阵 $\boldsymbol{A}=\begin{pmatrix}0&0&1\\3&1&m\\1&0&0\end{pmatrix}$ 相似于一个对角矩阵，试讨论常数 m 应满足的条件。

17. 已知矩阵 $\boldsymbol{A}=\begin{pmatrix}1&2&-3\\-1&4&-3\\x&-2&5\end{pmatrix}$ 与 $\boldsymbol{B}=\begin{pmatrix}2&&\\&y&\\&&6\end{pmatrix}$ 相似，

(1)求 x,y；

(2)求一个可逆矩阵 $\boldsymbol{P}$，使 $\boldsymbol{P}^{-1}\boldsymbol{A}\boldsymbol{P}=\boldsymbol{B}$。

18. 设 3 阶矩阵 $\boldsymbol{A}$ 满足 $\boldsymbol{A}\boldsymbol{p}_1=-\boldsymbol{p}_1,\boldsymbol{A}\boldsymbol{p}_2=\boldsymbol{p}_2,\boldsymbol{A}\boldsymbol{p}_3=\boldsymbol{0}$，其中 $\boldsymbol{p}_1=(1,2,2)^{\mathrm{T}}$，$\boldsymbol{p}_2=(0,-1,1)^{\mathrm{T}}$，$\boldsymbol{p}_3=(0,0,1)^{\mathrm{T}}$，求矩阵 $\boldsymbol{A}$ 及 $\boldsymbol{A}^{99}$。

19. 已知矩阵 $\boldsymbol{A}=\begin{pmatrix}1&4\\2&3\end{pmatrix}$，求 $\boldsymbol{A}^n$。

20. 证明题。

(1)若 n 阶矩阵 $\boldsymbol{A}\sim\boldsymbol{B}$，则 $\boldsymbol{A}^m\sim\boldsymbol{B}^m$（$m$ 为正整数）；

(2)若 n 阶矩阵 $\boldsymbol{A}\sim\boldsymbol{B}$，则 $\boldsymbol{A},\boldsymbol{B}$ 或都可逆，或都不可逆。当 $\boldsymbol{A},\boldsymbol{B}$ 都可逆时，其逆矩阵也相似；

(3)若 n 阶 $\boldsymbol{A},\boldsymbol{B}$ 均是对称矩阵，且有相同的特征值，则 $\boldsymbol{A}$ 与 $\boldsymbol{B}$ 相似。

21. 设下列矩阵为 $\boldsymbol{A}$，求一个正交矩阵 $\boldsymbol{Q}$，使得 $\boldsymbol{Q}^{-1}\boldsymbol{A}\boldsymbol{Q}$ 为对角阵。

(1) $\begin{pmatrix}4&3\\3&4\end{pmatrix}$；　(2) $\begin{pmatrix}1&0&0\\0&0&-1\\0&-1&0\end{pmatrix}$；

(3) $\begin{pmatrix}1&1&0\\1&0&1\\0&1&1\end{pmatrix}$；　(4) $\begin{pmatrix}2&2&2\\2&2&2\\2&2&2\end{pmatrix}$。

22. 设矩阵 $\boldsymbol{A}=\begin{pmatrix}3&-1\\-1&3\end{pmatrix}$，求 $\varphi(\boldsymbol{A})=\boldsymbol{A}^6-3\boldsymbol{A}^5+2\boldsymbol{A}^3+4\boldsymbol{E}$。

23. 设 3 阶实对称矩阵 $\boldsymbol{A}$ 的特征值为 1,2,2，$\boldsymbol{p}_1=(1,-2,1)^{\mathrm{T}}$ 是特征值 1 对应的特征向量，求矩阵 $\boldsymbol{A}$。

24. 设 3 阶实对称矩阵 $\boldsymbol{A}$ 的各行元素之和均为 3，向量 $\boldsymbol{p}_1=(-1,2,-1)^{\mathrm{T}}$，$\boldsymbol{p}_2=(0,-1,1)^{\mathrm{T}}$ 是线性方程组 $\boldsymbol{A}\boldsymbol{x}=\boldsymbol{0}$ 的两个解。

(1)求 $\boldsymbol{A}$ 的特征值和特征向量；

(2)求正交矩阵 $\boldsymbol{Q}$ 和对角阵 $\boldsymbol{\Lambda}$，使得 $\boldsymbol{Q}^{-1}\boldsymbol{A}\boldsymbol{Q}=\boldsymbol{\Lambda}$；

(3)求矩阵 $\boldsymbol{A}$。

25. 某试验性生产线每年一月份进行熟练工与非熟练工的人数统计，然后将 $\frac{1}{6}$ 熟练工支援其他生产部门，其缺额由招收新的非熟练工补齐。新、老非熟练工经培训及实践至年终考核有 2/5 成为熟练工。若记第 n 年一月份统计的熟练工与非熟练工所占比例分别为 $\begin{pmatrix} x_n \\ y_n \end{pmatrix}$。

(1)求第 $n+1$ 年熟练工与非熟练工所占比例 $\begin{pmatrix} x_{n+1} \\ y_{n+1} \end{pmatrix}$ 与第 n 年熟练工与非熟练工所占比例 $\begin{pmatrix} x_n \\ y_n \end{pmatrix}$ 的关系；

(2)若第 1 年熟练工与非熟练工所占比例为 $\begin{pmatrix} x_1 \\ y_1 \end{pmatrix} = \begin{pmatrix} \frac{1}{2} \\ \frac{1}{2} \end{pmatrix}$，求 $\begin{pmatrix} x_{n+1} \\ y_{n+1} \end{pmatrix}$。

第五章 二次型

在科学研究时经常需要把多个变量的二次齐次多项式通过线性变换，化为平方和的形式，这就是本章将研究的二次型问题。

第一节 基本概念

在解析几何中，为了便于研究二次曲线

$$ax_1^2+bx_1x_2+cx_2^2=1, \tag{1}$$

的几何性质，选择适当的坐标变换

$$\begin{cases}x_1=y_1\cos\theta-y_2\sin\theta\\x_2=y_1\sin\theta+y_2\cos\theta\end{cases}$$

可以把方程(1)化为如下形式：

$$d_1y_1^2+d_2y_2^2=1。$$

(1)式左边为一个二次齐次多项式。通过变量的线性变换将一个二次齐次多项式化简成只含有平方项，这样的问题，在许多理论研究或实际问题中经常遇到。

一、二次型及其矩阵

定义 1 含有 n 个变量 $x_1,x_2,\cdots,x_n$ 的二次齐次多项式

$$\begin{aligned}f(x_1,x_2,\cdots,x_n)=&a_{11}x_1^2+2a_{12}x_1x_2+2a_{13}x_1x_3+\cdots+2a_{1n}x_1x_n\\&+a_{22}x_2^2+2a_{23}x_2x_3+\cdots+2a_{2n}x_2x_n\\&+\cdots+a_{nn}x_n^2,\end{aligned} \tag{2}$$

称为一个 ***n* 元二次型**。当 a_{ij} 为复数时，$f(x_1,\cdots,x_n)$称为**复二次型**。当 a_{ij} 为实数时，$f(x_1,x_2,\cdots,x_n)$称为**实二次型**。在本教材中，仅讨论实二次型，因此往往省略“实”字。

取 $a_{ij}=a_{ji}$，则 $2a_{ij}x_ix_j=a_{ij}x_ix_j+a_{ji}x_jx_i$，(2)式可以写成

$$\begin{aligned}f(x_1,x_2,\cdots,x_n)=&a_{11}x_1^2+a_{12}x_1x_2+\cdots+a_{1n}x_1x_n\\&+a_{21}x_2x_1+a_{22}x_2^2+\cdots+a_{2n}x_2x_n\\&\cdots\cdots\end{aligned}$$

$$+a_{n1}x_nx_1+a_{n2}x_nx_2+\cdots+a_{nn}x_n^2$$

$$=\sum_{i=1}^{n}\sum_{j=1}^{n}a_{ij}x_ix_j。\tag{3}$$

在讨论二次型时,矩阵是一个常用工具。为了将二次型用矩阵形式表示,将(3)式改写成

$$\begin{aligned}f(x_1,x_2,\cdots,x_n)&=x_1(a_{11}x_1+a_{12}x_2+\cdots+a_{1n}x_n)\\&\quad+x_2(a_{21}x_1+a_{22}x_2+\cdots+a_{2n}x_n)\\&\quad\cdots\cdots\\&\quad+x_n(a_{n1}x_1+a_{n2}x_2+\cdots+a_{nn}x_n)\\&=(x_1,x_2,\cdots,x_n)\begin{pmatrix}a_{11}&a_{12}&\cdots&a_{1n}\\a_{21}&a_{22}&\cdots&a_{2n}\\\vdots&\vdots&&\vdots\\a_{n1}&a_{n2}&&a_{nn}\end{pmatrix}\begin{pmatrix}x_1\\x_2\\\vdots\\x_n\end{pmatrix},\end{aligned}$$

记

$$\boldsymbol{A}=\begin{pmatrix}a_{11}&a_{12}&\cdots&a_{1n}\\a_{21}&a_{22}&\cdots&a_{2n}\\\vdots&\vdots&&\vdots\\a_{n1}&a_{n2}&&a_{nn}\end{pmatrix},\boldsymbol{x}=\begin{pmatrix}x_1\\x_2\\\vdots\\x_n\end{pmatrix}。$$

则二次型可记为

$$f=\boldsymbol{x}^{\mathrm{T}}\boldsymbol{A}\boldsymbol{x},\tag{4}$$

其中 $\boldsymbol{A}$ 为对称矩阵。

例如,二次型 $f(x_1,x_2,x_3)=x_1^2+2x_3^2-2x_1x_2+4x_1x_3-6x_2x_3$ 可记为

$$f=(x_1,x_2,x_3)\begin{pmatrix}1&-1&2\\-1&0&-3\\2&-3&2\end{pmatrix}\begin{pmatrix}x_1\\x_2\\x_3\end{pmatrix}。$$

又如:某二次型的矩阵为 $\boldsymbol{A}=\begin{pmatrix}1&0&-1\\0&2&1\\-1&1&0\end{pmatrix}$,则此二次型为

$$f(x_1,x_2,x_3)=(x_1,x_2,x_3)\begin{pmatrix}1&0&-1\\0&2&1\\-1&1&0\end{pmatrix}\begin{pmatrix}x_1\\x_2\\x_3\end{pmatrix}=x_1^2+2x_2^2-2x_1x_3+2x_2x_3。$$

由此可见:任给一个二次型,可唯一地确定一个对称矩阵;反之,任给一个对称矩阵,可唯一确定一个二次型。因此,一个 n 元二次型与一个 n 阶对称矩阵之间是一一对应的。称(4)式中的对称矩阵 $\boldsymbol{A}$ 为**二次型** $f(x_1,\cdots,x_n)$**的矩阵**,也把二次型 $f(x_1,\cdots,x_n)$ 称为对称矩阵 $\boldsymbol{A}$ 的**二次型**,对称矩阵 $\boldsymbol{A}$ 的秩称为二次型 $f(x_1,\cdots,x_n)$ 的**秩**。

二、矩阵合同

定义 2　由第二章第一节例 3,称关系式

$$\begin{cases} x_1 = c_{11}y_1 + c_{12}y_2 \cdots + c_{1n}y_n, \\ x_2 = c_{21}y_1 + c_{22}y_2 \cdots + c_{2n}y_n, \\ \quad\cdots\cdots \\ x_n = c_{n1}y_1 + c_{n1}y_1 \cdots + c_{nn}y_n, \end{cases} \tag{5}$$

为从变量 $y_1, y_2 \cdots, y_n$ 到变量 $x_1, x_2 \cdots, x_n$ 的一个线性变换。

记

$$\boldsymbol{C} = (c_{ij})_{n\times n}, \boldsymbol{x} = \begin{pmatrix} x_1 \\ x_2 \\ \vdots \\ x_n \end{pmatrix}, \boldsymbol{y} = \begin{pmatrix} y_1 \\ y_2 \\ \vdots \\ y_n \end{pmatrix},$$

则(5)可记为

$$\boldsymbol{x} = \boldsymbol{C}\boldsymbol{y}。$$

称矩阵 $\boldsymbol{C}$ 为线性变换(5)的矩阵。当 $\boldsymbol{C}$ 可逆时,(5)称为**非退化线性变换**,或**可逆线性变换**。

对给定的二次型 $f = \boldsymbol{x}^{\mathrm{T}}\boldsymbol{A}\boldsymbol{x}(\boldsymbol{A}^{\mathrm{T}} = \boldsymbol{A})$,将 $\boldsymbol{x} = \boldsymbol{C}\boldsymbol{y}$ 代入,有

$$f = \boldsymbol{x}^{\mathrm{T}}\boldsymbol{A}\boldsymbol{x} = (\boldsymbol{C}\boldsymbol{y})^{\mathrm{T}}\boldsymbol{A}(\boldsymbol{C}\boldsymbol{y}) = \boldsymbol{y}^{\mathrm{T}}(\boldsymbol{C}^{\mathrm{T}}\boldsymbol{A}\boldsymbol{C})\boldsymbol{y}。$$

令 $\boldsymbol{B} = \boldsymbol{C}^{\mathrm{T}}\boldsymbol{A}\boldsymbol{C}$,则有 $f = \boldsymbol{y}^{\mathrm{T}}\boldsymbol{B}\boldsymbol{y}$。

因为

$$\boldsymbol{B}^{\mathrm{T}} = (\boldsymbol{C}^{\mathrm{T}}\boldsymbol{A}\boldsymbol{C})^{\mathrm{T}} = \boldsymbol{C}^{\mathrm{T}}\boldsymbol{A}^{\mathrm{T}}\boldsymbol{C} = \boldsymbol{C}^{\mathrm{T}}\boldsymbol{A}\boldsymbol{C} = \boldsymbol{B},$$

所以 $\boldsymbol{B}$ 也是对称矩阵。因此,$f = \boldsymbol{y}^{\mathrm{T}}\boldsymbol{B}\boldsymbol{y}$ 也是一个二次型。

定义 3　设 $\boldsymbol{A}, \boldsymbol{B}$ 为 n 阶矩阵,若存在可逆矩阵 $\boldsymbol{C}$,使得 $\boldsymbol{C}^{\mathrm{T}}\boldsymbol{A}\boldsymbol{C} = \boldsymbol{B}$,则称 $\boldsymbol{A}$ 与 $\boldsymbol{B}$ **合同**。记为:$\boldsymbol{A} \simeq \boldsymbol{B}$。

由矩阵秩的性质易知:当 $\boldsymbol{A} \simeq \boldsymbol{B}$ 时,有 $R(\boldsymbol{B}) = R(\boldsymbol{A})$。

由定义 3,容易得到矩阵的合同关系具有如下性质(设 $\boldsymbol{A}, \boldsymbol{B}, \boldsymbol{C}$ 均为 n 阶实矩阵):

①反身性:$\boldsymbol{A} \simeq \boldsymbol{A}$;

②对称性:如果 $\boldsymbol{A} \simeq \boldsymbol{B}$,则 $\boldsymbol{B} \simeq \boldsymbol{A}$;

③传递性:如果 $\boldsymbol{A} \simeq \boldsymbol{B}, \boldsymbol{B} \simeq \boldsymbol{C}$,则 $\boldsymbol{A} \simeq \boldsymbol{C}$。

第二节　二次型的标准形与规范形

一、二次型的标准形

上节讨论表明，一个 n 元实二次型 $f(x_1,x_2,\cdots,x_n)=\boldsymbol{x}^{\mathrm{T}}\boldsymbol{A}\boldsymbol{x}(\boldsymbol{A}^{\mathrm{T}}=\boldsymbol{A})$ 通过可逆线性变换 $\boldsymbol{x}=\boldsymbol{C}\boldsymbol{y}$ 后得到的还是一个二次型，而且此二次型的秩不会改变，矩阵与原二次型的矩阵是合同的。

如果选择适当矩阵 $\boldsymbol{C}$，使得

$$\boldsymbol{C}^{\mathrm{T}}\boldsymbol{A}\boldsymbol{C}=\begin{pmatrix}d_1 & & & \\ & d_2 & & \\ & & \ddots & \\ & & & d_n\end{pmatrix},$$

那么

$$\begin{aligned}f=\boldsymbol{x}^{\mathrm{T}}\boldsymbol{A}\boldsymbol{x}&\xlongequal{\boldsymbol{x}=\boldsymbol{C}\boldsymbol{y}}\boldsymbol{y}^{\mathrm{T}}(\boldsymbol{C}^{\mathrm{T}}\boldsymbol{A}\boldsymbol{C})\boldsymbol{y}\\&=(y_1,y_2,\cdots,y_n)\begin{pmatrix}d_1 & & & \\ & d_2 & & \\ & & \ddots & \\ & & & d_n\end{pmatrix}\begin{pmatrix}y_1\\y_2\\\vdots\\y_n\end{pmatrix}\\&=d_1y_1^2+d_2y_2^2\cdots+d_ny_n^2。\end{aligned}$$

即将实二次型 $f=\boldsymbol{x}^{\mathrm{T}}\boldsymbol{A}\boldsymbol{x}$ 化成了只含平方项的二次型。这种只含平方项的二次型称为 f 的**标准形**。研究二次型的重点就是寻找适当的可逆线性变换 $\boldsymbol{x}=\boldsymbol{C}\boldsymbol{y}$ 化实二次型为标准形。

记 $\boldsymbol{B}=\boldsymbol{C}^{\mathrm{T}}\boldsymbol{A}\boldsymbol{C}$，则 $\boldsymbol{B}$ 为 n 阶对角矩阵，即

$$\boldsymbol{B}=\mathrm{diag}(d_1,d_2,\cdots,d_r,0,\cdots,0),$$

其中，$r=R(\boldsymbol{A})$。所以，把一个实二次型 $f=\boldsymbol{x}^{\mathrm{T}}\boldsymbol{A}\boldsymbol{x}$ 化为标准形的问题，等价于对称矩阵 $\boldsymbol{A}$ 与一个对角矩阵合同的问题，这是本节讨论的主要内容。以下介绍三种常见的化实二次型为标准形的方法。

1. 正交变换法化二次型为标准形

设 $f=\boldsymbol{x}^{\mathrm{T}}\boldsymbol{A}\boldsymbol{x}$ 为 n 元实二次型，因为 $\boldsymbol{A}$ 为实对称矩阵，根据第四章第四节定理 3 知，存在正交矩阵 $\boldsymbol{P}$，使得

$$\boldsymbol{P}^{-1}\boldsymbol{A}\boldsymbol{P}=\boldsymbol{P}^{\mathrm{T}}\boldsymbol{A}\boldsymbol{P}=\begin{pmatrix}\lambda_1 & & & \\ & \lambda_2 & & \\ & & \ddots & \\ & & & \lambda_n\end{pmatrix}。$$

其中 $\lambda_1,\lambda_2,\cdots\lambda_n$ 是 A 的特征值。

因此，对 $f=\boldsymbol{x}^{\mathrm{T}}\boldsymbol{A}\boldsymbol{x}$ 作正交变换 $\boldsymbol{x}=\boldsymbol{P}\boldsymbol{y}$，有

$$\begin{aligned} f &= \boldsymbol{x}^{\mathrm{T}}\boldsymbol{A}\boldsymbol{x}=\boldsymbol{y}^{\mathrm{T}}(\boldsymbol{P}^{\mathrm{T}}\boldsymbol{A}\boldsymbol{P})\boldsymbol{y} \\ &= (y_1,y_2,\cdots,y_n)\begin{pmatrix}\lambda_1 & & & \\ & \lambda_2 & & \\ & & \ddots & \\ & & & \lambda_n\end{pmatrix}\begin{pmatrix}y_1\\ y_2\\ \vdots\\ y_n\end{pmatrix} \\ &= \lambda_1 y_1^2+\cdots+\lambda_n y_n^2。\end{aligned}$$

定理1 任给实二次型 $f=\boldsymbol{x}^{\mathrm{T}}\boldsymbol{A}\boldsymbol{x}$（其中 $\boldsymbol{A}^{\mathrm{T}}=\boldsymbol{A}$），总有正交变换 $\boldsymbol{x}=\boldsymbol{P}\boldsymbol{y}$，把 f 化为标准形

$$f=\lambda_1 y_1^2+\cdots+\lambda_n y_n^2,$$

其中 $\lambda_1,\lambda_2,\cdots,\lambda_n$ 是二次型 f 的矩阵 $\boldsymbol{A}$ 的特征值。

用正交变换化二次型 $f=\boldsymbol{x}^{\mathrm{T}}\boldsymbol{A}\boldsymbol{x}$（其中 $\boldsymbol{A}^{\mathrm{T}}=\boldsymbol{A}$）为标准形的步骤：

(1)写出 f 对应的实对称矩阵 $\boldsymbol{A}$；

(2)寻找正交矩阵 $\boldsymbol{P}$，使 $\boldsymbol{P}^{\mathrm{T}}\boldsymbol{A}\boldsymbol{P}=\boldsymbol{\Lambda}=\begin{pmatrix}\lambda_1 & & & \\ & \lambda_2 & & \\ & & \ddots & \\ & & & \lambda_n\end{pmatrix}$，其中 $\lambda_1,\lambda_2,\cdots,\lambda_n$ 为 $\boldsymbol{A}$ 的全部特征值（具体方法见第四章第四节内容）；

(3)作正交变换 $\boldsymbol{x}=\boldsymbol{P}\boldsymbol{y}$，使 $f=\lambda_1 y_1^2+\lambda_2 y_2^2+\cdots+\lambda_n y_n^2$。

例1 试求一正交变换 $\boldsymbol{x}=\boldsymbol{P}\boldsymbol{y}$，将二次型

$$f(x_1,x_2,x_3)=x_1^2+x_2^2-3x_3^2-2x_1x_2+6x_1x_3+6x_2x_3$$

化成标准形。

解 该二次型 f 的矩阵为

$$\boldsymbol{A}=\begin{pmatrix}1 & -1 & 3\\ -1 & 1 & 3\\ 3 & 3 & -3\end{pmatrix}。$$

(1)求 $\boldsymbol{A}$ 的特征值：

$$\begin{aligned}|\boldsymbol{A}-\lambda\boldsymbol{E}| &= \begin{vmatrix}1-\lambda & -1 & 3\\ -1 & 1-\lambda & 3\\ 3 & 3 & -3-\lambda\end{vmatrix}=\begin{vmatrix}1-\lambda & -1 & 3\\ -2+\lambda & 2-\lambda & 0\\ 3 & 3 & -3-\lambda\end{vmatrix} \\ &= (2-\lambda)\begin{vmatrix}1-\lambda & -1 & 3\\ -1 & 1 & 0\\ 3 & 3 & -3-\lambda\end{vmatrix}\end{aligned}$$

$$=(2-\lambda)\begin{vmatrix} -\lambda & -1 & 3 \\ 0 & 1 & 0 \\ 6 & 3 & -3-\lambda \end{vmatrix}$$

$$=-(\lambda-2)(\lambda-3)(\lambda+6)。$$

所以 $\boldsymbol{A}$ 的特征值为 $\lambda_1=-6,\lambda_2=2,\lambda_3=3$。

(2)求 $\boldsymbol{A}$ 的特征向量：

对于 $\lambda_1=-6$,解方程组 $(\boldsymbol{A}+6\boldsymbol{E})\boldsymbol{x}=\boldsymbol{0}$,得基础解系：$\boldsymbol{p}_1=(-1,-1,2)^{\mathrm{T}}$；

对于 $\lambda_2=2$,解方程组 $(\boldsymbol{A}-2\boldsymbol{E})\boldsymbol{x}=\boldsymbol{0}$,得基础解系：$\boldsymbol{p}_2=(-1,1,0)^{\mathrm{T}}$；

对于 $\lambda_3=3$,解方程组 $(\boldsymbol{A}-3\boldsymbol{E})\boldsymbol{x}=\boldsymbol{0}$,得基础解系：$\boldsymbol{p}_3=(1,1,1)^{\mathrm{T}}$。

(3)求正交变换：

$\boldsymbol{p}_1,\boldsymbol{p}_2,\boldsymbol{p}_3$ 已两两正交,只须单位化,即

$$\boldsymbol{e}_1=\frac{1}{\|\boldsymbol{p}_1\|}\boldsymbol{p}_1=(-\frac{1}{\sqrt{6}},-\frac{1}{\sqrt{6}},\frac{2}{\sqrt{6}})^{\mathrm{T}},$$

$$\boldsymbol{e}_2=\frac{1}{\|\boldsymbol{p}_2\|}\boldsymbol{p}_2=(-\frac{1}{\sqrt{2}},\frac{1}{\sqrt{2}},0)^{\mathrm{T}},$$

$$\boldsymbol{e}_3=\frac{1}{\|\boldsymbol{p}_3\|}\boldsymbol{p}_3=(\frac{1}{\sqrt{3}},\frac{1}{\sqrt{3}},\frac{1}{\sqrt{3}})^{\mathrm{T}},$$

令

$$\boldsymbol{P}=(\boldsymbol{e}_1,\boldsymbol{e}_2,\boldsymbol{e}_3)=\begin{pmatrix} -\frac{1}{\sqrt{6}} & -\frac{1}{\sqrt{2}} & \frac{1}{\sqrt{3}} \\ -\frac{1}{\sqrt{6}} & \frac{1}{\sqrt{2}} & \frac{1}{\sqrt{3}} \\ \frac{2}{\sqrt{6}} & 0 & \frac{1}{\sqrt{3}} \end{pmatrix},$$

作正交变换 $\boldsymbol{x}=\boldsymbol{P}\boldsymbol{y}$,即

$$\begin{cases} x_1=-\frac{1}{\sqrt{6}}y_1-\frac{1}{\sqrt{2}}y_2+\frac{1}{\sqrt{3}}y_3, \\ x_2=-\frac{1}{\sqrt{6}}y_1+\frac{1}{\sqrt{2}}y_2+\frac{1}{\sqrt{3}}y_3, \\ x_3=\frac{2}{\sqrt{6}}y_1+\frac{1}{\sqrt{3}}y_3, \end{cases}$$

把二次型 f 化为标准形：$-6y_1^2+2y_2^2+3y_3^2$。

例 2　试求一正交变换 $\boldsymbol{x}=\boldsymbol{P}\boldsymbol{y}$,将二次型

$$f(x_1,x_2,x_3)=3x_1^2+3x_2^2+6x_3^2+8x_1x_2-4x_1x_3+4x_2x_3$$

化为标准形。

解　该二次型 f 的矩阵为

$$A=\begin{pmatrix}3&4&-2\\4&3&2\\-2&2&6\end{pmatrix}。$$

解特征方程

$$|A-\lambda E|=\begin{vmatrix}3-\lambda&4&-2\\4&3-\lambda&2\\-2&2&6-\lambda\end{vmatrix}=-(\lambda-7)^2(\lambda+2)=0,$$

得 A 的特征值为 $\lambda_1=\lambda_2=7,\lambda_3=-2$。

对于 $\lambda_1=\lambda_2=7$，解方程组 $(A-7E)x=\mathbf{0}$，得基础解系

$$p_1=(1,0,-2)^T,p_2=(0,1,2)^T。$$

将 p_1,p_2 正交化，令

$$q_1=p_1=(1,0,-2)^T,q_2=p_2-\frac{[q_1,p_2]}{[q_1,q_1]}q_1=\frac{1}{5}(4,5,2)^T,$$

再单位化，得

$$e_1=\frac{1}{\|q_1\|}q_1=(\frac{1}{\sqrt{5}},0,-\frac{2}{\sqrt{5}})^T,e_2=\frac{1}{\|q_2\|}q_2=(\frac{4}{3\sqrt{5}},\frac{5}{3\sqrt{5}},\frac{2}{3\sqrt{5}})^T。$$

对于 $\lambda_3=-2$，解方程组 $(A+2E)x=\mathbf{0}$，得基础解系

$$p_3=(2,-2,1)^T,$$

单位化得

$$e_3=\frac{1}{\|p_3\|}p_3=(\frac{2}{3},-\frac{2}{3},\frac{1}{3})^T,$$

由此得正交矩阵

$$P=(e_1,e_2,e_3)=\begin{pmatrix}\frac{1}{\sqrt{5}}&\frac{4}{3\sqrt{5}}&\frac{2}{3}\\0&\frac{5}{3\sqrt{5}}&-\frac{2}{3}\\-\frac{2}{\sqrt{5}}&\frac{2}{3\sqrt{5}}&\frac{1}{3}\end{pmatrix}。$$

于是二次型 f 通过正交变换 $x=Py$ 化为标准形：$7y_1^2+7y_2^2-2y_3^2$。

说明 用正交变换化实二次型为标准形具有保持几何形状的优点。如在例 2 中，设 $f(x_1,x_2,x_3)=1$，由解析几何知识知，这是一个单叶双曲面方程。

2. 用配方法化二次型为标准形

下面举例说明用配方法化二次型为标准形的基本步骤。

例 3 用配方法将本节例 1 中的二次型化为标准形，并写出所作的可逆线性变换。

解 配方法遵循下列法则：若要对某个变量如 x_1 配方，必须把含有 x_1 的各项归并起来进行配方。对第 2 个变量 x_2 配方，也必须把含 x_2 的各项归并起来配方，依此类推，再进

行变换替换，这样得到的变换一定是可逆的。

$$
\begin{aligned}
f(x_1,x_2,x_3) &= x_1^2+x_2^2-3x_3^2-2x_1x_2+6x_1x_3+6x_2x_3\\
&=(x_1^2-2x_1x_2+6x_1x_3)+x_2^2-3x_3^2+6x_2x_3\\
&=[(x_1-x_2+3x_3)^2-x_2^2-9x_3^2+6x_2x_3]+x_2^2-3x_3^2+6x_2x_3\\
&=(x_1-x_2+3x_3)^2-12x_3^2+12x_2x_3\\
&=(x_1-x_2+3x_3)^2-12(\frac{1}{2}x_2-x_3)^2+3x_2^2。
\end{aligned}
$$

令

$$
\begin{cases}
y_1 = x_1-x_2+3x_3,\\
y_2 = \qquad x_2,\\
y_3 = \qquad \frac{1}{2}x_2-x_3,
\end{cases} \tag{1}
$$

则二次型 f 的标准形为 $f=y_1^2+3y_2^2-12y_3^2$。

由(1)式解出

$$
\begin{cases}
x_1 = y_1-\frac{1}{2}y_2+3y_3,\\
x_2 = \qquad y_2,\\
x_3 = \qquad \frac{1}{2}y_2-y_3,
\end{cases}
$$

即 $\boldsymbol{x}=\boldsymbol{C}\boldsymbol{y}$，其中 $\boldsymbol{C}=\begin{pmatrix}1 & -\frac{1}{2} & 3\\ 0 & 1 & 0\\ 0 & \frac{1}{2} & -1\end{pmatrix}$，

因为

$$
|\boldsymbol{C}|=\begin{vmatrix}1 & -\frac{1}{2} & 3\\ 0 & 1 & 0\\ 0 & \frac{1}{2} & -1\end{vmatrix}=-1\neq 0,
$$

所以 $\boldsymbol{x}=\boldsymbol{C}\boldsymbol{y}$ 为所求可逆线性变换。

注　本例所用的是可逆线性变换，不一定是正交变换，所以得到的标准形中的系数 $1,3,-12$ 就不一定是该二次型的矩阵的特征值。事实上，由例 1 知，该二次型的矩阵的特征值是 $-6,2,3$。

例 4　将二次型 $f=2x_1x_2-x_1x_3-x_2x_3$ 化为标准形，并写出所作的可逆线性变换。

解　因为该二次型 f 不含平方项，所以先作下面的可逆线性变换，让它产生平方项，再配方。令

$$\begin{cases} x_1 = y_1 + y_2, \\ x_2 = y_1 - y_2, \\ x_3 = y_3, \end{cases}$$

即

$$\boldsymbol{x} = \begin{pmatrix} 1 & 1 & 0 \\ 1 & -1 & 0 \\ 0 & 0 & 1 \end{pmatrix} \boldsymbol{y},$$

于是

$$f = 2y_1^2 - 2y_2^2 - 2y_1y_3 = 2\left(y_1 - \frac{1}{2}y_3\right)^2 - 2y_2^2 - \frac{1}{2}y_3^2。$$

令

$$\begin{cases} z_1 = y_1 \qquad - \frac{1}{2}y_3, \\ z_2 = \qquad y_2, \\ z_3 = \qquad\qquad y_3, \end{cases} \tag{2}$$

由(2)式解出

$$\begin{cases} y_1 = z_1 \qquad + \frac{1}{2}z_3, \\ y_2 = \qquad z_2, \\ y_3 = \qquad\qquad z_3, \end{cases}$$

即

$$\begin{pmatrix} y_1 \\ y_2 \\ y_3 \end{pmatrix} = \begin{pmatrix} 1 & 0 & \frac{1}{2} \\ 0 & 1 & 0 \\ 0 & 0 & 1 \end{pmatrix} \begin{pmatrix} z_1 \\ z_2 \\ z_3 \end{pmatrix},$$

则 f 的标准形为：$2z_1^2 - 2z_2^2 - \frac{1}{2}z_3^2$。所作可逆线性变换为

$$\boldsymbol{x} = \begin{pmatrix} 1 & 1 & 0 \\ 1 & -1 & 0 \\ 0 & 0 & 1 \end{pmatrix} \begin{pmatrix} 1 & 0 & \frac{1}{2} \\ 0 & 1 & 0 \\ 0 & 0 & 1 \end{pmatrix} \boldsymbol{z} = \begin{pmatrix} 1 & 1 & \frac{1}{2} \\ 1 & -1 & \frac{1}{2} \\ 0 & 0 & 1 \end{pmatrix} \boldsymbol{z},$$

即

$$\begin{cases} x_1 = z_1 + z_2 + \frac{1}{2}z_3, \\ x_2 = z_1 - z_2 + \frac{1}{2}z_3, \\ x_3 = \qquad\qquad z_3。 \end{cases}$$

3. 用初等变换法化二次型为标准形

一般的，由上面的配方法可以证明：

定理 2　任何一个 n 元实二次型都可以通过可逆线性变换化为标准形。（证明略）

因此，任一二次型 $f=\boldsymbol{x}^{\mathrm{T}}\boldsymbol{A}\boldsymbol{x}$，一定存在可逆线性变换 $\boldsymbol{x}=\boldsymbol{C}\boldsymbol{y}$，将其化为标准形，即存在可逆矩阵 $\boldsymbol{C}$，使 $\boldsymbol{C}^{\mathrm{T}}\boldsymbol{A}\boldsymbol{C}$ 为对角矩阵 $\boldsymbol{\Lambda}$。根据第二章第五节定理 3，知存在初等矩阵 $\boldsymbol{P}_1,\boldsymbol{P}_2,\cdots,\boldsymbol{P}_s$，使 $\boldsymbol{C}=\boldsymbol{P}_1\boldsymbol{P}_2\cdots\boldsymbol{P}_s$，有

$$\boldsymbol{C}^{\mathrm{T}}\boldsymbol{A}\boldsymbol{C}=\boldsymbol{P}_S^{\mathrm{T}}\cdots\boldsymbol{P}_2^{\mathrm{T}}\boldsymbol{P}_1^{\mathrm{T}}\boldsymbol{A}\boldsymbol{P}_1\boldsymbol{P}_2\cdots\boldsymbol{P}_s=\boldsymbol{\Lambda}。$$

因此有二次型标准化的初等变换法：

$$\begin{pmatrix}\boldsymbol{A}\\ \boldsymbol{E}\end{pmatrix}\xrightarrow[\text{对}\begin{pmatrix}\boldsymbol{A}\\ \boldsymbol{E}\end{pmatrix}\text{施以一系列同种初等列变换}]{\text{对}\boldsymbol{A}\text{施以一系列初等行变换}}\begin{pmatrix}\boldsymbol{P}_S^{\mathrm{T}}\cdots\boldsymbol{P}_2^{\mathrm{T}}\boldsymbol{P}_1^{\mathrm{T}}\boldsymbol{A}\boldsymbol{P}_1\boldsymbol{P}_2\cdots\boldsymbol{P}_s\\ \boldsymbol{P}_1\boldsymbol{P}_2\cdots\boldsymbol{P}_s\end{pmatrix}=\begin{pmatrix}\boldsymbol{\Lambda}\\ \boldsymbol{C}\end{pmatrix},$$

通过可逆线性变换 $\boldsymbol{x}=\boldsymbol{C}\boldsymbol{y}$，把 $f=\boldsymbol{x}^{\mathrm{T}}\boldsymbol{A}\boldsymbol{x}$ 化为标准形：$\boldsymbol{y}^{\mathrm{T}}\boldsymbol{\Lambda}\boldsymbol{y}$。

例 5　将二次型 $\varphi(x_1,x_2,x_3)=x_1^2-2x_1x_2+2x_1x_3-2x_2x_3+4x_2^2$ 化为标准形。

解　该二次型 f 的矩阵为

$$\boldsymbol{A}=\begin{pmatrix}1&-1&1\\-1&4&-1\\1&-1&0\end{pmatrix},$$

则

$$\begin{pmatrix}\boldsymbol{A}\\ \boldsymbol{E}\end{pmatrix}=\begin{pmatrix}1&-1&1\\-1&4&-1\\1&-1&0\\1&0&0\\0&1&0\\0&0&1\end{pmatrix}\xrightarrow[r_3-r_1]{r_2+r_1}\begin{pmatrix}1&-1&1\\0&3&0\\0&0&-1\\1&0&0\\0&1&0\\0&0&1\end{pmatrix}\xrightarrow[c_3-c_1]{c_2+c_1}\begin{pmatrix}1&0&0\\0&3&0\\0&0&-1\\1&1&-1\\0&1&0\\0&0&1\end{pmatrix}。$$

令 $\boldsymbol{C}=\begin{pmatrix}1&1&-1\\&1&\\&&1\end{pmatrix}$，

则作可逆线性变换 $\boldsymbol{x}=\boldsymbol{C}\boldsymbol{y}$，即$\begin{cases}x_1=y_1+y_2-y_3,\\x_2=\quad\quad y_2,\\x_3=\quad\quad\quad\quad y_3,\end{cases}$

使 $\boldsymbol{C}^{\mathrm{T}}\boldsymbol{A}\boldsymbol{C}=\mathrm{diag}(1,3,-1)$，二次型化为标准形：$f=y_1^2+3y_2^2-y_3^2$。

例 6　用初等变换法将二次型 $f=2x_1x_2+2x_1x_3+4x_2x_3$ 化为标准形。

解　该二次型 f 的矩阵为

$$\boldsymbol{A}=\begin{pmatrix}0&1&1\\1&0&2\\1&2&0\end{pmatrix},$$

则

$$\begin{pmatrix}A\\E\end{pmatrix}=\begin{pmatrix}0&1&1\\1&0&2\\1&2&0\\1&0&0\\0&1&0\\0&0&1\end{pmatrix}\xrightarrow{r_1+r_2}\begin{pmatrix}1&1&3\\1&0&2\\1&2&0\\1&0&0\\0&1&0\\0&0&1\end{pmatrix}\xrightarrow{c_1+c_2}\begin{pmatrix}2&1&3\\1&0&2\\3&2&0\\1&0&0\\1&1&0\\0&0&1\end{pmatrix}$$

$$\xrightarrow[r_3-\frac{3}{2}r_1]{r_2-\frac{1}{2}r_1}\begin{pmatrix}2&1&3\\0&-\frac{1}{2}&\frac{1}{2}\\0&\frac{1}{2}&-\frac{9}{2}\\1&0&0\\1&1&0\\0&0&1\end{pmatrix}\xrightarrow[c_3-\frac{3}{2}c_1]{c_2-\frac{1}{2}c_1}\begin{pmatrix}2&0&0\\0&-\frac{1}{2}&\frac{1}{2}\\0&\frac{1}{2}&-\frac{9}{2}\\1&-\frac{1}{2}&-\frac{3}{2}\\1&\frac{1}{2}&-\frac{3}{2}\\0&0&1\end{pmatrix}$$

$$\xrightarrow{r_3+r_2}\begin{pmatrix}2&0&0\\0&-\frac{1}{2}&\frac{1}{2}\\0&0&-4\\1&-\frac{1}{2}&-\frac{3}{2}\\1&\frac{1}{2}&-\frac{3}{2}\\0&0&1\end{pmatrix}\xrightarrow{c_3+c_2}\begin{pmatrix}2&0&0\\0&-\frac{1}{2}&0\\0&0&-4\\1&-\frac{1}{2}&-2\\1&\frac{1}{2}&-1\\0&0&1\end{pmatrix}。$$

令

$$C=\begin{pmatrix}1&-\frac{1}{2}&-2\\1&\frac{1}{2}&-1\\0&0&1\end{pmatrix},$$

则作线性变换 $x=Cy$，即$\begin{cases}x_1=y_1-\frac{1}{2}y_2-2y_3,\\x_2=y_1+\frac{1}{2}y_2-y_3,\\x_3=y_3,\end{cases}$

可使 $C^{T}AC=\mathrm{diag}\left(2,-\frac{1}{2},-4\right)$，二次型可化为标准形：$f=2y_1^2-\frac{1}{2}y_2^2-4y_3^2$。

二、二次型的规范形

从前面化实二次型为标准形的几种方法可以看出：实二次型的标准形是不唯一的，但标准形中含有的项数相同，都等于该二次型的秩。为了进一步化为更统一的形式，引入规范形的概念。

如果实二次型 $f(x_1,x_2,\cdots,x_n)=\boldsymbol{x}^{T}\boldsymbol{A}\boldsymbol{x}$ 通过可逆线性变换化为

$$y_1^2+\cdots+y_p^2-y_{p+1}^2-\cdots-y_r^2\text{（其中 } r=R(\boldsymbol{A}),p\leqslant r\leqslant n\text{）}, \tag{3}$$

则(3)式称为该二次型的**规范形**。

可证明一个实二次型的规范形中所含的正项项数 p 与负项的项数 $r-p$ 都是确定的，这就是下面常说的**惯性定理**。

定理 3　设有实二次型 $f=\boldsymbol{x}^{T}\boldsymbol{A}\boldsymbol{x}$，它的秩为 r，有两个实的可逆线性变换 $\boldsymbol{x}=\boldsymbol{C}\boldsymbol{y}$ 及 $\boldsymbol{x}=\boldsymbol{P}\boldsymbol{z}$，使得

$$f=k_1y_1^2+k_2y_2^2+\cdots+k_ry_r^2\ (k_i\neq0,i=1,2,\cdots,r),$$

及

$$f=\lambda_1z_1^2+\lambda_2z_2^2+\cdots+\lambda_rz_r^2\ (\lambda_i\neq0,i=1,2,\cdots,r),$$

则 $k_1,\cdots,k_r$ 中正数的个数与 $\lambda_1,\cdots,\lambda_r$ 中正数的个数相等，即其规范形唯一（证明略）。

实二次型的标准形中正系数的个数 p 称为二次型的**正惯性指数**，负系数的个数 $r-p$ 称为**负惯性指数**。由此可得

推论 1　任一实对称矩阵 $\boldsymbol{A}$ 合同于对角矩阵 $\begin{pmatrix}\boldsymbol{E}_p & & \\ & -\boldsymbol{E}_{r-p} & \\ & & \boldsymbol{O}\end{pmatrix}$，其中 $r=R(\boldsymbol{A})$，p 为实二次型 $f=x^{T}\boldsymbol{A}x$ 的正惯性指数。

推论 2　两个实对称矩阵合同的充分必要条件是它们具有相同的正惯性指数和秩。

第三节　二次型和对称矩阵的有定性

考察二次型

$$f=x_1^2+2x_2^2+2x_3^2+2x_1x_2-2x_2x_3=(x_1+x_2)^2+(x_2-x_3)^2+x_3^2。$$

这个二次型的特点是：不论 x_1,x_2,x_3 取任何一组不全为零的实数 c_1,c_2,c_3，都有

$$f(c_1,c_2,c_3)==(c_1+c_2)^2+(c_2-c_3)^2+c_3^2>0。$$

具有这种特点的二次型称为正定二次型。在数学及其他学科，如力学、电学等都会经常遇到这种二次型。

一、正定二次型和正定矩阵

定义 1　设有实二次型 $f(\boldsymbol{x})=\boldsymbol{x}^{T}\boldsymbol{A}\boldsymbol{x}\ (\boldsymbol{A}^{T}=\boldsymbol{A})$，若对任给 $\boldsymbol{x}\neq\boldsymbol{0}$，都有 $f(\boldsymbol{x})>0$，则称

f 为**正定二次型**,并称对称矩阵 $\boldsymbol{A}$ 是**正定矩阵**。

例 1 判断以下二次型的正定性:

(1) $f(x_1,x_2,x_3)=x_1^2+3x_2^2+x_3^2$;

(2) $f(x_1,x_2,x_3)=x_1^2+x_2^2-x_3^2$;

(3) $f(x_1,x_2,x_3)=x_1^2+x_3^2$。

解 由定义 1,不难判定:

(1) $f(x_1,x_2,x_3)=x_1^2+3x_2^2+x_3^2$ 是正定二次型;

(2) $f(x_1,x_2,x_3)=x_1^2+x_2^2-x_3^2$ 不是正定二次型;

(3) $f(x_1,x_2,x_3)=x_1^2+x_3^2$ 不是正定二次型。

由例 1 可以看出,利用二次型的标准形或规范形很容易判断它的正定性。

定理 1 可逆线性变换不改变实二次型的正定性。(证明略)

定理 2 n 元实二次型 $f(\boldsymbol{x})=\boldsymbol{x}^{\mathrm{T}}\boldsymbol{A}\boldsymbol{x}$ 为正定的充分必要条件是它的标准形中的 n 个系数全为正,即它的规范形中的 n 个系数全为 1。

证明 设可逆变换 $\boldsymbol{x}=\boldsymbol{C}\boldsymbol{y}$,使

$$f(\boldsymbol{x})=f(\boldsymbol{C}\boldsymbol{y})=\sum_{i=1}^{n}k_iy_i^2。$$

先证充分性。设 $k_i>0(i=1,2,\cdots,n)$,任给 $\boldsymbol{x}\neq\boldsymbol{0}$,则 $\boldsymbol{y}=\boldsymbol{C}^{-1}\boldsymbol{x}\neq\boldsymbol{0}$。故

$$f(\boldsymbol{x})=\sum_{i=1}^{n}k_iy_i^2>0。$$

再证必要性。用反证法,设有某 $k_s\leqslant 0$,取

$$\boldsymbol{y}=\boldsymbol{e}_s=(0,\cdots,0,\underset{\underset{s}{\uparrow}}{1},0,\cdots,0)^{\mathrm{T}}$$

时,$\boldsymbol{x}=\boldsymbol{C}\boldsymbol{e}_s\neq\boldsymbol{0}$。此时

$$f(\boldsymbol{x})=f(\boldsymbol{C}\boldsymbol{e}_s)=k_s\leqslant 0,$$

这与 f 为正定二次型矛盾。所以 $k_i>0(i=1,2,\cdots n)$。

综上所述,n 元实二次型 $f(\boldsymbol{x})=\boldsymbol{x}^{\mathrm{T}}\boldsymbol{A}\boldsymbol{x}$ 为正定的充分必要条件是它的标准形中的 n 个系数全为正,即它的规范形中的 n 个系数全为 1。证毕。

推论 1 n 元实二次型 $f(\boldsymbol{x})=\boldsymbol{x}^{\mathrm{T}}\boldsymbol{A}\boldsymbol{x}$ 为正定的充分必要条件是它的正惯性指数等于 n。

推论 2 n 阶实对称矩阵 $\boldsymbol{A}$ 为正定的充分必要条件是 $\boldsymbol{A}$ 合同于 n 阶单位矩阵 $\boldsymbol{E}$,即存在可逆矩阵 $\boldsymbol{P}$,使 $\boldsymbol{P}^{\mathrm{T}}\boldsymbol{A}\boldsymbol{P}\simeq\boldsymbol{E}$。

推论 3 实对称矩阵 $\boldsymbol{A}$ 为正定的充分必要条件是 $\boldsymbol{A}$ 的特征值全为正。

推论 4 若实对称矩阵 $\boldsymbol{A}$ 为正定矩阵,则 $|\boldsymbol{A}|>0$。

例 2 判断二次型 $f(x_1,x_2)=3x_1^2+2x_1x_2+3x_2^2$ 的正定性。

解法一 用特征值来判定。

该二次型 f 的矩阵为

$$\boldsymbol{A}=\begin{pmatrix}3&1\\1&3\end{pmatrix}。$$

$\boldsymbol{A}$ 的特征值：$\lambda_1=2,\lambda_2=4$ 均为正。故 $\boldsymbol{A}$ 正定，即 f 正定。

解法二 用标准形来判定。

用配方法化该二次型为标准形：

$$\begin{aligned}f(x_1,x_2)&=3x_1^2+2x_1x_2+3x_2^2=3(x_1^2+\frac{2}{3}x_1x_2+\frac{1}{9}x_2^2)-\frac{1}{3}x_2^2+3x_2^2\\&=3(x_1+\frac{1}{3}x_2)^2+\frac{8}{3}x_2^2,\end{aligned}$$

令$\begin{cases}y_1=x_1+\frac{1}{3}x_2,\\y_2=\qquad\quad x_2,\end{cases}$则 $f=3y_1^2+\frac{8}{3}y_2^2$。

其正惯性指数为 $p=2$。故 f 是正定的。

定义 2 设 n 阶矩阵 $\boldsymbol{A}=(a_{ij})$，称

$$\begin{vmatrix}a_{11}&a_{12}&\cdots&a_{1k}\\a_{21}&a_{22}&\cdots&a_{2k}\\\vdots&\vdots&&\vdots\\a_{k1}&a_{k2}&&a_{kk}\end{vmatrix}\quad(k=1,2,\cdots,n)$$

为矩阵 $\boldsymbol{A}$ 的 k 阶**顺序主子式**。

定理 3 实对称矩阵 $\boldsymbol{A}$ 为正定的充分必要条件是：$\boldsymbol{A}$ 的各阶顺序主子式都大于零。即

$$a_{11}>0,\begin{vmatrix}a_{11}&a_{12}\\a_{21}&a_{22}\end{vmatrix}>0,\cdots,\begin{vmatrix}a_{11}&a_{12}&\cdots&a_{1n}\\a_{21}&a_{22}&\cdots&a_{2n}\\\vdots&\vdots&&\vdots\\a_{n1}&a_{n2}&&a_{nn}\end{vmatrix}>0$$

（证明略）。

例 3 判断下列二次型的正定性。

(1) $f=x_1^2+2x_2^2+3x_3^2+2x_1x_2-2x_2x_3$；

(2) $f=2x_1^2+x_2^2-4x_1x_2-4x_2x_3$。

解 (1)该二次型 f 的矩阵为

$$\boldsymbol{A}=\begin{pmatrix}1&1&0\\1&2&-1\\0&-1&3\end{pmatrix},$$

$$a_{11}=1>0,\begin{vmatrix}1&1\\1&2\end{vmatrix}=1>0,|\boldsymbol{A}|=2>0,$$

故 f 是正定的。

(2)该二次型 f 的矩阵为

$$A=\begin{pmatrix}2 & -2 & 0\\ -2 & 1 & -2\\ 0 & -2 & 0\end{pmatrix},$$

$$a_{11}=2>0,\ \begin{vmatrix}2 & -2\\ -2 & 1\end{vmatrix}=-2<0,$$

故 f 不是正定的。

例 4 试求 t 为何值时，二次型 $f=x_1^2+4x_2^2+2x_3^2+2tx_1x_2+2x_1x_3$ 为正定二次型。

解 该二次型 f 的矩阵为

$$A=\begin{pmatrix}1 & t & 1\\ t & 4 & 0\\ 1 & 0 & 2\end{pmatrix}。$$

要使二次型 f 为正定二次型，即 A 为正定矩阵，由定理 3 知，必须

$$|1|>0,\ \begin{vmatrix}1 & t\\ t & 4\end{vmatrix}=4-t^2>0,\ \begin{vmatrix}1 & t & 1\\ t & 4 & 0\\ 1 & 0 & 2\end{vmatrix}=2(2-t^2)>0,$$

由此联立不等式

$$\begin{cases}4-t^2>0\\ 2-t^2>0\end{cases},$$

解之得 $-\sqrt{2}<t<\sqrt{2}$，

所以当 $-\sqrt{2}<t<\sqrt{2}$ 时，f 为正定二次型。

例 5 设 A 为 n 阶实对称阵，且 $R(A)=n$。试证明：矩阵 A^TA 为正定矩阵。

证明 由 $(A^TA)^T=A^T(A^T)^T=A^TA$，知 A^TA 为对称阵。

又因为 $R(A)=n$，所以 A 可逆。从而任给的非零列向量 x，有 $Ax\neq 0$，所以有

$$x^T(A^TA)x=(Ax)^T(Ax)=[Ax,Ax]>0,$$

即二次型 $x^T(A^TA)x$ 为正定二次型。故 A^TA 为正定。

二、二次型的有定性

定义 3 设有实二次型 $f(x)=x^TAx\,(A^T=A)$，

(1)若对任给 $x\neq 0$，都有 $f(x)<0$，则称 f 为**负定二次型**，并称对称矩阵 A 是**负定矩阵**；

(2)若对任给 $x\neq 0$，都有 $f(x)\geqslant 0$，且存在 $x_0=(x_1,x_2,\cdots,x_n)^T\neq 0$，使 $f(x_0)=0$，则称 f 为**半正定二次型**，并称对称矩阵 A 是**半正定矩阵**；

(3)若对任给 $\boldsymbol{x}\neq\boldsymbol{0}$,都有 $f(\boldsymbol{x})\leqslant 0$,且存在 $\boldsymbol{x}_0=(x_1,x_2,\cdots,x_n)^{\mathrm{T}}\neq\boldsymbol{0}$,使 $f(\boldsymbol{x}_0)=0$,则称 f 为**半负定二次型**,并称对称矩阵 $\boldsymbol{A}$ 是**半负定矩阵**;

(4)若对某些 $\boldsymbol{x}\neq\boldsymbol{0}$,有 $f(\boldsymbol{x})<0$,而对另一些 $\boldsymbol{x}\neq\boldsymbol{0}$,有 $f(\boldsymbol{x})>0$,则称 f 为**不定二次型**,并称对称矩阵 $\boldsymbol{A}$ 是**不定矩阵**。

根据正定二次型的讨论,可类似得到负定和半正定的结论。

定理 4　n 元实二次型 $f(\boldsymbol{x})=\boldsymbol{x}^{\mathrm{T}}\boldsymbol{A}\boldsymbol{x}$ 为负定的充分必要条件是它的标准形中的 n 个系数全为负,即它的规范型中的 n 个系数全为 -1。

推论 1　n 元实二次型 $f(\boldsymbol{x})=\boldsymbol{x}^{\mathrm{T}}\boldsymbol{A}\boldsymbol{x}$ 为负定的充分必要条件是它的负惯性指数等于 n。

推论 2　n 阶实对称矩阵 $\boldsymbol{A}$ 为负定的充分必要条件是 $\boldsymbol{A}$ 合同于 n 阶矩阵 $-\boldsymbol{E}$,即存在可逆矩阵 $\boldsymbol{P}$,使 $\boldsymbol{P}^{\mathrm{T}}\boldsymbol{A}\boldsymbol{P}\simeq-\boldsymbol{E}$。

推论 3　实对称矩阵 $\boldsymbol{A}$ 为负定的充分必要条件是 $\boldsymbol{A}$ 的特征值全为负。

定理 5　实对称矩阵 $\boldsymbol{A}$ 为负定的充分必要条件是 $\boldsymbol{A}$ 的奇数阶顺序主子式为负,而偶数阶顺序主子式为正。

定理 6　n 元实二次型 $f(\boldsymbol{x})=\boldsymbol{x}^{\mathrm{T}}\boldsymbol{A}\boldsymbol{x}$ 为半正定的充分必要条件是它的标准形中的 n 个系数为非负,且至少存在一个系数为零。

推论 1　n 元实二次型 $f(\boldsymbol{x})=\boldsymbol{x}^{\mathrm{T}}\boldsymbol{A}\boldsymbol{x}$ 为半正定的充分必要条件是它的正惯性指数 $p=r<n$(其中 $r=R(\boldsymbol{A})$)。

推论 2　n 元实二次型 $f(\boldsymbol{x})=\boldsymbol{x}^{\mathrm{T}}\boldsymbol{A}\boldsymbol{x}$ 为半正定的充分必要条件是实对称矩阵 $\boldsymbol{A}$ 合同于 $\begin{pmatrix}\boldsymbol{E}_r & \boldsymbol{O}\\ \boldsymbol{O} & \boldsymbol{O}\end{pmatrix}$。

推论 3　实对称矩阵 $\boldsymbol{A}$ 为半正定的充分必要条件是 $\boldsymbol{A}$ 的特征值大于或等于零,且至少存在一个特征值等于零。

例 6　判别二次型 $f(x_1,x_2,x_3)=-2x_1^2-6x_2^2-4x_3^2+2x_1x_2+2x_1x_3$ 的正定性。

解　该二次型 f 的矩阵为

$$\boldsymbol{A}=\begin{pmatrix}-2 & 1 & 1\\ 1 & -6 & 0\\ 1 & 0 & -4\end{pmatrix},$$

$$a_{11}=-2<0,\begin{vmatrix}-2 & 1\\ 1 & -6\end{vmatrix}=11>0,|\boldsymbol{A}|=-38<0,$$

故 f 是负定二次型。

*三、矩阵有定性的应用

实对称矩阵的正定性及有定性理论,在数学的分支领域和经济管理的许多问题中得到广泛应用。现举多元函数的极值问题说明之。

利用二次型的正定性，给出在多元微积分中，关于多元函数极值判定的一个充分条件。

设 n 元函数 $f(x_1,x_2,\cdots,x_n)$ 在 $\boldsymbol{x}_0=(x_1^0,x_2^0,\cdots,x_n^0)^{\mathrm{T}}$ 的某邻域内有一阶、二阶连续偏导数。又 $(x_1^0+h_1,x_2^0+h_2,\cdots,x_n^0+h_n)^{\mathrm{T}}$ 为该邻域中任意一点。

由多元函数的泰勒公式知：

$$f(\boldsymbol{x}_0+\boldsymbol{h})=f(\boldsymbol{x}_0)+\sum_{i=1}^{n}f_i(\boldsymbol{x}_0)h_i+\frac{1}{2!}\sum_{i=1}^{n}\sum_{j=1}^{n}f_{ij}(\boldsymbol{x}_0+\theta\boldsymbol{h})h_ih_j,$$

其中 $0<\theta<1,\boldsymbol{h}=(h_1,h_2,\cdots,h_n)^{\mathrm{T}}$。

$f(x_1,x_2,\cdots,x_n)$ 在点 $\boldsymbol{x}_0$ 处对 $x_i(i=1,2,\cdots,n)$ 的偏导数为：

$$f_i(\boldsymbol{x}_0)=\frac{\partial f(\boldsymbol{x}_0)}{\partial x_i}(i=1,2,\cdots,n)。$$

$f(x_1,x_2,\cdots,x_n)$ 在点 $\boldsymbol{x}_0$ 的某邻域内的二阶偏导数为：

$$f_{ij}(\boldsymbol{x}_0+\theta\boldsymbol{h})=f_{ji}(\boldsymbol{x}_0+\theta\boldsymbol{h})=\frac{\partial^2 f(\boldsymbol{x}_0+\theta\boldsymbol{h})}{\partial x_i\partial x_j}=\frac{\partial^2 f(\boldsymbol{x}_0+\theta\boldsymbol{h})}{\partial x_j\partial x_i}(i,j=1,2,\cdots,n)。$$

当 $\boldsymbol{x}_0=(x_1^0,x_2^0,\cdots,x_n^0)^{\mathrm{T}}$ 是 $f(\boldsymbol{x}_0)$ 的驻点时，则有 $f_i(\boldsymbol{x}_0)=0(i=1,2,\cdots,n)$，于是 $f(\boldsymbol{x}_0)$ 是否为 $f(\boldsymbol{x})$ 的极值，取决于 $\sum\limits_{i=1}^{n}\sum\limits_{j=1}^{n}f_{ij}(\boldsymbol{x}_0+\theta\boldsymbol{h})h_ih_j$ 的符号。由 $f_{ij}(\boldsymbol{x})$ 在 $\boldsymbol{x}_0$ 的某邻域中的连续性知，在该邻域内，上式的符号可由 $\sum\limits_{i=1}^{n}\sum\limits_{j=1}^{n}f_{ij}(\boldsymbol{x}_0)h_ih_j$ 的符号决定。而后一式是关于 $h_1,h_2,\cdots,h_n$ 的一个 n 元二次型，它的符号取决于对称矩阵

$$H(\boldsymbol{x}_0)=\begin{pmatrix}f_{11}(\boldsymbol{x}_0) & f_{12}(\boldsymbol{x}_0) & \cdots & f_{1n}(\boldsymbol{x}_0)\\ f_{21}(\boldsymbol{x}_0) & f_{22}(\boldsymbol{x}_0) & \cdots & f_{2n}(\boldsymbol{x}_0)\\ \vdots & \vdots & & \vdots\\ f_{n1}(\boldsymbol{x}_0) & f_{n2}(\boldsymbol{x}_0) & \cdots & f_{nn}(\boldsymbol{x}_0)\end{pmatrix}$$

是否为正定矩阵(其中 $f_{ij}(\boldsymbol{x}_0)(i,j=1,2,\cdots,n)$ 指 $f(x_1,x_2,\cdots,x_n)$ 在点 $\boldsymbol{x}_0$ 处对变量 x_i，$x_j(i,j=1,2,\cdots,n)$ 的二阶偏导数)。称矩阵 $\boldsymbol{H}(\boldsymbol{x}_0)$ 为 $f(x_1,x_2,\cdots,x_n)$ 在 $\boldsymbol{x}_0$ 处的 n 阶**黑塞(Hess)矩阵**，其 k 阶顺序主子式记为 $|\boldsymbol{H}_k(\boldsymbol{x}_0)|(k=1,2,\cdots,n)$。

因此得到如下判别法：

(1)当 $\boldsymbol{H}(\boldsymbol{x}_0)$ 为正定矩阵时，$f(\boldsymbol{x}_0)$ 为 $f(x)$ 的极小值；

(2)当 $\boldsymbol{H}(\boldsymbol{x}_0)$ 为负定矩阵时，$f(\boldsymbol{x}_0)$ 为 $f(x)$ 的极大值；

(3)当 $\boldsymbol{H}(\boldsymbol{x}_0)$ 为不定矩阵时，$f(\boldsymbol{x}_0)$ 不是极值；

(4)$\boldsymbol{H}(\boldsymbol{x}_0)$ 为半正定或半负定矩阵时，$f(\boldsymbol{x}_0)$ 既可能是极值，也可能不是极值，尚需利用其他方法来判定。

例 求出函数 $f(x_1,x_2,x_3)=x_1^3+3x_1x_2+3x_1x_3+x_2^3+3x_2x_3+x_3^3$ 的极值。

解 $f(x_1,x_2,x_3)$ 对 $x_i(i=1,2,3)$ 的一阶偏导数分别为：

$$f_1=3x_1^2+3x_2+3x_3$$

$$f_2=3x_1+3x_2^2+3x_3$$

$$f_3 = 3x_1 + 3x_2 + 3x_3^2。$$

解方程组 $f_1 = f_2 = f_3 = 0$，得驻点 $\boldsymbol{x}_0 = (0,0,0)^{\mathrm{T}}$，$\tilde{\boldsymbol{x}}_0 = (-2,-2,-2)^{\mathrm{T}}$。

又 $f(x_1,x_2,x_3)$ 对 $x_i,x_j(i,j=1,2,3)$ 的二阶偏导数分别为：

$$\begin{aligned} &f_{11} = 6x_1, \quad f_{12} = 3, \quad f_{13} = 3, \\ &f_{21} = 3, \quad f_{22} = 6x_2, \quad f_{23} = 3, \\ &f_{31} = 3, \quad f_{32} = 3, \quad f_{33} = 6x_3, \end{aligned}$$

得黑塞矩阵

$$\boldsymbol{H}(\boldsymbol{x}) = \begin{pmatrix} 6x_1 & 3 & 3 \\ 3 & 6x_2 & 3 \\ 3 & 3 & 6x_3 \end{pmatrix}。$$

在点 $\boldsymbol{x}_0 = (0,0,0)^{\mathrm{T}}$ 处，有

$$\boldsymbol{H}(\boldsymbol{x}_0) = \begin{pmatrix} 0 & 3 & 3 \\ 3 & 0 & 3 \\ 3 & 3 & 0 \end{pmatrix},$$

得 $\boldsymbol{H}(\boldsymbol{x}_0)$ 的各阶顺序主子式为：$|\boldsymbol{H}_1(\boldsymbol{x}_0)| = 0$，$|\boldsymbol{H}_2(\boldsymbol{x}_0)| = -9$，$|\boldsymbol{H}_3(\boldsymbol{x}_0)| = 54$，所以 $\boldsymbol{H}(\boldsymbol{x}_0)$ 是不定矩阵，故在点 $\boldsymbol{x}_0 = (0,0,0)^{\mathrm{T}}$ 处 $f(x_1,x_2,x_3)$ 没有极值。

在点 $\tilde{\boldsymbol{x}}_0 = (-2,-2,-2)^{\mathrm{T}}$ 处，有

$$\boldsymbol{H}(\tilde{\boldsymbol{x}}_0) = \begin{pmatrix} -12 & 3 & 3 \\ 3 & -12 & 3 \\ 3 & 3 & -12 \end{pmatrix},$$

得 $\boldsymbol{H}(\tilde{\boldsymbol{x}}_0)$ 的各阶顺序主子式为：$|\boldsymbol{H}_1(\tilde{\boldsymbol{x}}_0)| = -12 < 0$，$|\boldsymbol{H}_2(\tilde{\boldsymbol{x}}_0)| = \begin{vmatrix} -12 & 3 \\ 3 & -12 \end{vmatrix} = 135 > 0$，

$$|\boldsymbol{H}_3(\tilde{\boldsymbol{x}}_0)| = \begin{vmatrix} -12 & 3 & 3 \\ 3 & -12 & 3 \\ 3 & 3 & -12 \end{vmatrix} = -1350 < 0,$$

所以 $\boldsymbol{H}(\boldsymbol{x})$ 为负定矩阵。故 $f(-2,-2,-2) = 12$ 是给定函数的极大值。

习题五

1. 写出下列二次型的矩阵：

(1) $f = 2x_1^2 - 2x_2^2 - x_1x_3 - 3x_2x_3$；

(2) $f = 2x_1x_2 - 2x_1x_3 + 2x_1x_4 - 2x_3x_4$。

2.写出下列矩阵所对应的二次型。

(1)$\boldsymbol{A}=\begin{pmatrix} 1 & 0 & -\frac{1}{2} \\ 0 & 0 & 2 \\ -\frac{1}{2} & 2 & 2 \end{pmatrix}$；　　(2)$\boldsymbol{A}=\begin{pmatrix} 0 & \frac{1}{2} & -\frac{1}{3} & 0 \\ \frac{1}{2} & -1 & \frac{1}{2} & \frac{1}{2} \\ -\frac{1}{3} & \frac{1}{2} & 0 & 0 \\ 0 & \frac{1}{2} & 0 & 1 \end{pmatrix}$。

3.设二次型 $f=(x_1-x_2)^2+(x_2-x_3)^2+(x_1-x_3)^2$，求 f 的秩。

4.若二次型 $f(x_1,x_2,x_3)=x_1^2+x_2^2+x_3^2+2ax_1x_2+2x_1x_3$ 的秩为 2，则 a 应满足什么条件。

5.设 $\boldsymbol{A},\boldsymbol{B}$ 均为 n 阶可逆矩阵，且 $\boldsymbol{A},\boldsymbol{B}$ 合同。试证 $\boldsymbol{A}^{-1}$ 与 $\boldsymbol{B}^{-1}$ 合同。

6.设矩阵 $\boldsymbol{A}$ 与 $\boldsymbol{B}$ 合同，矩阵 $\boldsymbol{C}$ 与 $\boldsymbol{D}$ 合同。试证$\begin{pmatrix} \boldsymbol{A} & \boldsymbol{O} \\ \boldsymbol{O} & \boldsymbol{C} \end{pmatrix}$与$\begin{pmatrix} \boldsymbol{B} & \boldsymbol{O} \\ \boldsymbol{O} & \boldsymbol{D} \end{pmatrix}$合同。

7.用正交变换法化二次型为标准形，并写出所用线性变换。

(1)$f(x_1,x_2,x_3)=3x_1^2+3x_3^2+4x_1x_2+8x_1x_3+4x_2x_3$；

(2)$f(x_1,x_2,x_3)=x_1^2+2x_2^2+3x_3^2-4x_1x_2-4x_2x_3$；

(3)$f(x_1,x_2,x_3)=2x_1x_2+2x_2x_3-2x_1x_3$。

8.用配方法化二次型为标准形。

(1)$f(x_1,x_2,x_3)=x_1^2+3x_2^2+6x_3^2-4x_1x_2-4x_1x_3+10x_2x_3$；

(2)$f(x_1,x_2,x_3)=2x_1^2+x_2^2+4x_3^2+2x_1x_2-2x_2x_3$；

(3)$f(x_1,x_2,x_3)=4x_1x_2-2x_1x_3-2x_2x_3$。

9.用初等变换法化二次型为标准形。

(1)$f(x_1,x_2,x_3)=x_1^2+2x_2^2-x_3^2+4x_1x_2-4x_1x_3-4x_2x_3$；

(2)$f(x_1,x_2,x_3)=x_1^2-2x_2^2-x_3^2-2x_1x_2-2x_1x_3+4x_2x_3$；

(3)$f(x_1,x_2,x_3)=2x_1x_2+2x_1x_3-6x_2x_3$。

10.已知二次型

$$f(x_1,x_2,x_3)=x_1^2+2x_2^2+cx_3^2-2x_1x_2+4x_1x_3-4x_2x_3$$

的秩为 2。求 c 的值，并将此二次型化为标准型。

11.判断下列二次型的正定性。

(1)$f(x_1,x_2,x_3)=x_1^2+2x_2^2+4x_3^2-2x_1x_2-2x_2x_3$；

(2)$f(x_1,x_2,x_3)=-5x_1^2-6x_2^2-4x_3^2+4x_1x_2+4x_1x_3$；

(3)$f(x_1,x_2,x_3)=x_1^2+x_2^2-4x_3^2+6x_1x_3+4x_2x_3$。

12.当 t 为何值时，下列二次型为正定二次型。

(1)$f(x_1,x_2,x_3)=x_1^2+x_2^2+4x_3^2-tx_2x_3$；

(2) $f(x_1,x_2,x_3)=x_1^2+x_2^2+5x_3^2+2tx_1x_2+2x_1x_3-4x_2x_3$；

(3) $f(x_1,x_2,x_3)=2x_1^2+tx_2^2+tx_3^2+2x_1x_2+2x_1x_3$。

13. 设 $\boldsymbol{A},\boldsymbol{B}$ 均为 n 阶正定矩阵，证明 $\boldsymbol{BAB}$ 也为正定矩阵。

14. 设 $\boldsymbol{A},\boldsymbol{B}$ 均为 n 阶正定矩阵，证明 $\boldsymbol{A}+\boldsymbol{B}$ 也为正定矩阵。

15. 设 $\boldsymbol{A}$ 为正定矩阵，证明 $\boldsymbol{A}^*$ 也为正定矩阵（$\boldsymbol{A}^*$ 为 $\boldsymbol{A}$ 的伴随矩阵）。

*16. 求函数 $f(x_1,x_2,x_3)=x_1^3+12x_1x_2+2x_3+x_2^2+x_3^2$ 的极值。

*第六章　线性空间与线性变换

在第三章中，我们把由 n 个数形成的一个有序数组称为一个 n 维向量，n 个数中的每一个数都称为该 n 维向量的分量。特别地，若一个向量的分量都是实数，则该向量称为实向量，我们还定义了向量间的加法、数乘向量这两种运算，它们统称为向量的线性运算，所有 n 维实向量形成的集合，连同定义的向量的线性运算称为 n 维实向量空间，记作 $\mathbf{R}^n$，$\mathbf{R}^n$ 对于研究线性方程组解的结构具有十分重要的意义，在科学技术的许多研究领域中，有着很多与 $\mathbf{R}^n$ 具有相同性质的集合。这些性质包括，$\mathbf{R}^n$ 中任意两个向量作加法运算后得到的新向量依旧属于 $\mathbf{R}^n$，用实数乘以 $\mathbf{R}^n$ 中的任一向量后得到的新向量也还属于 $\mathbf{R}^n$，这分别被称为关于加法封闭和关于数乘封闭，除了封闭性以外，n 维实向量空间还有其它的一些性质，将 n 维实向量空间的这些特性提炼出来并加以推广，就可以建立线性空间的概念。有了线性空间的概念后，就可以进一步探讨一个线性空间到自身的线性映射，今后我们会发现，一个线性空间到自身的线性映射被称为线性变换。

第一节　线性空间

一、线性空间的定义

定义　设 K 是一个数域，V 是一个非空集合，在 V 上定义了加法和数乘两种运算，这两种运算分别用记号 $\oplus$ 和 $\otimes$ 表示，若它们同时满足下列 10 个条件：

(1)加法运算是封闭的，即对任意 $\boldsymbol{a},\boldsymbol{b}\in V$，都有 $(\boldsymbol{a}\oplus\boldsymbol{b})\in V$；

(2)数乘运算是封闭的，即对任意 $\lambda\in K$ 和任意 $\boldsymbol{a}\in V$，都有 $(\lambda\otimes\boldsymbol{a})\in V$；

(3)加法运算满足交换律，即对任意 $\boldsymbol{a},\boldsymbol{b}\in V$，都有 $\boldsymbol{a}\oplus\boldsymbol{b}=\boldsymbol{b}\oplus\boldsymbol{a}$；

(4)加法运算满足结合律，即对任意 $\boldsymbol{a},\boldsymbol{b},\boldsymbol{c}\in V$，都有

$$(\boldsymbol{a}\oplus\boldsymbol{b})\oplus\boldsymbol{c}=\boldsymbol{a}\oplus(\boldsymbol{b}\oplus\boldsymbol{c});$$

(5) V 中含有零元素，记为 $\mathbf{0}$，满足对任意 $\boldsymbol{a}\in V$，都有 $\mathbf{0}\oplus\boldsymbol{a}=\boldsymbol{a}$；

(6)每个元素 $\boldsymbol{a}\in V$ 都有它的负元，记为 $-\boldsymbol{a}$，使 $\boldsymbol{a}\oplus(-\boldsymbol{a})=\mathbf{0}$；

(7)数乘运算满足结合律，即对任意 $\lambda,\mu\in K$ 和任意 $\boldsymbol{a}\in V$，都有

$$\lambda\otimes(\mu\otimes\boldsymbol{a})=(\lambda\mu)\otimes\boldsymbol{a};$$

(8)数乘运算和加法运算满足第一分配律,即对任意 $\lambda\in K$ 和任意 $\boldsymbol{a},\boldsymbol{b}\in V$,都有

$$\lambda\otimes(\boldsymbol{a}\oplus\boldsymbol{b})=(\lambda\otimes\boldsymbol{a})\oplus(\lambda\otimes\boldsymbol{b});$$

(9)数乘运算和加法运算满足第二分配律,即对任意 $\lambda,\mu\in K$ 和任意 $\boldsymbol{a}\in V$ 都有

$$(\lambda+\mu)\otimes\boldsymbol{a}=(\lambda\otimes\boldsymbol{a})\oplus(\mu\otimes\boldsymbol{a});$$

(10)对任意 $\boldsymbol{a}\in V$,都有 $1\otimes\boldsymbol{a}=\boldsymbol{a}$。

则称 V 是数域 K 上的**线性空间**(或**向量空间**),V 中的元素可称为**向量**。

例 1　设 $V=\{x\mid x=(a_1,a_2,a_3)^{\mathrm{T}},a_1,a_2,a_3\in R\}$,数域 $K=R$,定义两种运算分别为

加法:$(a_1,a_2,a_3)^{\mathrm{T}}\oplus(b_1,b_2,b_3)^{\mathrm{T}}=(a_1+b_1,a_2+b_2,a_3+b_3)^{\mathrm{T}}$。

数乘:$\lambda\otimes(a_1,a_2,a_3)^{\mathrm{T}}=(0,0,0)^{\mathrm{T}}$,其中 $\lambda\in R$。

则 V 不是数域 R 上的线性空间,这是因为 $1\otimes(a_1,a_2,a_3)^{\mathrm{T}}=(0,0,0)^{\mathrm{T}}$,不满足定义中的第(10)条。

注　比较 V 与 $\mathbf{R}^3$,作为集合它们是一样的,但由于在其中所定义的运算不同,以至于 $\mathbf{R}^3$ 构成线性空间,而 V 不是线性空间,由此可见,线性空间的概念是集合与运算两者的结合。一般来说,同一个集合,若定义两种不同的线性运算,就构成不同的线性空间,若定义的集合和运算不满足定义的 10 个条件,就不能构成线性空间。

例 2　设 $V=\{x\mid x\in R$ 且 $x>0\}$,数域 $K=R$,定义两种运算分别为

加法:$x\oplus y=xy$,　$(x,y\in V)$。

数乘:$\lambda\otimes x=x^{\lambda}$,　$(\lambda\in R,x\in V)$。

验证对所定义的运算,集合 V 是数域 R 上的线性空间。

证明　(1)对任意 $x,y\in V$,$x\oplus y=xy$,由于两个正实数的乘积依然是正实数,所以 $(x\oplus y)\in V$,即加法运算封闭。

(2)对任意 $\lambda\in R$,任意 $x\in V$,有 $\lambda\otimes x=x^{\lambda}$,由基本初等函数的性质知道 $x^{\lambda}>0$,所以 $(\lambda\otimes x)\in V$,即数乘运算封闭。

(3)对任意 $x,y\in V$,有 $x\oplus y=xy=y\oplus x$,即加法满足交换律。

(4)对任意 $x,y,z\in V$,有

$(x\oplus y)\oplus z=(xy)\oplus z=xyz=x\oplus(yz)=x\oplus(y\oplus z)$,即加法满足结合律。

(5)V 中含有零元 $\mathbf{0}=1$,满足对任意 $x\in V$,都有 $\mathbf{0}\oplus x=1x=x$。

(6)对任意 $x\in V$,都有 $x\oplus\dfrac{1}{x}=x\,\dfrac{1}{x}=1=\mathbf{0}$,即 V 中的每个元都有负元。

(7)对任意 $\lambda,\mu\in K$ 和任意 $x\in V$,有

$\lambda\otimes(\mu\otimes x)=\lambda\otimes(x^{\mu})=(x^{\mu})^{\lambda}=x^{\lambda\mu}=(\lambda\mu)\otimes x$,即数乘满足结合律。

(8)对任意 $\lambda\in K$ 和任意 x、$y\in V$,有

$\lambda\otimes(x\oplus y)=\lambda\otimes(xy)=(xy)^{\lambda}=x^{\lambda}y^{\lambda}=(\lambda\otimes x)\oplus(\lambda\otimes y)$,即两种运算满足第一分配律。

(9)对任意 $\lambda,\mu\in K$ 和任意 $x\in V$,有

$(\lambda+\mu)\otimes x=x^{\lambda+\mu}=x^{\lambda}x^{\mu}=(\lambda\otimes x)\oplus(\mu\otimes x)$,即两种运算满足第二分配律。

(10)对任意 $x\in V$,都有 $1\otimes x=x^1=x$。

由于所定义的集合与所定义的运算满足定义的 10 个条件,所以 V 是实数域上的线性空间。

例 3 设 $V=\left\{x \mid x=\begin{pmatrix}a_1 & a_2\\ a_3 & a_4\end{pmatrix}, a_1,a_2,a_3,a_4\in R\right\}$,数域 $K=Q$,定义两种运算分别为

加法:$\begin{pmatrix}a_1 & a_2\\ a_3 & a_4\end{pmatrix}\oplus\begin{pmatrix}b_1 & b_2\\ b_3 & b_4\end{pmatrix}=\begin{pmatrix}a_1+b_1 & a_2+b_2\\ a_3+b_3 & a_4+b_4\end{pmatrix}$。

数乘:$\lambda\otimes\begin{pmatrix}a_1 & a_2\\ a_3 & a_4\end{pmatrix}=\begin{pmatrix}\lambda a_1 & \lambda a_2\\ \lambda a_3 & \lambda a_4\end{pmatrix}$。

可以验证所定义的集合和所定义的运算满足定义的 10 个要求,所以 V 是有理数域上的线性空间,V 中的每个元都可以称为向量,这种向量不同于第三章的向量,它是广义的向量,这个例子中是指的二阶方阵。

二、线性空间的简单性质

下面我们直接从定义来探讨线性空间的一些简单性质。

性质 1 线性空间 V 的零元是唯一的

证明 假设 $\mathbf{0}_1,\mathbf{0}_2$ 是线性空间 V 的两个零元,我们来证 $\mathbf{0}_1=\mathbf{0}_2$,一方面,由于 $\mathbf{0}_1$ 是零元,所以 $\mathbf{0}_1\oplus\mathbf{0}_2=\mathbf{0}_2$,另一方面,由于 $\mathbf{0}_2$ 是零元,所以 $\mathbf{0}_1\oplus\mathbf{0}_2=\mathbf{0}_1$,于是

$$\mathbf{0}_1=\mathbf{0}_1\oplus\mathbf{0}_2=\mathbf{0}_2,$$

这就证明了零元的唯一性。

证毕。

性质 2 线性空间 V 中每个元的负元都是唯一的。

证明 假设元 $\boldsymbol{a}$ 有两个负元,分别为 $\boldsymbol{b}$ 与 $\boldsymbol{c}$,则

$$\boldsymbol{b}=\boldsymbol{b}\oplus\mathbf{0}=\boldsymbol{b}\oplus(\boldsymbol{a}\oplus\boldsymbol{c})=(\boldsymbol{b}\oplus\boldsymbol{a})\oplus\boldsymbol{c}=\mathbf{0}\oplus\boldsymbol{c}=\boldsymbol{c},$$

这就证明了每个元的负元都是唯一的。

证毕。

性质 3 对线性空间 V 中的任意元 $\boldsymbol{a}$,及数域 K 中的任意数 λ,有

①$0\otimes\boldsymbol{a}=\mathbf{0}$;

②$(-1)\otimes\boldsymbol{a}=-\boldsymbol{a}$;

③$\lambda\otimes\mathbf{0}=\mathbf{0}$;

④若 $\lambda\otimes\boldsymbol{a}=\mathbf{0}$,则 $\lambda=0$ 或 $\boldsymbol{a}=\mathbf{0}$。

证明 ①因为 $\boldsymbol{a}\oplus(0\otimes\boldsymbol{a})\xlongequal{\text{第10条}}(1\otimes\boldsymbol{a})\oplus(0\otimes\boldsymbol{a})\xlongequal{\text{第7条}}(1+0)\otimes\boldsymbol{a}=1\otimes\boldsymbol{a}\xlongequal{\text{第10条}}\boldsymbol{a}$,

即 $\boldsymbol{a}\oplus(0\otimes\boldsymbol{a})=\boldsymbol{a}$,这说明了 $0\otimes\boldsymbol{a}$ 就是零元,所以 $0\otimes\boldsymbol{a}=\mathbf{0}$。

说明:证明过程中提及的第 10 条等理由是指的线性空间定义中的条件,本节以下证明

过程中提及的第几条同样是指线性空间定义中的条件，另外，证明过程中提及的①②③④分别指的是性质 3 中的①②③④条。

②因为 $\boldsymbol{a}\oplus(-1\otimes\boldsymbol{a})\xlongequal{\text{第10条}}(1\otimes\boldsymbol{a})\oplus(-1\otimes\boldsymbol{a})\xlongequal{\text{第7条}}(1+(-1))\otimes\boldsymbol{a}=0\otimes\boldsymbol{a}$，利用前面已证得的结论 $0\otimes\boldsymbol{a}=\boldsymbol{0}$，于是有 $\boldsymbol{a}\oplus(-1\otimes\boldsymbol{a})=\boldsymbol{0}$，这说明了 $(-1)\otimes\boldsymbol{a}$ 就是 $\boldsymbol{a}$ 的负元，所以 $(-1)\otimes\boldsymbol{a}=-\boldsymbol{a}$。

③因为 $\lambda\otimes\boldsymbol{0}\xlongequal{\text{第6条}}\lambda\otimes[\boldsymbol{a}\oplus(-\boldsymbol{a})]\xlongequal{②}\lambda\otimes[\boldsymbol{a}\oplus((-1)\otimes\boldsymbol{a})]\xlongequal{\text{第8、9条}}(\lambda\otimes\boldsymbol{a})\oplus(-\lambda\otimes\boldsymbol{a})$
$\xlongequal{\text{第8条}}(\lambda+(-\lambda))\otimes\boldsymbol{a}=0\otimes\boldsymbol{a}\xlongequal{①}\boldsymbol{0}$，
所以，$\lambda\otimes\boldsymbol{0}=\boldsymbol{0}$ 成立。证毕。

④情形一，若 $\lambda=0$，则无论 $\boldsymbol{a}$ 如何，由性质①，都有 $0\otimes\boldsymbol{a}=\boldsymbol{0}$，故此时命题成立；

情形二，若 $\lambda\neq0$，而 $\lambda\otimes\boldsymbol{a}=\boldsymbol{0}$，则在等式 $\lambda\otimes\boldsymbol{a}=\boldsymbol{0}$ 两端同乘以 $\frac{1}{\lambda}$，得

$$\frac{1}{\lambda}\otimes(\lambda\otimes\boldsymbol{a})=\frac{1}{\lambda}\otimes\boldsymbol{0},\qquad(\Delta)$$

而(Δ)式的左端　$\frac{1}{\lambda}\otimes(\lambda\otimes\boldsymbol{a})\xlongequal{\text{第7条}}(\frac{1}{\lambda}\lambda)\otimes\boldsymbol{a}=1\otimes\boldsymbol{a}\xlongequal{\text{第10条}}\boldsymbol{a}$，

(Δ)式的右端　$\frac{1}{\lambda}\otimes\boldsymbol{0}\xlongequal{③}\boldsymbol{0}$，

于是得到结论：当 $\lambda\otimes\boldsymbol{a}=\boldsymbol{0}$ 成立时，若 $\lambda\neq0$ 则必有 $\boldsymbol{a}=\boldsymbol{0}$，

综合情形一与情形二，知命题④成立。证毕。

第二节　维数、基与坐标

定义 1　设 V 是数域 K 上的线性空间，其中定义的加法和数乘运算分别记为 $\oplus$ 和 $\otimes$，$\boldsymbol{a}_1,\boldsymbol{a}_2,\cdots,\boldsymbol{a}_r(r\geqslant1)$ 是 V 中任意一组向量，$k_1,k_2,\cdots,k_r$ 是数域 K 中的任意 r 个数，称向量

$$\boldsymbol{a}=(k_1\otimes\boldsymbol{a}_1)\oplus(k_2\otimes\boldsymbol{a}_2)\oplus\cdots\oplus(k_r\otimes\boldsymbol{a}_r)$$

为向量组 $\boldsymbol{a}_1,\boldsymbol{a}_2,\cdots,\boldsymbol{a}_r$ 的**一个线性组合**，有时也说成**向量 $\boldsymbol{a}$ 可以由向量组 $\boldsymbol{a}_1,\boldsymbol{a}_2,\cdots,\boldsymbol{a}_r$ 线性表出**。

定义 2　设 V 是数域 K 上的线性空间，其中定义的加法和数乘运算分别记为 $\oplus$ 和 $\otimes$，$\boldsymbol{a}_1,\boldsymbol{a}_2,\cdots,\boldsymbol{a}_r(r\geqslant1)$ 是 V 中的一组向量，若在数域 K 中有 r 个不全为零的数 $k_1,k_2,\cdots,k_r$，使

$$(k_1\otimes\boldsymbol{a}_1)\oplus(k_2\otimes\boldsymbol{a}_2)\oplus\cdots\oplus(k_r\otimes\boldsymbol{a}_r)=\boldsymbol{0}$$

则称向量组 $\boldsymbol{a}_1,\boldsymbol{a}_2,\cdots,\boldsymbol{a}_r$ **线性相关**，若向量组 $\boldsymbol{a}_1,\boldsymbol{a}_2,\cdots,\boldsymbol{a}_r$ 不线性相关，就称向量组 $\boldsymbol{a}_1,\boldsymbol{a}_2,\cdots,\boldsymbol{a}_r$ **线性无关**。

以上定义是大家过去已经熟悉的，它们是重复了 n 元数组相应概念的定义，不仅如此，在第三章中，从这些定义出发对 n 元数组所作的那些论证也完全可以搬到线性空间中来并得出相同的结论，我们不再重复这些论证，只把其中一个比较常用的结论叙述如下：

定理 若向量组 $\boldsymbol{a}_1,\boldsymbol{a}_2,\cdots,\boldsymbol{a}_r$ 线性无关，但向量组 $\boldsymbol{a}_1,\boldsymbol{a}_2,\cdots,\boldsymbol{a}_r,\boldsymbol{b}$ 线性相关，则 $\boldsymbol{b}$ 可以由 $\boldsymbol{a}_1,\boldsymbol{a}_2,\cdots,\boldsymbol{a}_r$ 线性表出，而且表示方法唯一。

我们知道，在 $\mathbf{R}^n$ 中，可以找到 n 个线性无关的向量，而任意 $n+1$ 个向量都是线性相关的，这说明在 $\mathbf{R}^n$ 中线性无关的向量组中最多只含有 n 个向量，在一个线性空间中，线性无关的向量组中究竟最多能有几个向量是线性空间的一个重要属性，为此，我们给出维数的定义。

定义 3 若在线性空间 V 中有 n 个线性无关的向量，但是没有更多数目的线性无关的向量，则称 V 是 **n 维的**，若在 V 中可以找到任意多个线性无关的向量，则称 V 是**无限维的**。

按照这个定义，不难看出，几何空间中向量所成的线性空间是三维的，n 元数组所成的空间是 n 维的。

例 1 设 $V=\{f(x)\mid f(x)=a_0+a_1x+\cdots+a_nx^n, n\in N, a_0,a_1,\cdots,a_n\in R\}$，数域 $K=R$，定义加法运算和数乘运算就是普通的多项式间的加法和数乘多项式运算，不难验证 V 是数域 K 上的线性空间(这里略去)，此空间 V 就是无限维的，因为对于任意的正整数 n，都有 $n+1$ 个线性无关的向量

$$1,x,\cdots,x^n。$$

而 V 中的 n 允许取到无限大的自然数。

无限维空间与有限维空间有比较大的差别，需要单独研究，在本课程中，我们只讨论有限维空间。

定义 4 在 n 维线性空间 V 中，n 个线性无关的向量 $\boldsymbol{a}_1,\boldsymbol{a}_2,\cdots,\boldsymbol{a}_n$ 称为 V 的**一组基**。

在几何中，我们看到，为了研究向量的性质，引入坐标是一个重要手段，对于有限维线性空间，坐标同样是一个有力的工具。

定义 5 在 n 维线性空间 V 中，定义的加法和数乘运算分别记为 $\oplus$ 和 $\otimes$，$\boldsymbol{a}_1,\boldsymbol{a}_2,\cdots,\boldsymbol{a}_n$ 是 V 的一组基，设 $\boldsymbol{a}$ 是 V 中任一向量，若

$$\boldsymbol{a}=(k_1\otimes\boldsymbol{a}_1)\oplus(k_2\otimes\boldsymbol{a}_2)\oplus\cdots\oplus(k_r\otimes\boldsymbol{a}_n),$$

则称 $(k_1,k_2,\cdots,k_n)$ 为向量 $\boldsymbol{a}$ 在基 $\boldsymbol{a}_1,\boldsymbol{a}_2,\cdots,\boldsymbol{a}_n$ **下的坐标**。

例 2 设 $V=\{f(x)\mid f(x)=a_0+a_1x+a_2x^2, a_0,a_1,a_2\in R\}$，数域 $K=R$，定义两种运算分别为

$$(a_0+a_1x+a_2x^2)\oplus(b_0+b_1x+b_2x^2)=(a_0+b_0)+(a_1+b_1)x+(a_2+b_2)x^2,$$

$$\lambda\otimes(a_0+a_1x+a_2x^2)=\lambda a_0+\lambda a_1x+\lambda a_2x^2,$$

不难验证，对于所定义的两种运算，V 是数域 R 上的线性空间，在 V 中，$1,x,x^2$ 是 3 个线性无关的向量，而且每一个次数小于 3 的实数域上的多项式都可以被它们线性表出，所以 V 是 3 维的，而 $1,x,x^2$ 就是它的一组基。

在这组基下，多项式 $f(x)=1-2x+8x^2$ 的坐标就是 $(1,-2,8)$。

若在 V 中取另一组基 $1,x-2,(x-2)^2$，则由泰勒展式知

$$f(x)=1-2x+8x^2=29+30(x-2)+8(x-2)^2。$$

因此，$f(x)=1-2x+8x^2$ 在基 $1,x-2,(x-2)^2$ 下的坐标是 $(29,30,8)$。

第三节　基变换与坐标变换

由第二节的例 2 可见，同一元在不同的基下有不同的坐标，那么，同一元在不同的基下的坐标间究竟有怎样的关系呢？为探索其规律，先介绍基变换与过渡矩阵的定义。

定义　设 $\boldsymbol{a}_1,\boldsymbol{a}_2,\cdots,\boldsymbol{a}_n$ 与 $\boldsymbol{b}_1,\boldsymbol{b}_2,\cdots,\boldsymbol{b}_n$ 分别是 n 维线性空间 U 中的两组基，U 中的加法和数乘分别记作$\oplus$和$\otimes$，称两组基间的关系式

$$\begin{cases}\boldsymbol{b}_1=(\lambda_{11}\otimes\boldsymbol{a}_1)\oplus(\lambda_{21}\otimes\boldsymbol{a}_2)\oplus\cdots\oplus(\lambda_{n1}\otimes\boldsymbol{a}_n),\\ \boldsymbol{b}_2=(\lambda_{12}\otimes\boldsymbol{a}_1)\oplus(\lambda_{22}\otimes\boldsymbol{a}_2)\oplus\cdots\oplus(\lambda_{n2}\otimes\boldsymbol{a}_n),\\ \qquad\cdots\cdots\\ \boldsymbol{b}_n=(\lambda_{1n}\otimes\boldsymbol{a}_1)\oplus(\lambda_{2n}\otimes\boldsymbol{a}_2)\oplus\cdots\oplus(\lambda_{nn}\otimes\boldsymbol{a}_n)。\end{cases}\tag{1}$$

为基变换公式，(1)式可简写为

$$(\boldsymbol{b}_1,\boldsymbol{b}_2,\cdots,\boldsymbol{b}_n)=(\boldsymbol{a}_1,\boldsymbol{a}_2,\cdots,\boldsymbol{a}_n)\boldsymbol{T}。$$

其中矩阵 $\boldsymbol{T}=\begin{pmatrix}\lambda_{11}&\lambda_{12}&\cdots&\lambda_{1n}\\ \lambda_{21}&\lambda_{22}&\cdots&\lambda_{2n}\\ \vdots&\vdots&&\vdots\\ \lambda_{n1}&\lambda_{n2}&\cdots&\lambda_{nn}\end{pmatrix}$，称为由基 $\boldsymbol{a}_1,\boldsymbol{a}_2,\cdots,\boldsymbol{a}_n$ 到基 $\boldsymbol{b}_1,\boldsymbol{b}_2,\cdots,\boldsymbol{b}_n$ 的**过渡矩阵**。

由基的定义以及第二节给出的定理，可以分析出同一线性空间中，由一组基到另一组基的过渡矩阵一定是可逆矩阵，这里不作出具体分析，有兴趣的读者可以尝试自己分析一下。

例 1　设 $V=\{\boldsymbol{x}\mid\boldsymbol{x}=(a_1,a_2,a_3)^{\mathrm{T}},a_1,a_2,a_3\in R\}$，数域 $K=R$，定义加法和数乘运算是普通的向量加法和普通的数乘向量运算，不难发现 V 是数域 K 上的 3 维线性空间

$$\boldsymbol{a}_1=\begin{pmatrix}1\\0\\0\end{pmatrix},\boldsymbol{a}_2=\begin{pmatrix}0\\1\\0\end{pmatrix},\boldsymbol{a}_3=\begin{pmatrix}0\\0\\1\end{pmatrix}与\ \boldsymbol{b}_1=\begin{pmatrix}1\\0\\0\end{pmatrix},\boldsymbol{b}_2=\begin{pmatrix}1\\1\\0\end{pmatrix},\boldsymbol{b}_3=\begin{pmatrix}1\\1\\1\end{pmatrix}$$

分别是此 3 维线性空间中的两组基，由于

$$(\boldsymbol{b}_1,\boldsymbol{b}_2,\boldsymbol{b}_3)=(\boldsymbol{a}_1,\boldsymbol{a}_2,\boldsymbol{a}_3)\begin{pmatrix}1&1&1\\0&1&1\\0&0&1\end{pmatrix},$$

所以由基 $\boldsymbol{a}_1,\boldsymbol{a}_2,\boldsymbol{a}_3$ 到基 $\boldsymbol{b}_1,\boldsymbol{b}_2,\boldsymbol{b}_3$ 的过渡矩阵是$\begin{pmatrix}1&1&1\\0&1&1\\0&0&1\end{pmatrix}$，它是可逆矩阵。

接下来介绍同一元在不同的基下的坐标变换公式。

定理　设 n 维线性空间 V 中的元 $\boldsymbol{a}$ 在基 $\boldsymbol{a}_1,\boldsymbol{a}_2,\cdots,\boldsymbol{a}_n$ 与基 $\boldsymbol{b}_1,\boldsymbol{b}_2,\cdots,\boldsymbol{b}_n$ 下的坐标分别为$(x_1,x_2,\cdots,x_n)$与$(y_1,y_2,\cdots,y_n)$，若两组基满足关系式

$(\boldsymbol{b}_1,\boldsymbol{b}_2,\cdots,\boldsymbol{b}_n)=(\boldsymbol{a}_1,\boldsymbol{a}_2,\cdots,\boldsymbol{a}_n)\boldsymbol{T}$，则有坐标变换公式

$$\begin{pmatrix}y_1\\y_2\\\vdots\\y_n\end{pmatrix}=\boldsymbol{T}^{-1}\begin{pmatrix}x_1\\x_2\\\vdots\\x_n\end{pmatrix}。\qquad(2)$$

证明 因为

$$(\boldsymbol{a}_1,\boldsymbol{a}_2,\cdots,\boldsymbol{a}_n)\begin{pmatrix}x_1\\x_2\\\vdots\\x_n\end{pmatrix}=\boldsymbol{a}=(\boldsymbol{b}_1,\boldsymbol{b}_2,\cdots,\boldsymbol{b}_n)\begin{pmatrix}y_1\\y_2\\\vdots\\y_n\end{pmatrix}$$

$$=(\boldsymbol{a}_1,\boldsymbol{a}_2,\cdots,\boldsymbol{a}_n)\boldsymbol{T}\begin{pmatrix}y_1\\y_2\\\vdots\\y_n\end{pmatrix},$$

即

$$(\boldsymbol{a}_1,\boldsymbol{a}_2,\cdots,\boldsymbol{a}_n)\left[\begin{pmatrix}x_1\\x_2\\\vdots\\x_n\end{pmatrix}-\boldsymbol{T}\begin{pmatrix}y_1\\y_2\\\vdots\\y_n\end{pmatrix}\right]=\boldsymbol{0}。$$

由于 $\boldsymbol{a}_1,\boldsymbol{a}_2,\cdots,\boldsymbol{a}_n$ 线性无关，所以有

$$\begin{pmatrix}x_1\\x_2\\\vdots\\x_n\end{pmatrix}=\boldsymbol{T}\begin{pmatrix}y_1\\y_2\\\vdots\\y_n\end{pmatrix}。\qquad(3)$$

由于 $\boldsymbol{T}$ 可逆，用 $\boldsymbol{T}^{-1}$ 左乘(3)式两边即可得关系式(2)。证毕。

例 2 设 $V=\{f(x)\mid f(x)=a_0+a_1x+a_2x^2,a_0,a_1,a_2\in R\}$，数域 $K=R$，定义加法和数乘两种运算分别为通常意义下两个多项式的加法和数乘多项式，不难验证，对于所定义的两种运算，V 是数域 R 上的 3 维线性空间，其中 $\boldsymbol{a}_1=1+x^2,\boldsymbol{a}_2=-1+x,\boldsymbol{a}_3=x+2x^2$ 与 $\boldsymbol{b}_1=x^2,\boldsymbol{b}_2=1+x+x^2,\boldsymbol{b}_3=1+x^2$ 分别是 V 中的两组基，V 中的元 $\boldsymbol{a}$ 在基 $\boldsymbol{a}_1,\boldsymbol{a}_2,\boldsymbol{a}_3$ 与基 $\boldsymbol{b}_1,\boldsymbol{b}_2,\boldsymbol{b}_3$ 下的坐标分别为(x_1,x_2,x_3)与(y_1,y_2,y_3)，求这两组基间的坐标变换公式。

解 先求由基 $\boldsymbol{a}_1,\boldsymbol{a}_2,\boldsymbol{a}_3$ 到基 $\boldsymbol{b}_1,\boldsymbol{b}_2,\boldsymbol{b}_3$ 的过渡矩阵 $\boldsymbol{T}$。

由于$(\boldsymbol{a}_1,\boldsymbol{a}_2,\boldsymbol{a}_3)=(1,x,x^2)\begin{pmatrix}1&-1&0\\0&1&1\\1&0&2\end{pmatrix}$，

$$(\boldsymbol{b}_1,\boldsymbol{b}_2,\boldsymbol{b}_3)=(1,x,x^2)\begin{pmatrix}0&1&1\\0&1&0\\1&1&1\end{pmatrix}$$

$$=(\boldsymbol{a}_1,\boldsymbol{a}_2,\boldsymbol{a}_3)\begin{pmatrix}1&-1&0\\0&1&1\\1&0&2\end{pmatrix}^{-1}\begin{pmatrix}0&1&1\\0&1&0\\1&1&1\end{pmatrix},$$

所以

$$\boldsymbol{T}=\begin{pmatrix}1&-1&0\\0&1&1\\1&0&2\end{pmatrix}^{-1}\begin{pmatrix}0&1&1\\0&1&0\\1&1&1\end{pmatrix},$$

$$\begin{pmatrix}y_1\\y_2\\y_3\end{pmatrix}=\boldsymbol{T}^{-1}\begin{pmatrix}x_1\\x_2\\x_3\end{pmatrix}=\begin{pmatrix}0&1&1\\0&1&0\\1&1&1\end{pmatrix}^{-1}\begin{pmatrix}1&-1&0\\0&1&1\\1&0&2\end{pmatrix}\begin{pmatrix}x_1\\x_2\\x_3\end{pmatrix}=\begin{pmatrix}0&1&2\\0&1&1\\1&-2&-1\end{pmatrix}\begin{pmatrix}x_1\\x_2\\x_3\end{pmatrix}。$$

故两组基间的坐标变换公式为

$$\begin{pmatrix}y_1\\y_2\\y_3\end{pmatrix}=\begin{pmatrix}0&1&2\\0&1&1\\1&-2&-1\end{pmatrix}\begin{pmatrix}x_1\\x_2\\x_3\end{pmatrix}。$$

第四节　线性变换

定义 1　设有非空集合 A 与 B，若对于 A 中任一元 α，按照一定的规则，总有 B 中一个确定的元 β 与之对应，则称此对应规则为从集合 A 到集合 B 的**映射**，我们可为映射命名，比如可把上述映射命名为 Ψ，则 $\beta=\Psi(\alpha)$ 就表示元 α 按照映射 Ψ，确定 β 与它对应。

不难发现，单值函数都是映射，例如二元函数 $f(x,y)=\ln(1-x^2-y^2)$ 就是从集合 $A=\{(x,y)\mid x^2+y^2<1,x,y\in R\}$ 到集合 $B=\{x\mid x\leqslant 0\}$ 的映射，当然我们也可以说该二元函数是从集合 $A=\{(x,y)\mid x^2+y^2<1,x,y\in R\}$ 到集合 R 的映射。

定义 2　设 U 是数域 K 上的线性空间，其上定义的加法运算和数乘运算分别记为 $\oplus$ 和 $\otimes$，V 也是数域 K 上的线性空间，其上定义的加法运算和数乘运算分别记为 $\overline{\oplus}$ 和 $\overline{\otimes}$，Ψ 是一个从 U 到 V 的映射，若 Ψ 满足。

(1)任取 $\boldsymbol{a}_1,\boldsymbol{a}_2\in U$，(从而 $(\boldsymbol{a}_1\oplus\boldsymbol{a}_2)\in U$)，有

$$\Psi(\boldsymbol{a}_1\oplus\boldsymbol{a}_2)=\Psi(\boldsymbol{a}_1)\overline{\oplus}\Psi(\boldsymbol{a}_2);$$

(2)任取 $\boldsymbol{a}\in U$，任取 $\lambda\in K$，(从而 $(\lambda\otimes\boldsymbol{a})\in U$)，有

$$\Psi(\lambda\otimes\boldsymbol{a})=\lambda\overline{\otimes}\Psi(\boldsymbol{a})。$$

则称 Ψ 为从 U 到 V 的**线性映射**，特别地，将一个线性空间到其自身的线性映射称为**线性变换**。

下面我们只讨论线性变换。

例 1 设U是实数域R上的线性空间，其上定义的加法和数乘运算分别记为$\oplus$和$\otimes$，取定常数$\mu \in R$，定义映射

$$\Psi(\boldsymbol{a})=\mu \otimes \boldsymbol{a},(\boldsymbol{a} \in U)$$

则Ψ是线性变换，这是因为

(1)任取$\boldsymbol{a}$、$\boldsymbol{b} \in U$，有

$$\Psi(\boldsymbol{a} \oplus \boldsymbol{b})=\mu \otimes(\boldsymbol{a} \oplus \boldsymbol{b}) \xlongequal{\text{线性空间定义第10条}}(\mu \otimes \boldsymbol{a}) \oplus(\mu \otimes \boldsymbol{b})=\Psi(\boldsymbol{a}) \oplus \Psi(\boldsymbol{b});$$

(2)任取$\boldsymbol{a} \in U$，任取$\lambda \in R$，有

$$\Psi(\lambda \otimes \boldsymbol{a})=\mu \otimes(\lambda \otimes \boldsymbol{a}) \xlongequal{\text{线性空间定义第8条}} \lambda \otimes(\mu \otimes \boldsymbol{a}))=\lambda \otimes \Psi(\boldsymbol{a})。$$

在本例中，若$\mu=0$，则$\Psi(\boldsymbol{a})=0 \otimes \boldsymbol{a}$，即$\Psi(\boldsymbol{a})=\boldsymbol{0}$，它称为**零变换**。

例 2 设$\boldsymbol{A}$为n阶实矩阵，定义$\mathbf{R}^n$中的映射

$$\Psi(\boldsymbol{a})=\boldsymbol{A}\boldsymbol{a},(\boldsymbol{a} \in \mathbf{R}^n)$$

则Ψ是线性变换，请读者自证。

例 3 若将在区间$[a,b]$上连续的一元实值函数全体记为集合U，在U内，定义加法和数乘这两种运算分别是普通函数的加法和数乘函数这两种运算，不难验证它满足线性空间的10个条件，所以U是实数域上的一个线性空间，在这个空间中定义映射

$$\Psi(f(x))=\int_a^x f(t)\mathrm{d}t,(f(x) \in U, x \in [a,b])$$

则Ψ是线性变换，这是因为：

(1)任取$f(x)$、$g(x) \in U$，有

$$\Psi(f(x)+g(x))=\int_a^x(f(t)+g(t))\mathrm{d}t=\int_a^x f(t)\mathrm{d}t+\int_a^x g(t)\mathrm{d}t=\Psi(f(x))+\Psi(g(x))$$

其中$x \in [a,b]$，以下同。

(2)任取$f(x) \in U$，任取$\lambda \in R$，有

$$\Psi(\lambda f(x))=\int_a^x \lambda f(t)\mathrm{d}t=\lambda \int_a^x f(t)\mathrm{d}t=\lambda \Psi(f(x))。$$

例 4 若将实数域上以x为变量的次数不超过3次的一元多项式全体记为集合U，在U内，定义加法和数乘这两种运算分别是普通多项式的加法和数乘多项式这两种运算，不难验证它满足线性空间的10个条件，所以U是实数域上的一个线性空间，在这个空间中定义映射

$$\Psi(f(x))=1,(f(x) \in U),$$

则Ψ不是线性变换，这是因为任取$f(x)$、$g(x) \in U$，有

$$\Psi(f(x)+g(x))=1,$$

而$\Psi(f(x))+\Psi(g(x))=1+1=2$，

所以$\Psi(f(x)+g(x)) \neq \Psi(f(x))+\Psi(g(x))$，

不满足线性变换定义的第2条，所以不是线性变换。

下面论述线性变换的一些基本性质。

设U是数域K上的线性空间，该线性空间内定义的加法和数乘运算分别为$\oplus$和$\otimes$，Ψ是线性空间U内的线性变换，则Ψ具有下列基本性质：

(1)$\Psi(\mathbf{0})=\mathbf{0}$，$\Psi(-\boldsymbol{a})=-\Psi(\boldsymbol{a})$，其中$\boldsymbol{a}$是$U$中的任意向量。

这是因为

$$\Psi(\mathbf{0})=\Psi(0\otimes\boldsymbol{a})=0\otimes\Psi(\boldsymbol{a})=\mathbf{0},$$
$$\Psi(-\boldsymbol{a})=\Psi((-1)\otimes\boldsymbol{a})=(-1)\otimes\Psi(\boldsymbol{a})=-\Psi(\boldsymbol{a})。$$

(2)若$\boldsymbol{b}=(k_1\otimes\boldsymbol{a}_1)\oplus(k_2\otimes\boldsymbol{a}_2)\oplus\cdots\oplus(k_m\otimes\boldsymbol{a}_m)$，则

$$\Psi(\boldsymbol{b})=(k_1\otimes\Psi(\boldsymbol{a}_1))\oplus(k_2\otimes\Psi(\boldsymbol{a}_2))\oplus\cdots\oplus(k_m\otimes\Psi(\boldsymbol{a}_m)),$$

其中$\boldsymbol{a}_1,\boldsymbol{a}_2,\cdots,\boldsymbol{a}_m\in U$，$k_1,k_2,\cdots,k_m\in K$。

性质2请读者自证，性质2表明，线性变换保持线性组合和线性关系式不变，若$\boldsymbol{b}=\mathbf{0}$，则有性质3。

(3)若$\boldsymbol{a}_1,\boldsymbol{a}_2,\cdots,\boldsymbol{a}_m$线性相关，则$\Psi(\boldsymbol{a}_1),\Psi(\boldsymbol{a}_2),\cdots,\Psi(\boldsymbol{a}_m)$线性相关。

但应该注意到，性质2的逆命题不真，线性变换可能把线性无关的向量组变成线性相关的向量组，如例1中的零变换。

第五节　线性变换的矩阵

定义　设U是数域K上的n维线性空间，其中定义的加法和数乘运算分别记为$\oplus$和$\otimes$，$\boldsymbol{a}_1,\boldsymbol{a}_2,\cdots,\boldsymbol{a}_n$是$U$中的一组基，$\Psi$是$U$中的线性变换，若

$$\begin{cases}\Psi(\boldsymbol{a}_1)=(\lambda_{11}\otimes\boldsymbol{a}_1)\oplus(\lambda_{21}\otimes\boldsymbol{a}_2)\oplus\cdots\oplus(\lambda_{n1}\otimes\boldsymbol{a}_n),\\ \Psi(\boldsymbol{a}_2)=(\lambda_{12}\otimes\boldsymbol{a}_1)\oplus(\lambda_{22}\otimes\boldsymbol{a}_2)\oplus\cdots\oplus(\lambda_{n2}\otimes\boldsymbol{a}_n),\\ \cdots\cdots\\ \Psi(\boldsymbol{a}_n)=(\lambda_{1n}\otimes\boldsymbol{a}_1)\oplus(\lambda_{2n}\otimes\boldsymbol{a}_2)\oplus\cdots\oplus(\lambda_{nn}\otimes\boldsymbol{a}_n),\end{cases}\tag{1}$$

则称矩阵

$$\boldsymbol{C}=\begin{pmatrix}\lambda_{11}&\lambda_{12}&\cdots&\lambda_{1n}\\ \lambda_{21}&\lambda_{22}&\cdots&\lambda_{2n}\\ \vdots&\vdots&&\vdots\\ \lambda_{n1}&\lambda_{n2}&\cdots&\lambda_{nn}\end{pmatrix}$$

为线性变换Ψ在基$\boldsymbol{a}_1,\boldsymbol{a}_2,\cdots,\boldsymbol{a}_n$下的矩阵。

(1)式可简记为

$$(\Psi(\boldsymbol{a}_1),\Psi(\boldsymbol{a}_2),\cdots,\Psi(\boldsymbol{a}_n))=(\boldsymbol{a}_1,\boldsymbol{a}_2,\cdots,\boldsymbol{a}_n)\boldsymbol{C}。$$

例1　在$\mathbf{R}^3$中，定义变换Ψ为

$$\Psi(x\boldsymbol{i}+y\boldsymbol{j}+z\boldsymbol{k})=x\boldsymbol{i}+z\boldsymbol{k},$$

其中$\boldsymbol{i},\boldsymbol{j},\boldsymbol{k}$分别是空间直角坐标系中三个坐标轴上的单位向量，不难验证Ψ是线性变换。

(1)取 $\mathbf{R}^3$ 的一组基为 $\boldsymbol{i},\boldsymbol{j},\boldsymbol{k}$,求 Ψ 在这组基下的矩阵 $\boldsymbol{A}$;

(2)取 $\mathbf{R}^3$ 的一组基为 $\boldsymbol{a}=\boldsymbol{i},\boldsymbol{b}=\boldsymbol{i}+\boldsymbol{j},\boldsymbol{c}=\boldsymbol{i}+\boldsymbol{j}+\boldsymbol{k}$,求 Ψ 在这组基下的矩阵 $\boldsymbol{B}$。

解 (1)因为$\begin{cases}\Psi(\boldsymbol{i})=\boldsymbol{i}+0\boldsymbol{j}+0\boldsymbol{k},\\ \Psi(\boldsymbol{j})=0\boldsymbol{i}+0\boldsymbol{j}+0\boldsymbol{k},\\ \Psi(\boldsymbol{k})=0\boldsymbol{i}+0\boldsymbol{j}+\boldsymbol{k},\end{cases}$所以 $\boldsymbol{A}=\begin{pmatrix}1&0&0\\0&0&0\\0&0&1\end{pmatrix}$。

(2)因为$\begin{cases}\Psi(\boldsymbol{a})=\boldsymbol{a}+0\boldsymbol{b}+0\boldsymbol{c},\\ \Psi(\boldsymbol{b})=\boldsymbol{a}+0\boldsymbol{b}+0\boldsymbol{c},\\ \Psi(\boldsymbol{c})=\boldsymbol{a}-\boldsymbol{b}+\boldsymbol{c},\end{cases}$所以 $\boldsymbol{B}=\begin{pmatrix}1&1&1\\0&0&-1\\0&0&1\end{pmatrix}$。

由例 1 可见,同一线性变换在不同的基下有不同的矩阵,虽然不同,但它们之间有联系,下面的定理给出了两者间的联系。

定理 设 n 维线性空间 U 中加法和数乘运算分别记作$\oplus$和$\otimes$,由基 $\boldsymbol{a}_1,\boldsymbol{a}_2,\cdots,\boldsymbol{a}_n$ 到基 $\boldsymbol{b}_1,\boldsymbol{b}_2,\cdots,\boldsymbol{b}_n$ 的过渡矩阵为 $\boldsymbol{T}$,U 中的线性变换 Ψ 在这两组基下的矩阵依次为 $\boldsymbol{A}$ 和 $\boldsymbol{B}$,则有

$$\boldsymbol{B}=\boldsymbol{T}^{-1}\boldsymbol{A}\boldsymbol{T}。$$

证明 因为由基 $\boldsymbol{a}_1,\boldsymbol{a}_2,\cdots,\boldsymbol{a}_n$ 到基 $\boldsymbol{b}_1,\boldsymbol{b}_2,\cdots,\boldsymbol{b}_n$ 的过渡矩阵为 $\boldsymbol{T}$,所以

$$(\boldsymbol{b}_1,\boldsymbol{b}_2,\cdots,\boldsymbol{b}_n)=(\boldsymbol{a}_1,\boldsymbol{a}_2,\cdots,\boldsymbol{a}_n)\boldsymbol{T} \tag{2}$$

其中 $\boldsymbol{T}$ 为可逆矩阵,为叙述方便,不妨设 $\boldsymbol{T}=\begin{pmatrix}\lambda_{11}&\lambda_{12}&\cdots&\lambda_{1n}\\ \lambda_{21}&\lambda_{22}&\cdots&\lambda_{2n}\\ \vdots&\vdots&\ddots&\vdots\\ \lambda_{n1}&\lambda_{n2}&\cdots&\lambda_{nn}\end{pmatrix}$,

由(2)式可知

$$\boldsymbol{b}_i=\lambda_{1i}\boldsymbol{a}_1+\lambda_{2i}\boldsymbol{a}_2+\cdots+\lambda_{ni}\boldsymbol{a}_n(i=1,2,\cdots,n)。 \tag{3}$$

由于 Ψ 是线性变换,所以对 $i=1,2,\cdots,n$,由(3)式可得

$$\begin{aligned}\Psi(\boldsymbol{b}_i)&=\Psi((\lambda_{1i}\otimes\boldsymbol{a}_1)\oplus(\lambda_{2i}\otimes\boldsymbol{a}_2)\oplus\cdots\oplus(\lambda_{ni}\otimes\boldsymbol{a}_n))\\&=(\lambda_{1i}\otimes\Psi(\boldsymbol{a}_1))\oplus(\lambda_{2i}\otimes\Psi(\boldsymbol{a}_2))\oplus\cdots\oplus(\lambda_{ni}\otimes\Psi(\boldsymbol{a}_n))\\&=(\Psi(\boldsymbol{a}_1),\Psi(\boldsymbol{a}_2),\cdots,\Psi(\boldsymbol{a}_n))\begin{pmatrix}\lambda_{1i}\\ \lambda_{2i}\\ \vdots\\ \lambda_{ni}\end{pmatrix},\end{aligned}$$

于是有

$$(\Psi(\boldsymbol{b}_1),\Psi(\boldsymbol{b}_2),\cdots,\Psi(b_n))=(\Psi(\boldsymbol{a}_1),\Psi(\boldsymbol{a}_2),\cdots,\Psi(\boldsymbol{a}_n))\boldsymbol{T}。$$

又因为线性变换 Ψ 在这两组基下的矩阵依次为 $\boldsymbol{A}$ 和 $\boldsymbol{B}$,所以有

$$(\Psi(\boldsymbol{a}_1),\Psi(\boldsymbol{a}_2),\cdots,\Psi(\boldsymbol{a}_n))=(\boldsymbol{a}_1,\boldsymbol{a}_2,\cdots,\boldsymbol{a}_n)\boldsymbol{A}$$

$$(\Psi(\boldsymbol{b}_1),\Psi(\boldsymbol{b}_2),\cdots,\Psi(\boldsymbol{b}_n))=(\boldsymbol{b}_1,\boldsymbol{b}_2,\cdots,\boldsymbol{b}_n)\boldsymbol{B}$$

由$(\boldsymbol{b}_1,\boldsymbol{b}_2,\cdots,\boldsymbol{b}_n)\boldsymbol{B}=(\Psi(\boldsymbol{b}_1),\Psi(\boldsymbol{b}_2),\cdots,\Psi(\boldsymbol{b}_n))$

$$=(\Psi(\boldsymbol{a}_1),\Psi(\boldsymbol{a}_2),\cdots,\Psi(\boldsymbol{a}_n))\boldsymbol{T}$$
$$=(\boldsymbol{a}_1,\boldsymbol{a}_2,\cdots,\boldsymbol{a}_n)\boldsymbol{AT}$$
$$=(\boldsymbol{b}_1,\boldsymbol{b}_2,\cdots,\boldsymbol{b}_n)\boldsymbol{T}^{-1}\boldsymbol{AT},$$

即$(\boldsymbol{b}_1,\boldsymbol{b}_2,\cdots,\boldsymbol{b}_n)(\boldsymbol{B}-\boldsymbol{T}^{-1}\boldsymbol{AT})=\boldsymbol{0}$。

由于 $\boldsymbol{b}_1,\boldsymbol{b}_2,\cdots,\boldsymbol{b}_n$ 是 U 中的一组基，所以向量组 $\boldsymbol{b}_1,\boldsymbol{b}_2,\cdots,\boldsymbol{b}_n$ 必然是线性无关的，由线性无关的定义可得 $\boldsymbol{B}=\boldsymbol{T}^{-1}\boldsymbol{AT}$。证毕。

例 2　设 2 维线性空间 U 中的线性变换 Ψ 在基 $\boldsymbol{a}_1,\boldsymbol{a}_2$ 下的矩阵为

$$\boldsymbol{A}=\begin{pmatrix}a & b\\ c & d\end{pmatrix},$$

求 Ψ 在基 $\boldsymbol{a}_1,\boldsymbol{a}_1+\boldsymbol{a}_2$ 下的矩阵。

解　$(\boldsymbol{a}_1,\boldsymbol{a}_1+\boldsymbol{a}_2)=(\boldsymbol{a}_1,\boldsymbol{a}_2)\begin{pmatrix}1 & 1\\ 0 & 1\end{pmatrix},$

即定理中的 $\boldsymbol{T}=\begin{pmatrix}1 & 1\\ 0 & 1\end{pmatrix}$，于是 Ψ 在基 $\boldsymbol{a}_1,\boldsymbol{a}_1+\boldsymbol{a}_2$ 下的矩阵为

$$\boldsymbol{B}=\begin{pmatrix}1 & 1\\ 0 & 1\end{pmatrix}^{-1}\begin{pmatrix}a & b\\ c & d\end{pmatrix}\begin{pmatrix}1 & 1\\ 0 & 1\end{pmatrix}$$
$$=\begin{pmatrix}1 & -1\\ 0 & 1\end{pmatrix}\begin{pmatrix}a & b\\ c & d\end{pmatrix}\begin{pmatrix}1 & 1\\ 0 & 1\end{pmatrix}$$
$$=\begin{pmatrix}a-c & a+b-c-d\\ c & c+d\end{pmatrix}。$$

习题六

1. 设 $V=\{x\mid x=(a_1,a_2),a_1,a_2\in R\}$，$K=R$，定义两种运算分别为：

加法：$(a_1,a_2)\oplus(b_1,b_2)=(a_1+b_1,0)$，其中$(a_1,a_2),(b_1,b_2)\in V$；

数乘：$\lambda\otimes(a_1,a_2)=(\lambda a_1,\lambda a_2)$，其中 $\lambda\in K$。

则 V 不是 K 上的线性空间，所定义的集合与运算不满足定义中的哪个条件呢？

2. 设 $V=R$，$K=R$，定义两种运算分别为：

加法：$x\oplus y=\max(x,y)$（两个实数中的较大值），其中 $x,y\in V$；

数乘：$\lambda\otimes x=\lambda x$ 其中 $\lambda\in K$。

判断 V 是否是 K 上的线性空间。

3. 设 $V=\{f(x)\mid f(x)=a+bx+cx^2,a,b,c\in R\}$，即 V 是以 x 为变量的次数不超过 2 次的多项式的全体，$K=R$，定义两种运算分别为：

加法：$(a_0+a_1x+a_2x^2)\oplus(b_0+b_1x+b_2x^2)=(a_0+b_0)+(a_1+b_1)x+(a_2+b_2)x^2$；

数乘：$\lambda\otimes(a_0+a_1x+a_2x^2)=\lambda a_0+\lambda a_1x+\lambda a_2x^2$（其中 $\lambda\in K$）。

判断 V 是否是 K 上的线性空间。

4. 验证：

(1)实数域上的 2 阶方阵的全体 V_1；

(2)实数域上主对角线上的元之和等于 0 的 2 阶方阵的全体 V_2；

(3)实数域上的 2 阶对称阵的全体 V_3。

对于矩阵的加法和数乘运算构成实数域上的线性空间，并写出各个空间的一组基。

5. 求 $\mathbf{R}^3$ 中的向量 $\boldsymbol{a}=(5,0,7)^{\mathrm{T}}$ 在基 $\boldsymbol{a}_1=(1,-1,0)^{\mathrm{T}},\boldsymbol{a}_2=(2,1,3)^{\mathrm{T}},\boldsymbol{a}_3=(3,1,2)^{\mathrm{T}}$ 下的坐标。

6. 已知 $\mathbf{R}^3$ 的两组基为 $\begin{cases}\boldsymbol{a}_1=(1,\ 1,\ 1)^{\mathrm{T}},\\ \boldsymbol{a}_2=(1,\ 0,\ -1)^{\mathrm{T}},\\ \boldsymbol{a}_3=(1,\ 0,\ 1)^{\mathrm{T}},\end{cases}$ 与 $\begin{cases}\boldsymbol{b}_1=(1,\ 2,\ 1)^{\mathrm{T}},\\ \boldsymbol{b}_2=(2,\ 3,\ 4)^{\mathrm{T}},\\ \boldsymbol{b}_3=(3,\ 4,\ 3)^{\mathrm{T}},\end{cases}$ 求由基 $\boldsymbol{a}_1,\boldsymbol{a}_2,\boldsymbol{a}_3$ 到基 $\boldsymbol{b}_1,\boldsymbol{b}_2,\boldsymbol{b}_3$ 的过渡矩阵。

7. 在 $\mathbf{R}^3$ 中取两组基 $\begin{cases}\boldsymbol{a}_1=(1,\ 2,\ 1)^{\mathrm{T}},\\ \boldsymbol{a}_2=(2,\ 3,\ 3)^{\mathrm{T}},\\ \boldsymbol{a}_3=(3,\ 7,\ 1)^{\mathrm{T}},\end{cases}$ 与 $\begin{cases}\boldsymbol{b}_1=(3,\ 1,\ 4)^{\mathrm{T}},\\ \boldsymbol{b}_2=(5,\ 2,\ 1)^{\mathrm{T}},\\ \boldsymbol{b}_3=(1,\ 1,\ -6)^{\mathrm{T}},\end{cases}$ 设 $\mathbf{R}^3$ 中的向量 $\boldsymbol{a}$ 在基 $\boldsymbol{a}_1,\boldsymbol{a}_2,\boldsymbol{a}_3$ 下的坐标为 (x_1,x_2,x_3)，在基 $\boldsymbol{b}_1,\boldsymbol{b}_2,\boldsymbol{b}_3$ 下的坐标为 (y_1,y_2,y_3)，求由 (x_1,x_2,x_3) 到 (y_1,y_2,y_3) 的坐标变换公式。

8. 在 $\mathbf{R}^4$ 中取两组基

$$\begin{cases}\boldsymbol{e}_1=(1,\ 0,\ 0,\ 0)^{\mathrm{T}},\\ \boldsymbol{e}_2=(0,\ 1,\ 0,\ 0)^{\mathrm{T}},\\ \boldsymbol{e}_3=(0,\ 0,\ 1,\ 0)^{\mathrm{T}},\\ \boldsymbol{e}_4=(0,\ 0,\ 0,\ 1)^{\mathrm{T}},\end{cases} \quad 与 \begin{cases}\boldsymbol{a}_1=(2,\ 1,\ -1,\ 1)^{\mathrm{T}},\\ \boldsymbol{a}_2=(0,\ 3,\ 1,\ 0)^{\mathrm{T}},\\ \boldsymbol{a}_3=(5,\ 3,\ 2,\ 1)^{\mathrm{T}},\\ \boldsymbol{a}_4=(6,\ 6,\ 1,\ 3)^{\mathrm{T}},\end{cases}$$

(1)求由前一组基到后一组基的过渡矩阵；

(2)求向量 $(x_1,x_2,x_3,x_4)^{\mathrm{T}}$ 在后一组基下的坐标；

(3)求在两组基下有相同坐标的向量。

9. 判别下列映射是否是线性变换：

(1)在 $\mathbf{R}^3$ 中定义 $\Psi\begin{pmatrix}x_1\\x_2\\x_3\end{pmatrix}=\begin{pmatrix}x_1^2\\x_2+x_3\\x_3\end{pmatrix}$；

(2)在 $\mathbf{R}^4$ 中定义 $\Psi\begin{pmatrix}x_1\\x_2\\x_3\\x_4\end{pmatrix}=\begin{pmatrix}x_1+x_2\\x_2+x_3\\x_1+x_4\\x_2-x_4\end{pmatrix}$。

10. 函数集合 $U=\{f(x)\mid f(x)=(a+bx+cx^2)e^x,a,b,c\in R\}$ 对于函数的线性运算

构成 3 维线性空间，在 U 中取一组基：$\boldsymbol{a}=e^x$，$\boldsymbol{b}=xe^x$，$\boldsymbol{c}=x^2e^x$，定义线性变换 $\Psi(f(x))$ 为求 $f(x)$ 的一阶导，求 Ψ 在基 $\boldsymbol{a},\boldsymbol{b},\boldsymbol{c}$ 下的矩阵。

11. 二阶实对称矩阵的全体 $U=\left\{\begin{pmatrix} a & b \\ b & c \end{pmatrix} \middle| a,b,c\in R\right\}$，对于矩阵的线性运算构成一个线性空间，在 U 中定义变换 $\Psi(\boldsymbol{A})=\begin{pmatrix} 1 & 0 \\ 1 & 1 \end{pmatrix}\boldsymbol{A}\begin{pmatrix} 1 & 1 \\ 0 & 1 \end{pmatrix}$，其中 $\boldsymbol{A}\in U$，求 Ψ 在基 $\boldsymbol{A}_1=\begin{pmatrix} 1 & 0 \\ 0 & 0 \end{pmatrix}$，$\boldsymbol{A}_2=\begin{pmatrix} 0 & 1 \\ 1 & 0 \end{pmatrix}$，$\boldsymbol{A}_3=\begin{pmatrix} 0 & 0 \\ 0 & 1 \end{pmatrix}$ 下的矩阵。

12. 在 $\mathbf{R}^3$ 中，线性变换 Ψ 在基 $\boldsymbol{a},\boldsymbol{b},\boldsymbol{c}$ 下的矩阵为 $\boldsymbol{A}=\begin{pmatrix} 1 & 2 & 3 \\ -1 & 0 & 3 \\ 2 & 1 & 5 \end{pmatrix}$，求 Ψ 在基 $\boldsymbol{a},\boldsymbol{a}+\boldsymbol{b},\boldsymbol{a}+\boldsymbol{b}+\boldsymbol{c}$ 下的矩阵。

*第七章　常用数学软件

随着计算机科学和技术的飞速发展，在自然科学、工程技术、经济管理以至人文社会科学领域中，数学日益成为解决实际问题的有力工具。大学数学除了培养学生的逻辑推理能力、几何直观能力和运算能力以外，还应培养数学建模能力和科学计算能力。数学实验就是利用计算机和软件（特别是数学软件），进行数学运算、显示图形、证明猜想、探索发展数学理论、进行仿真模拟等，并对所得结果进行整理分析的过程。

数学软件是进行数学实验的基本工具之一，本章将介绍两款常用的数学软件——LINGO 和 MATLAB，并配以相关的实验操作，以帮助大家掌握这两款软件的基本操作，同时了解数学实验和数学建模的一些基本概念和知识。

第一节　LINGO 的基本操作

一、LINGO 的简介

1. LINGO 的主要功能

美国芝加哥大学的 Linus Schrage 教授于 1980 年前后开发了一套专门用于求解最优化问题的软件包，后来又经过了多年的不断完善和扩充，并成立了 LINDO 系统公司（LINDO Systems Inc.）进行商业化运作，取得了巨大成功。这套软件包的主要产品有四种：LINDO、LINGO、LINGO API 和 What's Best!，在最优化软件的市场上占有很大的份额，尤其在供微机上使用的最优化软件的市场上，上述软件产品具有绝对优势。

LINDO 是英文 Linear Interactive and Discrete Optimizer 字首的缩写形式，即“交互式的线性和离散优化求解器”，可以用来求解线性规划（LP）和二次规划（QP）；LINGO 是英文 Linear Interactive and General Optimizer 字首的缩写形式，即“交互式的线性和通用优化求解器”，除了具有 LINDO 的全部功能外，还可以用于求解非线性规划，也可以用于一些线性和非线性方程组的求解以及代数方程求根等。

LINDO 和 LINGO 软件的最大特色在于可以允许决策变量取整数（即整数规划，包括 0－1 规划），而且执行速度很快。LINGO 实际上还是最优化问题的一种建模语言，包括许多常用的数学函数可供使用者建立数学规划问题模型时调用，并可以接受其它数据文件

(如 EXCEL 电子表格文件、数据库文件等),即使对优化方面的专业知识了解不多的用户,也能够方便地建模和输入、有效地求解和分析实际中遇到的大规模优化问题,并通常能够快速得到复杂优化问题的高质量的解。

LINGO 的主要功能特色:

(1)既能求解线性规划问题,也有较强的求解非线性规划问题的能力;

(2)输入模型简练直观;

(3)运行速度快,计算能力强;

(4)内置建模语言,提供几十个内部函数,从而能以较少语句,较直观的方式描述较大规模的优化模型;

(5)将集合的概念引入编程语言,很容易将实际问题转换为 LINGO 模型;

(6)能方便地与 Excel、数据库等其他软件交换数据。

建立 LINGO 优化模型需要注意的几个基本问题:

(1)尽量使用实数优化模型,减少整数约束和整数变量的个数;

(2)尽量使用光滑优化模型,减少非光滑约束和整数变量的个数;

如:尽量少地使用绝对值函数、符号函数、多个变量求最大(或最小)值、四舍五入函数、取整函数等。

(3)尽量使用线性优化模型,减少非线性约束和非线性变量的个数(如 $x/y<5$ 改为 $x<5y$);

(4)合理设定变量的上下界,尽可能给出变量的初始值;

(5)模型中使用的单位的数量级要适当,通常希望模型中数据之间的数量级不要相差超过 10^3。

2. LINGO 的基本用法

在 WINDOWS 操作系统下,双击 LINGO 图标,弹出标题为“LINGO Model - LINGO1”的窗口,称为模型窗口(通常称 LINGO 程序为“模型”),如图 7-1 所示,用于输入模型,可以在该窗口内用基本类似于数学公式的形式输入模型。

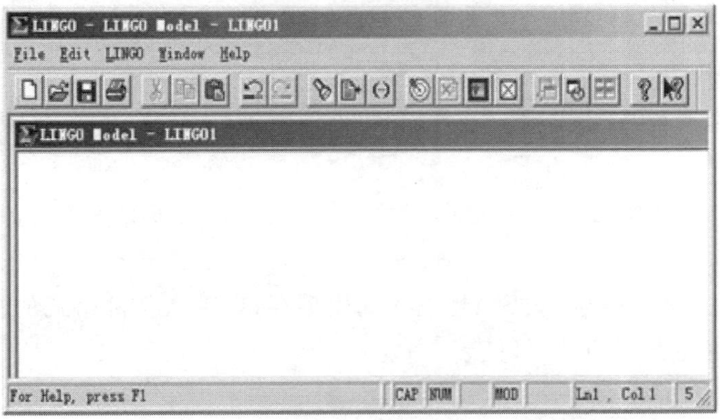

图 7-1 LINGO 的主窗口和模型窗口

通常，一个优化模型由三部分组成：

(1)目标函数：一般表示成求某个数学表达式的最大值或最小值；

(2)决策变量：目标函数值取决于哪些变量；

(3)约束条件：对变量附加一些条件限制(用等式或不等式表示)。

例1 某工厂在计划期内要安排甲、乙两种产品的生产，已知生产单位产品所需的设备台时及A、B两种原材料的消耗以及资源的限制，如下表：

	甲	乙	资源限制
设备	1	1	300台时
原料A	2	1	400千克
原料B	0	1	250千克
单位产品获利	50元	100元	

问：工厂应分别生产多少单位甲、乙产品才能使工厂获利最多？

解 设生产甲、乙产品的数量分别为 x_1、x_2，相应的获利为 z，则

目标函数：$\max z = 50x_1 + 100x_2$。

约束条件：$\begin{cases} x_1 + x_2 \leqslant 300 \\ 2x_1 + x_2 \leqslant 400 \\ x_2 \leqslant 250 \\ x_1, x_2 \geqslant 0 \end{cases}$

上述几个式子就构成一个线性规划模型，用 *LINGO* 求解这个模型，在 *Model* 窗口内输入如下内容：

```
MAX = 50 * X1 + 100 * X2;
X1 + X2 <= 300;
2 * X1 + X2 <= 400;
X2 <= 250。
```

由于 LINGO 默认所有决策变量都非负，因而变量的非负约束($x_1, x_2 \geqslant 0$)可以不必输入。

选菜单 File→Save As(或按 F5)将输入的模型存盘，默认文件格式的扩展名为.lg4，不同的扩展名代表不同类型的文件，见表7-1。

表 7-1　LINGO 的文件类型

扩展名	文件类型
lg4	LINGO 格式的模型文件，是一种特殊的二进制格式文件，保存了模型窗口中所能够看到的所有文本和其他对象及其格式信息，只有 LINGO 能读出它，用其他系统打开这种文件时会出现乱码
lng	纯文本格式模型文件，以这个格式保存模型时，LINGO 将给出警告，因为模型中的格式信息（如字体、颜色、嵌入对象等）将会丢失
ldt	LINGO 数据文件
ltf	LINGO 命令脚本文件
lgr	LINGO 报告（solution report）文件

LINGO 的语法规则：

(1)求目标函数的最大值和最小值分别用 MAX=…或 MIN=…来表示；

(2)每个语句必须以分号“;”结束，每行可以有多个语句，语句可以跨行；

(3)变量名称必须以字母(A－Z)开头，由字母、数字(0－9)和下划线“_”组成，长度不超过 32 个字符，不区分大小写；

(4)可以给语句加上标号，例如[OBJ] MAX=…；

(5)以“!”开头，以“;”结束的语句是注释语句；

(6)如果对变量的取值范围没有作特殊说明，则默认所有决策变量都非负；

(7)LINGO 模型以语句“MODEL:”开头，以“END”结束，对于比较简单的模型，这两句可以省略。

选菜单 Lingo→Solve(或者按 Ctrl+S)，或用鼠标点击按钮，如果模型有语法错误，则弹出一个错误信息窗口（标题为“LINGO Error Message”的窗口），指出在哪一行，有怎样的错误，每种错误都有一个编号，具体含义可见附录参考文献。改正错误后再求解，如果语法通过，LINGO 用内部所带的求解程序求出模型的解，然后弹出一个求解状态窗口（标题为“LINGO Solver Status”的窗口），由于 LINGO 与中文 Windows 系统的兼容问题，求解状态窗口的有些显示字符和单词无法完整显示，如图 7-2。

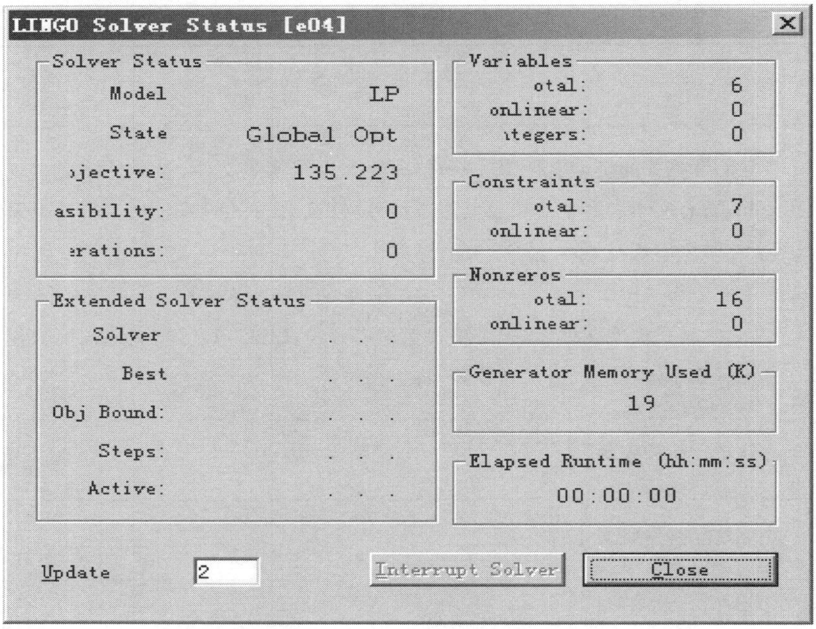

图 7-2 求解状态窗口

图 7-2 中,右边的五个框依次为:变量数(Variables),包括变量总数(Total)、非线性变量数(Nonlinear)、整数变量数(Integers);约束数量(Constraints),包括约束总数、非线性约束个数(Nonlinear);非零系数数量(Nonzeroes),包括总数、非线性项的个数;内存使用量(Generator Memory Used);求解花费的时间(Ela Psed Runtime)。

注:凡是可以从一个约束直接解出变量取值时,这个变量就不认为是决策变量而是固定变量,不列入统计中;只含有固定变量的约束也不列入约束统计中。

图 7-2 中,左边的两个框依次为:求解器(求解程序)状态框(Solver Status),相关域名及其含义见表 7-2;扩展的求解器状态框(Extended Solver Status),相关域名及其含义见表 7-3。

关闭求解状态窗口,即可看见求解报告(标题为"Solution Report"的窗口),该报告显示模型优化计算的步数、优化后的目标函数值、列出各变量的计算结果,图 7-3 是例 1 的求解报告。

表 7-2 求解器状态框域名及其含义

域名	含义	可能的显示
Model Class	当前模型的类型	LP(线性规划),QP(二次规划),ILP(整数线性规划),IQP(整数二次规划),PILP(纯整数线性规划),PIQP(纯整数二次规划),NLP(非线性规划),MIP(混合整数规划),INLP(整数非线性规划),PINLP(纯整数非线性规划)

续表

域名	含义	可能的显示
State	当前解的状态	Global Optimum(全局最优解),Local Optimum(局部最优解),Feasible(可行解),Infeasible(不可行),Unbounded(无界),Interrupted(中断),Undetermined(未确定)
Objective	当前解得目标函数值	实数
Infeasibility	当前约束不满足的总数	实数(即使该值 = 0,当前解也可能不可行,因为这个量中没有考虑用上下界形式给出的约束)
Iterations	目前为止的迭代次数	非负整数

表 7-3　扩展求解器状态框域名及其含义

域名	含义	可能的显示
SolverType	使用的特殊求解程序	B - and - B(分枝定界算法) Global(全局最优解程序) Multistart(用多个初始点求解的程序)
BestObj	目前为止找到的可行解得最佳目标函数值	实数
Obj Bound	目标函数值的界	实数
Steps	特殊求解程序当前运行步数: 分支数(对 B - and - B 程序); 子问题数(对 Global 程序); 初始点数(对 Multistart 程序)	非负整数
Active	有效步数	非负整数

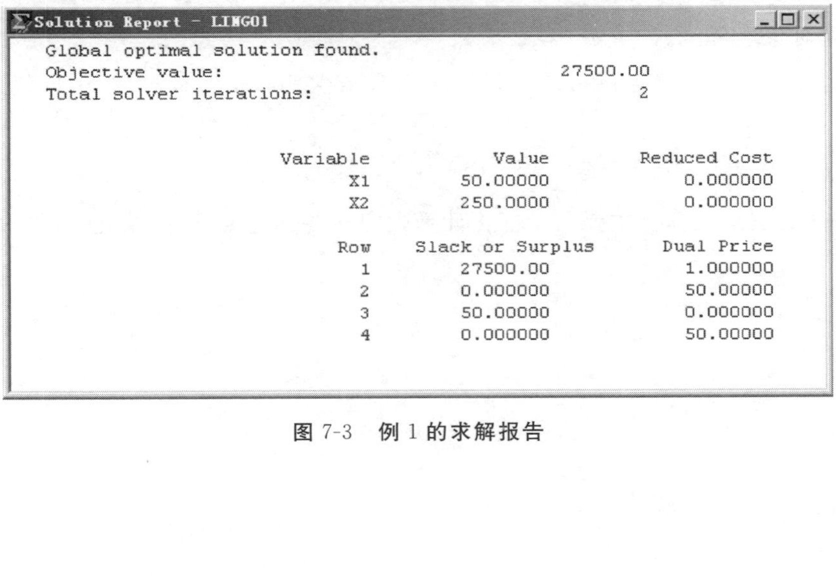

```
Solution Report - LINGO1
Global optimal solution found.
Objective value:                              27500.00
Total solver iterations:                             2


                 Variable           Value        Reduced Cost
                       X1        50.00000            0.000000
                       X2        250.0000            0.000000

                      Row    Slack or Surplus      Dual Price
                        1        27500.00            1.000000
                        2        0.000000            50.00000
                        3        50.00000            0.000000
                        4        0.000000            50.00000
```

图 7-3　例 1 的求解报告

该报告说明：运行 2 步找到全局最优解，目标函数值为 27500，变量值分别为 X1 = 50，X2 = 250。报告中其他字符的含义如下：

Reduced Cost：缩减成本系数；

Row：输入模型中的行号；

Slack or Surplus：松弛量或剩余量（的值），即约束条件左右两端的差值。约束条件中，对于“＜ = ”不等式，称之为松弛量（Slack）。对于“＞ = ”不等式，称之为剩余量（Surplus）。不等式左右两边值相等时，松弛和剩余的值为 0；如果约束条件无法满足，则松弛和剩余的值为负。

Dual Price：对偶价格。约束条件右端常数增加一个单位而使最优目标函数值得到改进的数量，称为这个约束条件的对偶价格。

LINGO 窗口上其他按钮及名称见图 7-4。

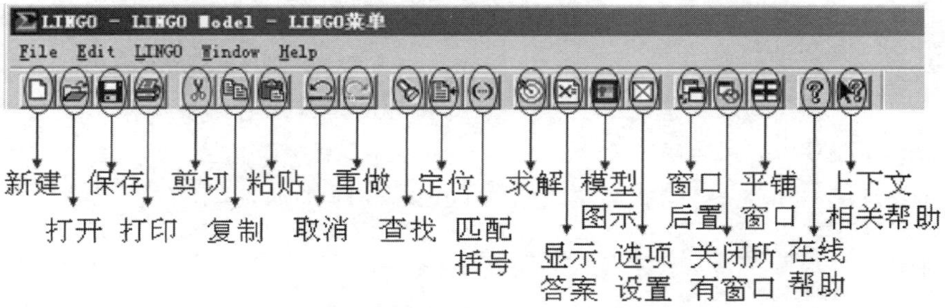

图 7-4 LINGO 的主界面

按钮的功能详见附录参考文献。

3. LINGO 的运算符

(1)算术运算符

^乘方，* 乘，/除，+ 加，- 减。

它们都是双目运算符，需要两个运算对象（操作数），但“ - ”号也可以作为单目运算符，表示对运算对象取负值。

算术运算符的优先级为：单目“ - ”最高，其余依次为^，* 和/，+ 和 -，同级从左至右，加括号可以改变运算次序。

(2)逻辑运算符

LINGO 的逻辑运算符主要用于优化计算中定义各种逻辑条件，共九个，见表 7-4。

表 7-4　逻辑运算符及其作用

分类	运算符	作用
运算对象是两个数	＃EQ＃	两个运算对象相等时为真，否则为假
	＃NE＃	两个运算对象不相等时为真，否则为假
	＃GT＃	左边大于右边时为真，否则为假
	＃GE＃	左边大于或等于右边时为真，否则为假
	＃LT＃	左边小于右边时为真，否则为假
	＃LE＃	左边小于或等于右边时为真，否则为假
运算对象是逻辑值或逻辑表达式	＃NOT＃	运算对象取反，即真变成假，假变成真
	＃AND＃	两个运算对象都真时为真，否则为假
	＃OR＃	两个运算对象都假时为假，否则为真

除了＃NOT＃是单目运算符之外，其余都是双目运算符。逻辑运算符将运算对象连接起来构成逻辑表达式，逻辑表达式的值只有两种：真（TRUE）或假（FALSE），假等同于数值 0，而所有非零数值都是真。

逻辑运算符的优先级别，最高为＃NOT＃，最低为＃AND＃和＃OR＃，其余在中间且平级。

例 2　逻辑表达式

3　＃GT＃　2　＃AND＃　4　＃LT＃　3 其结果为假（0）。

＃NOT＃（4　＃LE＃　3）其结果为真。

思考：＃NOT＃　4　＃LE＃　3 的结果是多少？

（3）关系运算符

LINGO 的关系运算符通常用在条件表达式中，用来指定约束条件表达式左边与右边必须满足的关系。有以下三种：

＝表达式左右两边相等；

＜＝表达式左边小于或等于右边；

＞＝表达式左边大于或等于右边。

注：①LINGO 没有单独的“＜”和“＞”关系，如果出现了单个“＜”和“＞”，LINGO 认为是省略了“＝”。

②如果需要严格小于和大于关系，如 A 严格小于 B，可以表示成：$A+\varepsilon<=B$，这里 ε 是一个小正数，它的值依赖于模型中 A 小于 B 多少才算不等。

当不同种类的运算符混合运算时，优先级别见表 7-5。

表 7-5 LINGO 运算符的优先级

优先级	运算符
最高级	#NOT#，-（取负）
	^
	*，/
	+，-
	#EQ#，#NE#，#GT#，#GE#，#LT#，#LE#
	#AND# #OR#
最低级	<，=，>

即，单目优于双目，算术优于逻辑，逻辑优于关系，平级从左到右，括号改变次序。

4. LINGO 的内部函数

使用内部函数能大大减少用户的编程工作量，LINGO 提供了五十几个内部函数，所有函数都以字符@开头，内部函数可分为数学函数、概率函数、集合操作函数、变量定界函数、文件输入输出函数、金融函数和其他函数。

(1)数学函数

数学函数是使用率最高的类别，见表 7-6。

表 7-6 LINGO 的数学函数

函数名	返回值
@ABS(*X*)	返回 X 的绝对值
@SIN(*X*)	返回 X 的正弦值
@COS(*X*)	返回 X 的余弦值
@TAN(*X*)	返回 X 的正切值
@LOG(*X*)	返回 X 的自然对数值
@EXP(*X*)	返回 e^X 的值（e 为自然常数，e=2.7182818……）
@SIGN(*X*)	返回 X 的符号值
@SMAX(*X*1,*X*2,…,*X*n)	返回 X1,X2,…,Xn 中的最大值
@SMIN(*X*1,*X*2,…,*X*n)	返回 X1,X2,…,Xn 中的最小值
@FLOOR(*X*)	返回 X 的整数部分（向最靠近 0 的方向取整）
@LGM(*X*)	返回 X 的 gamma 函数的自然对数值
@MOD(*X*,*Y*)	返回 X 除以 Y 的余数（X 和 Y 都是整数）
@POW(*X*,*Y*)	返回 X^Y 的值（该函数可用 X^Y 代替）
@SQR(*X*)	返回 X^2 的值（该函数可用 X^2 代替）
@SQRT(*X*)	返回$\sqrt{X}$的值（该函数可用 X^(1/2)代替）

注：三角函数的参数应使用弧度制。

(2)变量定界函数

变量定界函数对变量的取值范围进行限制。变量定界函数见表 7-7。

表 7-7　LINGO 的变量定界函数

函数名	功能
@GIN(X)	限制 X 为整数
@BIN(X)	限制 X 的取值为 0 或 1
@BND(L,X,U)	限制 L≤X≤U
@FREE(X)	取消 X 的非负约束

(3)函数@IF(logical_condition,true_result,false_result)

该函数根据逻辑表达式(logical_condition)的结果决定返回值:当结果为真时,返回表达式 true_result 的值,否则返回表达式 false_result 的值,常用来表示分段函数。

其他未介绍的函数详见附录参考文献。

二、LINGO 的应用举例

由于篇幅限制,本部分仅就求解线性规划问题、求解分段函数优化问题和求解线性方程等三类问题进行举例。

1. 求解线性规划问题

线性规划问题的一般模型通常由一个目标函数和若干个约束条件构成,即

$$\max(\min)z=c_1x_1+c_2x_2+\cdots+c_nx_n$$

$$\text{s. t.}\begin{cases}a_{11}x_1+a_{12}x_2+\cdots+a_{1n}x_n\leqslant(=,\geqslant)b_1\\a_{21}x_1+a_{22}x_2+\cdots+a_{2n}x_n\leqslant(=,\geqslant)b_2\\\cdots\cdots\\a_{m1}x_1+a_{m2}x_2+\cdots+a_{mn}x_n\leqslant(=,\geqslant)b_m\\x_1,x_2,\cdots,x_n\geqslant0\end{cases}$$

其中 c_j 称为价值系数,a_{ij} 称为技术系数,b_j 称为资源常量。

利用 LINGO 可以快速准确地求解出线性规划模型的最优解。

例 3　某工厂要做 500 套钢架,每套用长为 2.9 m,2.1 m 和 1.5 m 的圆钢各一根。已知原料每根长 7.4 m,问应如何下料,可使所用原料最省。

分析:本题最简单的做法是在每根原料钢上截取 2.9 m、2.1 m、1.5 m 的圆钢各一根组成一套,这样每根原料钢余下料头 0.9 m,做 500 套钢架,需要原材料 500 根,共余下 450 m 料头,浪费比较大。因此需要找到一些比较省料的套裁方案。这些方案应满足两点,第一要求每个方案的下料后的料头较短,第二要求这些方案总体能裁下所有各种规格的圆钢,并且不同方案有着不同的各种所需圆钢的比,这样才能满足对各种不同规格圆钢的需要并达到省料的目的。钢管套裁方案见下表。

长度 \ 方案 \ 下料数	I	II	III	IV	V
2.9	1	2	0	1	0
2.1	0	0	2	2	1
1.5	3	1	2	0	3
料头	0	0.1	0.2	0.3	0.8

解 设五套方案下料的原材料根数分别为 x_1,x_2,x_3,x_4,x_5，模型如下：

$\min z = x_1 + x_2 + x_3 + x_4 + x_5$

$$\text{s.t}\begin{cases} x_1 + 2x_2 \qquad + x_4 \qquad \geqslant 500 \\ \qquad 2x_3 + 2x_4 + x_5 \geqslant 500 \\ 3x_1 + x_2 + 2x_3 \qquad + 3x_5 \geqslant 500 \\ x_1 + x_2 + x_3 + x_4 + x_5 \geqslant 0 \end{cases}$$

LINGO 程序如下：

```
min=x1+x2+x3+x4+x5;
x1+2*x2+x4>500;
2*x3+2*x4+x5>500;
3*x1+x2+2*x3+3*x5>500;
```

执行后结果为：

```
Global optimal solution found。
Objective value:450.00000
Total solver iterations: 4
  Variable          Value          Reduced Cost
     X1          150.00000          0.000000
     X2          50.00000           0.000000
     X3          0.000000           0.000000
     X4          250.00000          0.000000
     X5          0.000000           0.1000000

     Row         Slack or Surplus   Dual Price
      1          90.00000           -1.000000
      2          0.000000           -0.4000000
      3          0.000000           -0.3000000
      4          0.000000           -0.2000000
```

从结果可知，按第一套方案裁 150 根，按第二套方案裁 50 根，按第四套方案裁 250 根，这样只需要 450 根原料钢，比不优化节省了 50 根。

注：由于本例模型程序简单，因此编程开始时省略“MODEL:”，结尾省略了“END”，若加上这两个语句不影响求解结果。

2. 求解分段函数优化问题

例 4　求解下列分段函数优化问题

$$\min z = x + y$$

$$\text{s.t.}\begin{cases} x = 2a + \begin{cases} 100, a > 0 \\ 0, a \leqslant 0 \end{cases} \\ y = \begin{cases} 60 + 3b, b > 0 \\ 2b, b \leqslant 0 \end{cases} \\ a + b \geqslant 30 \\ a, b \in R \end{cases}$$

分析：目标函数中决策变量 x 和 y 分别是用一个分段函数取值，因此要用@IF 函数来表示分段函数。x 和 y 分别受约束于变量 a 和 b，而 a 和 b 的取值范围为一切实数。在 LINGO 程序中，默认所有变量都是非负的，因此要用@FREE 函数取消其非负限制。

注：@FREE 函数只能处理一个变量。

解　LINGO 程序如下：

```
min=x+y;
x=@if(a#gt#0,100,0)+2*a;
y=@if(b#gt#0,60+3*b,2*b);
a+b>30;
@free(a);
@free(b);
```

执行后得到结果：

```
Linearization components added:
Constraints:        30
Variables:          20
Integers:           12

Global optimal solution found。
Objective value:                  150.0000
Extended solver steps:            4
Total solver iterations:          18
```

Variable	Value	Reduced Cost
X	0.000000	0.000000
Y	150.0000	0.000000
A	0.000000	0.000000
B	30.00000	0.000000

Row	Slack or Surplus	Dual Price
1	150.0000	-1.000000
2	0.000000	-1.000000
3	0.000000	-1.000000
4	0.000000	-3.000000

即当 $a=0,b=30$ 时,可以得到最小值 $z=150$。

3.求解线性方程

对于线性方程组

$$\begin{cases} a_{11}x_1+a_{12}x_2+\cdots+a_{1m}x_m=b_1 \\ a_{21}x_1+a_{22}x_2+\cdots+a_{2m}x_m=b_2 \\ \qquad\cdots\cdots \\ a_{m1}x_1+a_{m2}x_2+\cdots+a_{mm}x_m=b_m \end{cases} \quad (1)$$

引入人工变量 $y_1,y_2,\cdots,y_m$,建立线性规划模型

$\min z=y_1+y_2+\cdots+y_m$

$$\begin{cases} a_{11}x_1+a_{12}x_2+\cdots+a_{1m}x_m+y_1=b_1 \\ a_{21}x_1+a_{22}x_2+\cdots+a_{2m}x_m+y_2=b_2 \\ \qquad\cdots\cdots \\ a_{m1}x_1+a_{m2}x_2+\cdots+a_{mm}x_m+y_m=b_m \end{cases} \quad (2)$$

用 LINGO 软件求解(2),以 m=3 为例,在模型窗口输入

```
min=y1+y2+y3;
a11*x1+a12*x2-a13*x3+y1=b1;
a21*x1+a22*x2-a23*x3+y2=b2;
a31*x1+a32*x2-a33*x3+y3=b3;
@free(x1);
@free(x2);
@free(x3);
```

执行上述程序后,若输出结果中 m 个人工变量 $y_1,y_2,\cdots,y_m$ 在 Reduced Cost 中对应的值均为 1,则线性方程组(1)有唯一的解,其值为 Value 栏中 X 对应数值,此时 Dual Price 栏中,除第一行为 -1 外,其余行一定均为零;否则线性方程组(1)有无穷多解,此时 Dual Price 栏中,除第一行为 -1 外,其余行不全为零。

例 5 用 LINGO 求解线性方程组:

$$\begin{cases}2x_1+x_2-5x_3+x_4=8\\x_1-3x_2-6x_4=9\\2x_2-x_3+2x_4=-5\\x_1+4x_2-7x_3+6x_4=0\end{cases}$$

解　LINGO 程序如下：

```
min = y1 + y2 + y3 + y4;
2 * x1 + x2 - 5 * x3 + x4 + y1 = 8;
x1 - 3 * x2 - 6 * x4 + y2 = 9;
2 * x2 - x3 + 2 * x4 + y3 = -5;
x1 + 4 * x2 - 7 * x3 + 6 * x4 + y4 = 0;
@free(x1);
@free(x2);
@free(x3);
@free(x4);
```

上述代码中，y_1，y_2，y_3，y_4 为引入的人工变量。

执行后得到结果：

```
Global optimal solution found.
Objective value:                         0.000000
Total solver iterations:                        4

        Variable        Value      Reduced Cost
              Y1     0.000000          1.000000
              Y2     0.000000          1.000000
              Y3     0.000000          1.000000
              Y4     0.000000          1.000000
              X1     3.000000          0.000000
              X2    -4.000000          0.000000
              X3    -1.000000          0.000000
              X4     1.000000          0.000000

             Row   Slack or Surplus    Dual Price
               1       0.000000        -1.000000
               2       0.000000         0.000000
               3       0.000000         0.000000
               4       0.000000         0.000000
               5       0.000000         0.000000
```

即方程的解为：$x_1=3$，$x_2=-4$，$x_3=-1$，$x_4=1$

思考：该解是否为方程组的唯一解？

第二节　MATLAB 的基本操作

一、MATLAB 的简介

MATLAB 是矩阵实验室 matrix laboratory 的缩写，是 MathWorks 公司于 1984 年推出的一套数值计算软件，可以实现数值分析、优化、统计、微分方程数值解、信号处理、图像处理等若干领域的计算和图形显示功能。它将不同数学分支的算法以函数的形式分类成库，使用时直接调用这些函数并赋予实际参数就可以解决问题，快速而准确。

MATLAB 建立在向量、数组和矩阵的基础上，使用方便，人机界面直观，输出结果可视化，应用范围十分广泛。下面基于 MATLAB7.4 介绍关于 MATLAB 的一些基础知识。

1. MATLAB 的窗口界面

MATLAB7.4 的窗口界面共包括 5 个窗口，分别是主窗口、命令窗口（Command Window）、当前目录（Current Directory）、工作空间（WorksPace）和历史命令（Command History）。如图 7-5 所示。

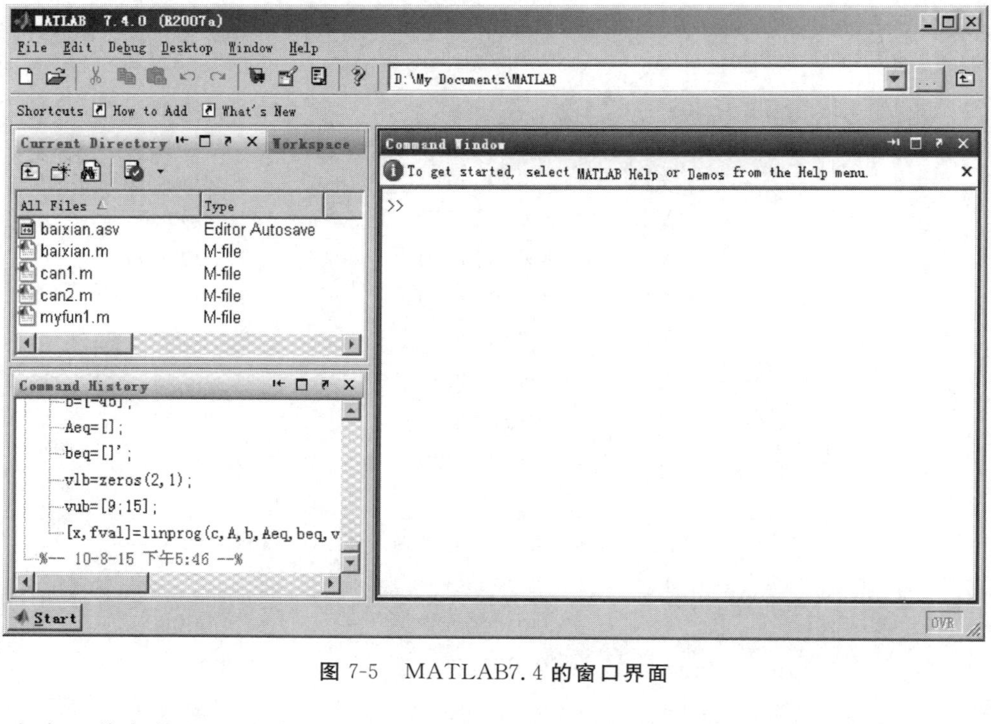

图 7-5　MATLAB7.4 的窗口界面

主窗口兼容其它 4 个窗口，本身还包含 6 个菜单（File、Edit、Debug、Desktop、Windows、Help）和一个工具条。

命令窗口是主要工作窗口，当 MATLAB 启动完成，命令窗口显示以后，窗口处于准备编辑状态。符号“>>”为运算提示符，说明系统处于准备状态。当用户在提示符后输入表达式按回车键后，系统将给出运算结果，然后继续处于系统准备状态。

当前目录窗口的主要功能是显示或改变当前目录，不仅可以显示当前目录下的文件，而且还可以提供搜索，通过下面的目录选择下拉菜单，用户可以轻松选择已经访问过的目录。单击右侧的按钮，可以打开路径选择对话框，在这里用户可以设置和添加新路径。

工作空间窗口的主要功能是显示目前内存中存放的变量名、变量存储数据的维数、变量存储的字节数、变量类型说明等。

命令历史记录窗口会保留自安装以来所用过的命令的历史记录，并详细记录了命令使用的日期和时间，为用户提供了所使用的命令的详细查询，所有保留的命令都可以单击后执行。

MATLAB 提供了两种运行方式：命令行方式和 M 文件方式。

命令行运行方式通过直接在命令窗口中输入命令行来实现计算或作图功能，但这种方式在处理比较复杂的问题和大量数据时相当困难。

而 M 文件运行方式则是先在一个以 m 为扩展名的 M 文件中输入一系列数据和命令，然后让 MATLAB 执行这些命令。MATLAB 的 M 文件有两种类型：脚本 M 文件和函数 M 文件。

脚本文件可以理解为简单的 M 文件，脚本文件中的变量都是全局变量。函数文件是在脚本文件的基础之上多添加了一行函数定义行，其代码组织结构和调用方式与对应的脚本文件截然不同。函数文件是以函数声明行“function...”作为开始的，其实质就是用户往 MATLAB 函数库里边添加了子函数，函数文件中的变量都是局部变量，除非使用了特别声明。函数运行完毕之后，其定义的变量将从工作区间中清除。而脚本文件只是将一系列相关的代码结合封装，没有输入参数和输出参数，即不自带参数，也不一定要返回结果。而多数函数文件一般都有输入和输出变量，并见有返回结果。

2. MATLAB 的基本用法

要使用 MATLAB，首先要了解其语法规则、算数运算符号以及常用的一些函数。

MATLAB 的语法规则：

(1)变量名必须是不含空格的字符串，并且以字母(A－Z)开头，由字母、数字(0－9)和下划线“_”组成，长度不超过 19 个字符，且区分大小写。

(2)MATLAB 的每条命令后，若为逗号或无标点符号，则显示命令的结果；若命令后为分号，则禁止显示结果。

(3)“%”后面所有文字为注释。

(4)“…”表示续行。

为了使用方便，MATLAB 预定义了一些特殊变量，这些特殊变量都有特定的意义和取值，见表 7-8。

表 7-8 特殊变量表

特殊变量	取值 0
ans	用于结果的缺省变量
pi	圆周率
eps	返回机器精度数，当和 1 相加就产生一个比 1 大的数
inf	无穷大，如 1/0
NaN	不定量，即未定式 0/0 或∞/∞
i,j	虚数单位，$i=j=\sqrt{-1}$
realmin	计算机能处理的最小浮点数，MATLAB7.4 为 2.2251e－308
realmax	计算机能处理的最大浮点数，MATLAB7.4 为 1.7977e＋308
nargin	给出一个函数调用过程中输入自变量的个数
nargout	给出一个函数调用过程中输出自变量的个数

MATLAB 中常用的数学运算符号及其含义见表 7-9。

表 7-9 运算符号表

+	加法运算	-	减法运算
*	乘法运算	.*	点乘运算
/	除法运算	./	点除运算
^	乘幂运算	.^	点乘幂运算
\\	左除	.\\	点左除

MATLAB 为用户提供了许多内部函数，以方便用户在编程中使用。表 7-10 给出了部分常用函数。

表 7-10 常用函数表

函数	含义	函数	含义
abs(x)	求 x 的绝对值	acos(x)	求 x 的反余弦函数值
sign(x)	求 x 的符号	atan(x)	求 x 的反正切函数值
sqrt(x)	求 x 的算数平方根	acot(x)	求 x 的反余切函数值
exp(x)	求 e^x 的值	asec(x)	求 x 的反正割函数值
log(x)	求 lnx 的值	acsc(x)	求 x 的反余割函数值
log10(x)	求 lgx 的值	round(x)	对 x 四舍五入取整
log2(x)	求 $\log_2 x$ 的值	fix(x)	对 x 向 0 取整
sin(x)	求 x 的正弦函数值	floor(x)	对 x 向－∞方向取整
cos(x)	求 x 的余弦函数值	ceil(x)	对 x 向＋∞方向取整
tan(x)	求 x 的正切函数值	rem(x,y)	求 x/y 的余数
cot(x)	求 x 的余切函数值	gcd(x,y)	求 x,y 的最大公约数
sec(x)	求 x 的正割函数值	lcm(x,y)	求 x,y 的最小公倍数

续表

函数	含义	函数	含义
csc(x)	求 x 的余割函数值	max(x)	求参数 x 的最大值
asin(x)	求 x 的反正弦函数值	min(x)	求参数 x 的最小值

例 1　求 $y=\sqrt{\cos x}+\sin^2 x$ 在 $x=\frac{\pi}{5}$ 处的值。

解　在 MATLAB 命令窗口"＞＞"符号后输入：

```
y = sqrt(cos(pi/5)) + sin(pi/5)^2
```

结果显示为：

```
y = 1.2449
```

注：在命令窗口输入"y = sqrt(cos(pi/5)) + (sin(pi/5))^2"结果是一样的，请读者思考一下，为何这里可以不用加括号。

3. 函数 M 文件

MATLAB 的内部函数是有限的，在使用 MATLAB 中有时需要自定义新函数，为此必须编写函数 M 文件。函数 M 文件是文件名后缀为 m 的文件，这类文件的第一行必须是以特殊字符 function 开始，其格式为：

function 因变量名 = 自定义函数名(自变量名)

接着下面各行编写函数运算的语句。函数 M 文件的文件名必须与自定义函数名完全一致，否则将无法调用。

函数 M 文件与脚本 M 文件有以下差异：

(1)函数 M 文件的文件名必须与函数名相同，而脚本 M 文件的文件名可以是任意的。

(2)脚本 M 文件没有输入参数与输出参数，而函数 M 文件有输入参数与输出参数。对函数进行调用时，可以按少于函数 M 文件规定的输入与输出变量个数，但不能多于函数 M 文件规定的变量个数。

(3)脚本 M 文件运行产生的所有变量都是全局变量，而函数 M 文件的所有变量除特别声明外，都是局部变量。

例 2　计算函数 $f(x,y)=x^2+\sin xy+2y$ 当 $x=10$，$y=5$ 时的函数值。

解　首先建立 M 文件：func1.m

```
function z = func1(x,y)
z = x^2 + sin(x * y) + 2 * y
```

在上述 M 文件中，z 是因变量，x 和 y 是自变量，"func1"为自定义函数名。要调用这个函数 M 文件，只需要将其保存后，在 MATLAB 命令窗口输入：

```
func1(10,5)
```

结果显示为：

```
z = 109.7376
```

4. 关系和逻辑运算

除了传统的数学运算，MATLAB 支持关系和逻辑运算。作为所有关系和逻辑表达式的输入，MATLAB 把任何非零数值当作真，把零当作假。所有关系和逻辑表达式的输出，对于真，输出为 1；对于假，输出为 0。

MATLAB 可以比较两个同样大小的矩阵，或用来比较一个矩阵和一个标量。对于矩阵和标量的比较，是标量和矩阵中的每一个元素相比较，结果与矩阵大小一样。MATLAB 关系操作符见表 7-11。

表 7-11 关系操作符

关系操作符	说明	关系操作符	说明
<	小于	>	大于
<=	小于或等于	>=	大于或等于
==	等于	~=	不等于

逻辑操作符提供了一种组合或否定关系表达式，MATLAB 逻辑操作符见表 7-12。

表 7-12 逻辑操作符

关系操作符	说明
&	与
|	或
~	非

例 3 请写出下列关系逻辑表达式的值。

$x=1>=2\&2<=3$

$y=\sim x$

解 很显然“1>=2”为假，“2<=3”为真，真和假作“&”运算为假，所以 $x=0$，即 x 为假；而 $y=\sim x$，非假即真，所以 y 为真，即 $y=1$。

5. 循环和条件语句

MATLAB 提供三种决策或控制流结构：for 循环，while 循环和 if－else 选择结构。

for 循环

允许一命令以固定的和预定的次数重复，for 循环的一般形式为：

```
for x = array
命令串
end
```

在 for 和 end 语句之间的命令串按数组 array（数组的定义见参考文献）中的每一列执行一次。

while 循环

与 for 循环以固定次数求一组命令相反，while 循环以不定的次数求一组语句的值，while 循环的一般形式为：

while(表达式)

命令串

end

只要表达式里的所有元素为真，就执行命令串。

if－else 选择结构

选择结构的一般形式：

if(表达式)

命令串 1

else

命令串 2

end

如果表达式里的所有元素为真，就执行命令串 1，否则执行命令串 2。

和其他计算机高级语言一样，MATLAB 的循环和条件语句可以嵌套使用。

6. 数组

数组是在程序设计中，为了处理方便，把具有相同类型的若干对象按有序的形式组织起来的一种形式，这些按序排列的同类数据元素的集合称为数组。数组分为行向量数组和列向量数组，行向量数组的建立通常有四种方式，见表 7-13

表 7-13　数组的建立方式

x=[a b c d e]	创建包含指定元素的行向量数组
x=first ：last	创建从 first 开始，步长为 1，到 last 结束的行向量数组
x=first ：n ：last	创建从 first 开始，步长为 n，到 last 结束的行向量数组
x=linspace(first ，last ，n)	创建从 first 开始，到 last 结束，有 n 个元素的行向量数组

列向量数组的建立有两种方法：直接生成法和转置生成法。

直接生成法以分号分隔各元素，例如 x=[a;b;c;d;e]

转置生成法是在已生成的行向量的基础上，用单引号将其转置，例如 x=[a b c d e]'. 当数组 x 是复数时，转置 x'产生的是复数共轭转置，而转置 x.'产生的只对数组转置，不进行共轭。对实数数组而言，x'和 x.'是等效的。

7. 矩阵

矩阵的创建方式为：用逗号或空格分隔每一行的各元素，用分号区分不同的行，例如

x=[1 2 3 4 ;5 6 7 8 ;9 10 11 12]

也可以直接输入，输入时，严格按照元素的位置输入，并按回车键换行，例如

```
x=

   1   2   3   4
   5   6   7   8
   9  10  11  12
```

除此之外，MATLAB 还提供了几个建立特殊矩阵的命令，见表 7-14

表 7-14 特殊矩阵

x=[ ]	建立一个空矩阵
x=zeros(m,n)	建立一个 m 行 n 列的零矩阵
x=ones(m,n)	建立一个 m 行 n 列的元素全为 1 的矩阵
x=eye(m,n)	建立一个 m 行 n 列的单位矩阵

例如，在命令窗口输入 x=eye(4,3)，则得到的结果为

```
x=
    1    0    0
    0    1    0
    0    0    1
    0    0    0
```

即建立了一个 4 行 3 列的单位矩阵。如果在命令窗口输入 x=eye(3,4)，则得到的结果为

```
x=
    1    0    0    0
    0    1    0    0
    0    0    1    0
```

MATLAB 提供了丰富的矩阵运算。

MATLAB 的基本算术运算有：+(加)、-(减)、*(乘)、/(右除)、\(左除)、^(乘方)、'(转置)。运算对象都是矩阵，而单个数据的算术运算可视为矩阵运算的特例。

(1)矩阵加减运算

已知有两个矩阵 $\boldsymbol{A}$ 和 $\boldsymbol{B}$，则可以由 $\boldsymbol{A}+\boldsymbol{B}$ 和 $\boldsymbol{A}-\boldsymbol{B}$ 实现矩阵的加减运算。运算规则是：若 $\boldsymbol{A}$ 和 $\boldsymbol{B}$ 的维数相同，则可以执行矩阵的加减运算，$\boldsymbol{A}$ 和 $\boldsymbol{B}$ 矩阵的相应元素相加减。若 $\boldsymbol{A}$ 与 $\boldsymbol{B}$ 的维数不相同，则 MATLAB 将给出错误信息，提示用户两个矩阵的维数不匹配，无法进行运算。

(2)矩阵乘法

已知有两个矩阵 $\boldsymbol{A}$ 和 $\boldsymbol{B}$，若 $\boldsymbol{A}$ 为 $m\times n$ 矩阵，$\boldsymbol{B}$ 为 $n\times p$ 矩阵，则 $\boldsymbol{C}=\boldsymbol{A}*\boldsymbol{B}$ 将生成一个 $m\times p$ 矩阵，其结果与线性代数的规定一致。

(3)矩阵除法

在 MATLAB 中，有两种矩阵除法运算：\(左除)和/(右除)。如果 $\boldsymbol{A}$ 矩阵是非奇异方阵，则 $\boldsymbol{A}\backslash\backslash\boldsymbol{B}$ 生成 $\boldsymbol{A}^{-1}\boldsymbol{B}$ 的结果，$\boldsymbol{B}/\boldsymbol{A}$ 生成 $\boldsymbol{B}\boldsymbol{A}^{-1}$ 的结果。

(4)矩阵的乘方

MATLAB 可以对矩阵进行乘方运算，若 $\boldsymbol{A}$ 为方阵，n 为标量，则 $\boldsymbol{A}\hat{}n$ 生成 $\boldsymbol{A}^n$ 的结果。

(5)矩阵的转置

已知实数矩阵 **A**,若要求 **A** 的转置矩阵 $\boldsymbol{A}^{\mathrm{T}}$,则可以用 **A**′求出 **A** 的转置矩阵。(暂不讨论对复数矩阵的情况)

(6)矩阵的“点运算”

在 MATLAB 中,有一种特殊的运算,因为其运算符是在有关算术运算符前面加点,所以叫点运算。点运算符有. *(点乘)、. /(点右除)、. \(点左除)和. ^(点乘幂)。两矩阵进行点运算是指它们的对应元素进行相关运算,点运算要求两矩阵的维参数相同。

(7)矩阵的逆运算

矩阵的逆

求方阵 **A** 的逆矩阵可调用函数 inv(　),inv(A)得到的结果即为 **A** 的逆矩阵。

矩阵的伪逆

如果矩阵 **A** 不是一个方阵,或者 **A** 是一个非满秩的方阵时,矩阵 **A** 没有逆矩阵,但可以找到一个与 **A** 的转置矩阵 $\boldsymbol{A}^{\mathrm{T}}$ 同型的矩阵 **B**,使得:$\boldsymbol{ABA}=\boldsymbol{A}$,$\boldsymbol{BAB}=\boldsymbol{B}$ 此时称矩阵 **B** 为矩阵 **A** 的伪逆,也称为广义逆矩阵。在 MATLAB 中,求一个矩阵伪逆的函数是 pinv(　),pinv(A)即可求出 **A** 的伪逆矩阵。

(8)方阵的行列式

把一个方阵看作一个行列式,并对其按行列式的规则求值,这个值就称为矩阵所对应的行列式的值。在 MATLAB 中,求方阵 **A** 所对应的行列式的值的函数是 det(　),det(**A**)即可求出 **A** 对应的行列式的值。

(9)矩阵的秩与迹

矩阵的秩

矩阵线性无关的行数与列数称为矩阵的秩。在 MATLAB 中,求矩阵秩的函数是 rank(　),rank(A)即可求出矩阵 **A** 的秩。

方阵的迹

方阵的迹等于方阵的主对角线元素之和,也等于方阵的特征值之和。在 MATLAB 中,求方阵的迹的函数是 trace(　),trace(A)即可求出方阵 **A** 的迹。

(10)向量和矩阵的范数

矩阵或向量的范数用来度量矩阵或向量在某种意义下的长度。范数有多种方法定义,其定义不同,范数值也就不同。

在 MATLAB 中,向量的范数有三种常用计算函数:

norm(V)或 norm(V,2),表示计算向量 **V** 的 2－范数;

norm(V,1),表示计算向量 **V** 的 1－范数;

norm(V,inf),表示计算向量 **V** 的∞－范数。

MATLAB 提供的计算矩阵范数的函数,其调用格式与求向量的范数的函数完全相同,在此不再赘述。

在 MATLAB 中，还提供了三种计算矩阵的条件数的函数，分别是：

cond(A,1)，表示计算 **A** 的 1－范数下的条件数；

cond(A)或 cond(A,2)，表示计算 **A** 的 2－范数数下的条件数；

cond(A,inf)，表示计算 **A** 的∞－范数下的条件数。

(11)方阵的特征值与特征向量

在 MATLAB 中，计算方阵的特征值和特征向量的函数是 eig( )，常用的调用格式有以下三种：

V＝eig(A)，表示求方阵 **A** 的全部特征值，构成向量 **V**。

[V,D]＝eig(A)，表示求方阵 **A** 的全部特征值，构成对角阵 **D**，并求 **A** 的特征向量构成 **V** 的列向量。

[V,D]＝eig(A,'nobalance')，与第 2 种格式类似，但第 2 种格式中先对 **A** 作相似变换后求矩阵 **A** 的特征值和特征向量，而格式 3 直接求矩阵 **A** 的特征值和特征向量。

二、MATLAB 的应用举例

例 4 求矩阵 $\boldsymbol{X}=\begin{pmatrix}1 & 1 & 3\\ 5 & 8 & 21\\ 9 & 13 & 17\end{pmatrix}$的行列式的值、逆矩阵、特征值和特征向量。

解 求矩阵 **X** 的行列式的值、逆矩阵、特征值和特征向量的命令分别为：det(x)，inv(x)，eig(x)。

在命令窗口输入：

```
a=[1 1 3;5 8 21;9 13 17]
a1=det(a)          %求矩阵 a 的行列式的值
a2=inv(a)          %求矩阵 a 的逆矩阵
[a3,a4]=eig(a)     %求矩阵 a 的特征值和特征向量
```

得结果：

```
a1 = -54
a2 = 2.5370      -0.4074      0.0556
     -1.9259     0.1852       0.1111
     0.1296      0.0741       -0.0556
a3 = -0.0960     -0.8091      -0.1343
     -0.6882     0.5873       -0.8280
     -0.7191     -0.0212      0.5444
a4 = 30.6419     0            0
     0           0.3528       0
     0           0            -4.9948
```

即所求矩阵的行列式的值为 -54，逆矩阵为 $\begin{pmatrix} 2.537 & -0.4074 & 0.0556 \\ -1.9259 & 0.1852 & 0.1111 \\ 0.1296 & 0.0741 & 0.0556 \end{pmatrix}$，

特征值共 3 个，分别为：30.6419，0.3528，-4.9948，

相应的特征向量分别为 $\begin{pmatrix} -0.096 \\ -0.6882 \\ -0.7191 \end{pmatrix}$，$\begin{pmatrix} -0.8091 \\ 0.5873 \\ -0.0212 \end{pmatrix}$，$\begin{pmatrix} -0.1343 \\ -0.8280 \\ 0.5444 \end{pmatrix}$

例 5 求矩阵 $\begin{pmatrix} 1 & 1 & 3 \\ 5 & 8 & 21 \\ 9 & 13 & 17 \end{pmatrix}$ 的秩和迹，以及转置矩阵和伴随矩阵。

分析：MATLAB 中没有直接求伴随矩阵的命令，可利用伴随矩阵的性质 $\boldsymbol{A}^* = |\boldsymbol{A}|\boldsymbol{A}^{-1}$ 来求 $\boldsymbol{A}$ 的伴随矩阵 $\boldsymbol{A}^*$。

解 求矩阵 $\boldsymbol{X}$ 的秩的命令为 rank(x)，因此，只需在命令窗口分别输入：

```
A=[1 1 3;5 8 21;9 13 17];
x=rank(A)          %求矩阵 A 的秩
y=trace(A)         %求矩阵 A 的迹
```

结果显示为：

```
x=

      3

y=

      26
```

即该矩阵的秩为 3，迹为 26

在命令窗口输入：

```
A'
```

显示结果：

```
ans=

    1    5    9
    1    8   13
    3   21   17
```

即所求转置矩阵为 $\begin{pmatrix} 1 & 5 & 9 \\ 1 & 8 & 13 \\ 3 & 21 & 17 \end{pmatrix}$。

再在命令窗口输入：

```
z=det(A)*inv(A)
```

结果显示：

```
z =
-137.0000    22.0000    -3.0000
104.0000    -10.0000    -6.0000
-7.0000     -4.0000     3.0000
```

即所求伴随矩阵为 $\begin{pmatrix} -137 & 22 & -3 \\ 104 & -10 & -6 \\ -7 & -4 & 3 \end{pmatrix}$

例 6 求解下列方程组：

$$\begin{cases} 2x_1 + x_2 - 5x_3 + x_4 = 8 \\ x_1 - 3x_2 \qquad - 6x_4 = 9 \\ \qquad 2x_2 - x_3 + 2x_4 = -5 \\ x_1 + 4x_2 - 7x_3 + 6x_4 = 0 \end{cases}$$

分析:题设所给方程组可写为 $\boldsymbol{AX} = \boldsymbol{b}$,其中

$$\boldsymbol{A} = \begin{pmatrix} 2 & 1 & -5 & 1 \\ 1 & -3 & 0 & -6 \\ 0 & 2 & -1 & 2 \\ 1 & 4 & -7 & 6 \end{pmatrix}, \boldsymbol{X} = \begin{pmatrix} x_1 \\ x_2 \\ x_3 \\ x_4 \end{pmatrix}, \boldsymbol{b} = \begin{pmatrix} 8 \\ 9 \\ -5 \\ 0 \end{pmatrix}$$

在 MATLAB 中,可利用矩阵的除法求解线性方程组。

MATLAB 提供了两种除法运算符:“\”和“/”,分别表示左除和右除。

左除“\”:用 X = A\B 表示 $\boldsymbol{AX} = \boldsymbol{B}$ 的解；

右除“/”:用 X = B/A 表示 $\boldsymbol{XA} = \boldsymbol{B}$ 的解。

解 在 MATLAB 命令窗口输入以下代码并回车：

```
A=[2 1 -5 1 ;1 -3 0 -6;0 2 -1 2;1 4 -7 6],b=[8 9 -5 0]
```

命令窗口显示为：

```
A =
    2    1    -5    1
    1    -3    0    -6
    0    2    -1    2
    1    4    -7    6
b =
    8   9   -5   0
```

再在命令窗口输入并回车：

```
x = (A\\b')'
```

显示为：

```
x =
      3.0000   -4.0000   -1.0000    1.0000
```

即方程的解为：$x_1=3, x_2=-4, x_3=-1, x_4=1$

例 7　将向量组 $\boldsymbol{a}_1=\begin{pmatrix}0\\0\\0\\0\end{pmatrix}, \boldsymbol{a}_2=\begin{pmatrix}0\\0\\0\\1\end{pmatrix}, \boldsymbol{a}_3=\begin{pmatrix}0\\0\\1\\1\end{pmatrix}, \boldsymbol{a}_4=\begin{pmatrix}0\\1\\1\\1\end{pmatrix}$ 规范正交化。

分析：可以利用 Matlab 提供的矩阵的正交分解函数 qr(　)将给定向量组规范正交化。其调用格式为：

[VD] = qr(A)，其中"**A**"为给定向量组所组成的矩阵，返回值"**V**"即为所求的规范正交化向量组，"**D**"为一上三角矩阵，且 $\boldsymbol{V}*\boldsymbol{D}=\boldsymbol{A}$。

解　在命令窗口分别输入：

```
a = [0 0 0 0;0 0 0 1;0 0 1 1;0 1 1 1];
[V D] = qr(a)
```

运行结果显示为：

```
V =
     1    0    0    0
     0    0    0   -1
     0    0    1    0
     0   -1    0    0
D =
     0    0    0    0
     0   -1   -1   -1
     0    0    1    1
     0    0    0   -1
```

故所求规范正交化向量组为：$\boldsymbol{v}_1=\begin{pmatrix}1\\0\\0\\0\end{pmatrix}, \boldsymbol{v}_2=\begin{pmatrix}0\\0\\0\\-1\end{pmatrix}, \boldsymbol{v}_3=\begin{pmatrix}0\\0\\1\\0\end{pmatrix}, \boldsymbol{v}_4=\begin{pmatrix}0\\-1\\0\\0\end{pmatrix}$

例 8　求方程 $x^4-3x^3+6x^2-x+5=0$ 的所有根。

分析：MATLAB 中，求多项式方程的根可以有两种方法。一种是直接调用 MATLAB 的函数 roots 求解多项式方程的所有根；另一种是通过建立多项式的伴随矩阵再求其特征值的方法得到多项式方程的所有根。

解法一 在命令窗口分别输入：

```
P=[1 -3 6 -1 5];    %系数矩阵
roots(P)            %求方程的根
ans=
1.6389+1.8448i
  1.6389-1.8448i
  -0.1389+0.8954i
  -0.1389-0.8954i
```

即方程的根分别为:1.6389±1.8448i 和 -0.1389±0.8954i

解法二 在命令窗口分别输入：

```
P=[1 -3 6 -1 5];    %系数矩阵
compan(P)           %求伴随矩阵
```

结果显示：

```
ans=
     3   -6    1   -5
     1    0    0    0
     0    1    0    0
     0    0    1    0
```

再在命令窗口输入：

```
eig(ans)
```

结果显示：

```
ans=
  1.6389+1.8448i
  1.6389-1.8448i
  -0.1389+0.8954i
  -0.1389-0.8954i
```

由此可见,两种方法求得的方程的根是一致的。

习题参考答案

习题一

1. (1)1;(2)6;(3)7;(4)5;(5)$\frac{n(n-1)}{2}$。

2. $-a_{11}a_{23}a_{32}a_{44}$,$a_{11}a_{23}a_{34}a_{42}$。

3. (1)8;(2)24。

4. (1)1110;(2)8;(3)189;(4)-22;(5)$4abcdef$;(6)$abcd+ab+ad+cd+1$。

5. 略

6. (1)a^n-a^{n-2};(2)$[x+(n-1)a](x-a)^{n-1}$。

(3)$\begin{cases}(-1)^{\frac{n(n+2)}{2}}1!\ 2!\ \cdots n!\ (n\text{ 为偶数}),\\(-1)^{\frac{n^2+2n+1}{2}}1!\ 2!\ \cdots n!\ (n\text{ 为奇数});\end{cases}$ 或 $1!\ 2!\ \cdots n!$。

(4)$\prod_{i=1}^{n}(a_id_i-b_ic_i)$;

(5)$(-1)^{n-1}(n-1)2^{n-2}$;

(6)$\left(1+\sum_{i=1}^{n}\frac{1}{a_i}\right)\prod_{i=1}^{n}a_i$。

习题二

1. (1)$\begin{pmatrix}5&2\\7&0\end{pmatrix}$;(2)$\begin{pmatrix}35\\6\\49\end{pmatrix}$;(3)$\begin{pmatrix}10&4&-1\\4&-3&-1\end{pmatrix}$;(4)10。

2. (1) $3\boldsymbol{A}-\boldsymbol{B}=\begin{pmatrix}-1 & 3 & 1 & 5\\ 8 & 2 & 8 & 2\\ 3 & 7 & 9 & 13\end{pmatrix}$； (2) $\boldsymbol{Y}=\begin{pmatrix}\frac{10}{3} & \frac{10}{3} & 2 & 2\\ 0 & \frac{4}{3} & 0 & \frac{4}{3}\\ \frac{2}{3} & \frac{2}{3} & 2 & 2\end{pmatrix}$。

3. $x=4, y=-5.5, u=-0.5, v=5.5$。

4. (1) $\boldsymbol{A}^{\mathrm{T}}\boldsymbol{B}=\begin{pmatrix}1 & 0 & 0\\ 0 & 4 & 2\\ 6 & 2 & 2\end{pmatrix}$；

(2) $(\boldsymbol{A}+\boldsymbol{B})(\boldsymbol{A}-\boldsymbol{B})=\begin{pmatrix}-9 & 0 & 6\\ -6 & 0 & 0\\ -6 & 0 & 9\end{pmatrix}$, $\boldsymbol{A}^2-\boldsymbol{B}^2=\begin{pmatrix}0 & 0 & 6\\ -3 & 0 & 0\\ -6 & 0 & 0\end{pmatrix}$。

5. (1) $\begin{pmatrix}-35 & -30\\ 45 & 10\end{pmatrix}$；(2) $\begin{pmatrix}1 & 2 & 3\\ 0 & 1 & 2\\ 0 & 0 & 1\end{pmatrix}$；(3) $\begin{pmatrix}2^{n-1} & 2^{n-1}\\ 2^{n-1} & 2^{n-1}\end{pmatrix}$；(4) $\begin{pmatrix}a^n & 0 & 0\\ 0 & b^n & 0\\ 0 & 0 & c^n\end{pmatrix}$。

6. (1) $\begin{pmatrix}\frac{4}{5} & -\frac{1}{5}\\ -\frac{3}{5} & \frac{2}{5}\end{pmatrix}$；(2) $\begin{pmatrix}\cos\theta & \sin\theta\\ -\sin\theta & \cos\theta\end{pmatrix}$；

(3) $\begin{pmatrix}1 & -4 & -3\\ 1 & -5 & -3\\ -1 & 6 & 4\end{pmatrix}$；(4) $\begin{pmatrix}\frac{1}{a_1} & & & \\ & \frac{1}{a_2} & & \\ & & \ddots & \\ & & & \frac{1}{a_n}\end{pmatrix}$ $(a_i\neq 0, i=1,2,\cdots n)$。

7. 解下列矩阵方程：

(1) $\begin{pmatrix}\frac{4}{3} & \frac{2}{3} & \frac{2}{3}\\ 2 & 2 & -6\end{pmatrix}$；(2) $\begin{pmatrix}1 & 2 & 3\\ 3 & 0 & 1\\ 1 & 0 & 1\end{pmatrix}$。

8. $\begin{cases}x_1=5,\\ x_2=1,\\ x_3=2。\end{cases}$

9. $-\dfrac{16}{27}$。

10. $\boldsymbol{C}^n = 3^{n-1}\begin{pmatrix} 1 & \frac{1}{2} & \frac{1}{3} \\ 2 & 1 & \frac{2}{3} \\ 3 & \frac{3}{2} & 1 \end{pmatrix}$。

11. 证明略，$(\boldsymbol{A}+2\boldsymbol{E})^{-1} = \frac{1}{4}(3\boldsymbol{E}-\boldsymbol{A})$。

12. $\boldsymbol{B} = \begin{pmatrix} 3 & 0 & 0 \\ 0 & 2 & 0 \\ 0 & 0 & 1 \end{pmatrix}$。

13. $\begin{pmatrix} 0.5 & 0 & 0 & 0 \\ 0 & 0.5 & 0 & 0 \\ 0 & 0 & 1 & -2 \\ 0 & 0 & -2 & 5 \end{pmatrix}$。

14～17. 证明略。

18. $\boldsymbol{A}^{11} = \frac{1}{3}\begin{pmatrix} 1+2^{13} & 4+2^{13} \\ -1-2^{11} & -4-2^{11} \end{pmatrix}$。

19. $\varphi(\boldsymbol{A}) = \begin{pmatrix} 5 & 0 & 5 \\ 0 & 0 & 0 \\ 5 & 0 & 5 \end{pmatrix}$。

20. $\begin{pmatrix} 1 & 0 & 3.5 & 0 \\ 0 & 1 & -0.5 & 0 \\ 0 & 0 & 0 & 1 \\ 0 & 0 & 0 & 0 \end{pmatrix}$。

21. (1) $\begin{pmatrix} \frac{1}{2} & -\frac{1}{2} & \frac{1}{2} \\ -\frac{1}{6} & -\frac{1}{6} & \frac{1}{2} \\ -\frac{2}{3} & \frac{1}{3} & 1 \end{pmatrix}$；(2) $\begin{pmatrix} 0 & 0 & -1 & 1 \\ 0 & -1 & 1 & 0 \\ -1 & 1 & 0 & 0 \\ 1 & 0 & 0 & 0 \end{pmatrix}$。

22. (1) $R=2$，$\begin{vmatrix} 1 & 2 \\ 2 & 3 \end{vmatrix} \neq 0$；(2) $R=3$，$\begin{vmatrix} 0 & 5 & 0 \\ 3 & 6 & -1 \\ 1 & 5 & -3 \end{vmatrix} \neq 0$。

23. $\begin{cases} \lambda = 5, \\ \mu = 1。 \end{cases}$

24. $\begin{pmatrix} a & 0 & ac & 0 \\ 0 & a & 0 & ac \\ 1 & 0 & c+bd & 0 \\ 0 & 1 & 0 & c+bd \end{pmatrix}$。

25. $|\boldsymbol{A}^4| = 400^4$，$\boldsymbol{A}^8 = \begin{pmatrix} 10^8 & 0 & 0 & 0 \\ 0 & 10^8 & 0 & 0 \\ 0 & 0 & 2^8 & 0 \\ 0 & 0 & 2^{11} & 2^8 \end{pmatrix}$。

26. (1) $\begin{pmatrix} 1 & -2 & 1 & 0 \\ 0 & 1 & -2 & 1 \\ 0 & 0 & 1 & -2 \\ 0 & 0 & 0 & 1 \end{pmatrix}$；(2) $\dfrac{1}{24}\begin{pmatrix} 24 & 0 & 0 & 0 \\ -12 & 12 & 0 & 0 \\ -12 & -4 & 8 & 0 \\ 3 & -5 & -2 & 6 \end{pmatrix}$；

(3) $\begin{pmatrix} 2 & -1 & 0 & 0 \\ -1 & 1 & 0 & 0 \\ 0 & 0 & 1 & -2 \\ 0 & 0 & -2 & 5 \end{pmatrix}$。

27. (1) $\begin{pmatrix} \boldsymbol{O} & \boldsymbol{B}^{-1} \\ \boldsymbol{A}^{-1} & \boldsymbol{O} \end{pmatrix}$；(2) $\begin{pmatrix} \boldsymbol{A}^{-1} & \boldsymbol{O} \\ -\boldsymbol{B}^{-1}\boldsymbol{C}\boldsymbol{A}^{-1} & \boldsymbol{B}^{-1} \end{pmatrix}$。

习题三答案

1. (1) $\begin{cases} x = 2, \\ y = 0, \\ z = -2; \end{cases}$

(2) $\begin{cases} x_1 = 7, \\ x_2 = 5, \\ x_3 = 4, \\ x_4 = 8. \end{cases}$

2. $\lambda = 0, 2, 3$。

3. (1) $\begin{pmatrix} x_1 \\ x_2 \\ x_3 \\ x_4 \end{pmatrix} = k\begin{pmatrix} -5 \\ -\frac{3}{4} \\ \frac{1}{4} \\ 1 \end{pmatrix}$（$k$ 为任意常数）；

(2) $\begin{pmatrix}x_1\\x_2\\x_3\\x_4\end{pmatrix}=k_1\begin{pmatrix}-12\\7\\1\\0\end{pmatrix}+k_2\begin{pmatrix}5\\-4\\0\\1\end{pmatrix}$（$k_1,k_2$ 为任意常数）。

4.(1) $\begin{pmatrix}x_1\\x_2\\x_3\end{pmatrix}=k\begin{pmatrix}5\\-1\\1\end{pmatrix}+\begin{pmatrix}3\\-1\\0\end{pmatrix}$（$k$ 为任意常数）；

(2) $\begin{pmatrix}x\\y\\z\\w\end{pmatrix}=\begin{pmatrix}2\\2\\0\\0\end{pmatrix}+k_1\begin{pmatrix}1\\1\\1\\0\end{pmatrix}+k_2\begin{pmatrix}0\\1\\0\\1\end{pmatrix}$（$k_1,k_2$ 为任意常数）。

5.(1)$\lambda\neq-\dfrac{1}{2}$且 $\lambda\neq2$；

(2)$\lambda=-\dfrac{1}{2}$；

(3)$\lambda=2$，$\begin{pmatrix}x_1\\x_2\\x_3\end{pmatrix}=k\begin{pmatrix}-1\\1\\0\end{pmatrix}+\begin{pmatrix}3\\0\\1\end{pmatrix}$（$k$ 为任意常数）。

6.当 $\lambda=1$ 时方程组有解，解为：$\begin{pmatrix}x_1\\x_2\\x_3\\x_4\end{pmatrix}=\begin{pmatrix}1\\-1\\0\\0\end{pmatrix}+k_1\begin{pmatrix}4\\-2\\1\\0\end{pmatrix}+k_2\begin{pmatrix}-1\\-2\\0\\1\end{pmatrix}$（$k_1,k_2$ 为任意常数）。

7.当 $\lambda\neq0$，且 $\lambda\neq-3$ 时，有唯一解；当 $\lambda=0$ 时，无解；当 $\lambda=-3$ 时，有无穷多个解，解为：$\begin{pmatrix}x_1\\x_2\\x_3\end{pmatrix}=\begin{pmatrix}-1\\-2\\0\end{pmatrix}+k\begin{pmatrix}1\\1\\1\end{pmatrix}$（$k$ 为任意常数）。

8.(1)表示法不唯一，$\boldsymbol{a}=-\boldsymbol{a}_1+(1-2k)\boldsymbol{a}_2+k\boldsymbol{a}_3$，$k$ 为任意常数；

(2)$\boldsymbol{a}=2\boldsymbol{a}_1-\boldsymbol{a}_2+3\boldsymbol{a}_3$；

(3)$\boldsymbol{a}$ 不能表示成 $\boldsymbol{a}_1,\boldsymbol{a}_2,\boldsymbol{a}_3$ 的线性组合。

9.(1)线性无关；

(2)线性相关；

(3)线性无关。

10.$t=-2$。

11.略。

12.(1)×；(2)√；(3)×；(4)√；(5)×；(6)×；(7)√；(8)√；(9)√；(10)×；(11)√；

(12)√;(13)×;(14)√。

13.(1)秩为 2;$\boldsymbol{a}_1,\boldsymbol{a}_2$ 为一个极大无关组;$\boldsymbol{a}_3=-11\boldsymbol{a}_1+5\boldsymbol{a}_2$;

(2)秩为 3;$\boldsymbol{b}_1,\boldsymbol{b}_2,\boldsymbol{b}_3$ 为一个极大无关组 $\boldsymbol{b}_4=2\boldsymbol{b}_1-\boldsymbol{b}_2+\boldsymbol{b}_3$;

(3)秩为 2;$\boldsymbol{c}_1,\boldsymbol{c}_2$ 为一个极大无关组;$\boldsymbol{c}_3=-\boldsymbol{c}_1+2\boldsymbol{c}_2,\boldsymbol{c}_4=-2\boldsymbol{c}_1+3\boldsymbol{c}_2$。

14.(1)等价;

(2)不等价($\boldsymbol{a}_1,\boldsymbol{a}_2$ 不能由 $\boldsymbol{b}_1,\boldsymbol{b}_2$ 线性表出)。

15.略。

16.略。

17.(1)$\boldsymbol{a}_1=\begin{pmatrix}-\frac{3}{2}\\\frac{1}{2}\\1\\0\end{pmatrix},\boldsymbol{a}_2=\begin{pmatrix}-\frac{1}{2}\\\frac{1}{2}\\0\\1\end{pmatrix}$为一个基础解系,全部解为 $\boldsymbol{x}=c_1\boldsymbol{a}_1+c_2\boldsymbol{a}_2$($c_1,c_2$ 为任意常数);

(2)$\boldsymbol{a}_1=\begin{pmatrix}-1\\1\\0\\0\\0\end{pmatrix},\boldsymbol{a}_2=\begin{pmatrix}0\\0\\1\\0\\1\end{pmatrix}$为一个基础解系,全部解为 $\boldsymbol{x}=c_1\boldsymbol{a}_1+c_2\boldsymbol{a}_2$($c_1,c_2$ 为任意常数);

(3)$\boldsymbol{a}_1=\begin{pmatrix}-\frac{1}{2}\\-1\\1\\0\\0\end{pmatrix},\boldsymbol{a}_2=\begin{pmatrix}-1\\-1\\0\\1\\0\end{pmatrix},\boldsymbol{a}_3=\begin{pmatrix}-1\\1\\0\\0\\1\end{pmatrix}$为一个基础解系,全部解为 $\boldsymbol{x}=c_1\boldsymbol{a}_1+c_2\boldsymbol{a}_2+c_3\boldsymbol{a}_3$($c_1,c_2,c_3$ 为任意常数)。

18.(1)$\begin{cases}x_1=-\frac{19}{5}\\x_2=-\frac{9}{5}\\x_3=-\frac{2}{5}\\x_4=\frac{17}{5}\end{cases}$;

(2)$\boldsymbol{\eta}_0^* = \begin{pmatrix} -1 \\ -\frac{5}{6} \\ -\frac{1}{2} \\ 0 \end{pmatrix}$；$\boldsymbol{a} = \begin{pmatrix} 1 \\ 1 \\ 1 \\ 1 \end{pmatrix}$；全部解为 $\boldsymbol{x} = \boldsymbol{\eta}^* + c\boldsymbol{a}$($c$ 为任意常数)；

(3)$\boldsymbol{\eta}^* = \begin{pmatrix} -11 \\ 2 \\ 0 \\ 0 \end{pmatrix}$；$\boldsymbol{a}_1 = \begin{pmatrix} 6 \\ -1 \\ 1 \\ 0 \end{pmatrix}$，$\boldsymbol{a}_2 = \begin{pmatrix} 11 \\ -2 \\ 0 \\ 1 \end{pmatrix}$，全部解为 $\boldsymbol{x} = \boldsymbol{\eta}^* + c_1\boldsymbol{a}_1 + c_2\boldsymbol{a}_2$($c_1, c_2, c_3$ 为任意常数)；

(4)方程组有唯一解 $\boldsymbol{x} = \begin{pmatrix} 2 \\ 1 \\ 1 \end{pmatrix}$。

19.(1)$m = -4$ 且 $n \neq 0$；

(2)$m \neq -4$；

(3)$m = -4$，且 $n = 0$，$\boldsymbol{b} = c\boldsymbol{a}_1 - (2c+1)\boldsymbol{a}_2 + \boldsymbol{a}_3$。

20.略。

21.V_1 是，V_2 不是。

22.提示：$\mathbf{V}$ 是 $\mathbf{R}^3$ 的二维子空间，其中任意两个线性无关向量所形成的向量组都是它的基。

23.$\boldsymbol{a}_1, \boldsymbol{a}_2, \boldsymbol{a}_3$ 线性无关，坐标为$(5, -\frac{7}{3}, \frac{4}{3})$。

24.略。

习题四

1.(1)$\sqrt{7}, \sqrt{15}$；(2)6；(3)54；(4)$\arccos\sqrt{\frac{12}{35}}$。

2.8。

3.$\boldsymbol{a}_2 = \frac{1}{\sqrt{2}}(1, 0, -1)^{\mathrm{T}}$，$\boldsymbol{a}_3 = \frac{1}{\sqrt{6}}(-1, 2, -1)^{\mathrm{T}}$。

4.$\boldsymbol{x} = k_1(-1, 0, 1, 0)^{\mathrm{T}} + k_2(0, -1, 0, 1)^{\mathrm{T}}(k_1, k_2 \in R)$。

5.(1)$\frac{1}{\sqrt{2}}(0, 1, 1)^{\mathrm{T}}, \frac{1}{\sqrt{2}}(0, -1, 1)^{\mathrm{T}}, (1, 0, 0)^{\mathrm{T}}$；

(2)$\frac{1}{\sqrt{3}}(1, -1, 0, -1)^{\mathrm{T}}, \frac{1}{5}(2, -2, 1, 4)^{\mathrm{T}}, \frac{1}{5\sqrt{14}}(4, 1, -18, 3)^{\mathrm{T}}$。

6. $\boldsymbol{a}_2=(\frac{\sqrt{3}}{2},-\frac{1}{2})^{\mathrm{T}}$。

7. 略。

8. (1)属于特征值 $\lambda_1=-3$ 的特征向量为 $k_1(1,1)^{\mathrm{T}}(k_1\neq 0)$，

属于特征值 $\lambda_2=3$ 的特征向量为 $k_2(1,-5)^{\mathrm{T}}(k_2\neq 0)$；

(2)属于特征值 $\lambda_1=1$ 的全部特征向量为 $k_1\boldsymbol{p}_1=k_1(3,2,0)^{\mathrm{T}}(k_1\neq 0)$，

属于特征值 $\lambda_2=2$ 的全部特征向量为 $k_2\boldsymbol{p}_2=k_2(1,2,1)^{\mathrm{T}}(k_2\neq 0)$，

属于特征值 $\lambda_3=-3$ 的全部特征向量为 $k_3\boldsymbol{p}_3=k_3(1,2,-4)^{\mathrm{T}}(k_3\neq 0)$；

(3)属于特征值 $\lambda_1=\lambda_2=3$ 的特征向量为 $k_1(0,1,0)^{\mathrm{T}}+k_2(2,0,1)^{\mathrm{T}}(k_1,k_2$ 不全为零)；属于特征值 $\lambda_3=1$ 的特征向量为 $k_3(0,1,-1)^{\mathrm{T}}(k_3\neq 0)$；

(4)属于特征值 $\lambda_1=\lambda_2=6$ 的特征向量为 $k_1(1,0,0)^{\mathrm{T}}(k_1\neq 0)$；属于特征值 $\lambda_3=3$ 的特征向量为 $k_2(2,-3,0)^{\mathrm{T}}(k_2\neq 0)$。

9. $\boldsymbol{A}$ 的特征值为 1,2,2；$\boldsymbol{B}$ 的特征值为 6,17,17；$\boldsymbol{C}$ 的特征值为 $11,\frac{9}{2},\frac{9}{2}$，$|\boldsymbol{B}|=1734$，$|\boldsymbol{C}|=\frac{891}{4}$。

10. $\frac{273}{4}$。

11. $\lambda_1=-1,a=-3,b=0,\lambda_2=\lambda_3=-1$。

12. a。

13—14. 略。

15. (1)不能；

(2)能，$\boldsymbol{P}=\begin{pmatrix}-1&0&1\\1&1&0\\1&0&1\end{pmatrix}$；

(3)能，$\boldsymbol{P}=\begin{pmatrix}1&1&1\\3&0&-2\\0&-1&-2\end{pmatrix}$；

(4)能，$\boldsymbol{P}=\begin{pmatrix}-16&-2&1\\6&0&0\\1&1&-1\end{pmatrix}$

16. $m=-3$。

17. (1)$x=1,y=2$；

(2)$\boldsymbol{P}=\begin{pmatrix}2&-3&1\\1&0&1\\0&1&-1\end{pmatrix}$。

18. $\boldsymbol{A}=\begin{pmatrix}-1&0&0\\-4&1&0\\0&-1&0\end{pmatrix}$，$\boldsymbol{A}^{99}=\begin{pmatrix}-1&0&0\\-4&1&0\\0&-1&0\end{pmatrix}$。

19. $\dfrac{1}{3}\begin{pmatrix}5^n+2\times(-1)^n & 2\times5^n+2\times(-1)^{n+1}\\5^n+(-1)^{n+1} & 2\times5^n+(-1)^n\end{pmatrix}$。

20. 略。

21. (1) $\begin{pmatrix}\frac{1}{\sqrt{2}}&\frac{1}{\sqrt{2}}\\\frac{1}{\sqrt{2}}&-\frac{1}{\sqrt{2}}\end{pmatrix}$； (2) $\begin{pmatrix}1&0&0\\0&\frac{1}{\sqrt{2}}&\frac{1}{\sqrt{2}}\\0&-\frac{1}{\sqrt{2}}&\frac{1}{\sqrt{2}}\end{pmatrix}$；

(3) $\begin{pmatrix}\frac{1}{\sqrt{2}}&\frac{1}{\sqrt{3}}&\frac{1}{\sqrt{6}}\\0&\frac{1}{\sqrt{3}}&-\frac{2}{\sqrt{6}}\\-\frac{1}{\sqrt{2}}&\frac{1}{\sqrt{3}}&\frac{1}{\sqrt{6}}\end{pmatrix}$； (4) $\begin{pmatrix}\frac{1}{\sqrt{3}}&\frac{1}{\sqrt{2}}&-\frac{1}{\sqrt{6}}\\\frac{1}{\sqrt{3}}&-\frac{1}{\sqrt{2}}&-\frac{1}{\sqrt{6}}\\\frac{1}{\sqrt{3}}&0&\frac{2}{\sqrt{6}}\end{pmatrix}$。

22. $\begin{pmatrix}572&-584\\-584&572\end{pmatrix}$。

23. $\begin{pmatrix}\frac{11}{6}&\frac{1}{3}&-\frac{1}{6}\\\frac{1}{3}&\frac{4}{3}&\frac{1}{3}\\-\frac{1}{6}&\frac{1}{3}&\frac{11}{6}\end{pmatrix}$。

24. (1)特征值 0(二重)，$\boldsymbol{p}_1$，$\boldsymbol{p}_2$ 为对应的特征向量；特征值 3，对应的特征向量为$(1,1,1)^{\mathrm{T}}$；

(2) $\boldsymbol{Q}=\begin{pmatrix}-\frac{1}{\sqrt{6}}&-\frac{1}{\sqrt{2}}&\frac{1}{\sqrt{3}}\\\frac{2}{\sqrt{6}}&0&\frac{1}{\sqrt{3}}\\-\frac{1}{\sqrt{6}}&\frac{1}{\sqrt{2}}&\frac{1}{\sqrt{3}}\end{pmatrix}$，$\boldsymbol{\Lambda}=\begin{pmatrix}0&&\\&0&\\&&3\end{pmatrix}$；

(3) $\begin{pmatrix}1&1&1\\1&1&1\\1&1&1\end{pmatrix}$。

25. (1) $\begin{pmatrix} x_{n+1} \\ y_{n+1} \end{pmatrix} = \begin{pmatrix} \frac{9}{10} & \frac{2}{5} \\ \frac{1}{10} & \frac{3}{5} \end{pmatrix} \begin{pmatrix} x_n \\ y_n \end{pmatrix}$；

(2) $\begin{pmatrix} x_{n+1} \\ y_{n+1} \end{pmatrix} = \frac{1}{10} \begin{pmatrix} 8-3\left(\frac{1}{2}\right)^n \\ 2+3\left(\frac{1}{2}\right)^n \end{pmatrix}$。

习题五

1. (1) $\boldsymbol{A} = \begin{pmatrix} 2 & 0 & -\frac{1}{2} \\ 0 & -2 & -\frac{3}{2} \\ -\frac{1}{2} & -\frac{3}{2} & 0 \end{pmatrix}$；　(2) $\boldsymbol{A} = \begin{pmatrix} 0 & 1 & -1 & 1 \\ 1 & 0 & 0 & 0 \\ -1 & 0 & 0 & -1 \\ 1 & 0 & -1 & 0 \end{pmatrix}$。

2. (1) $f(x_1, x_2, x_3) = x_1^2 + 2x_3^2 - x_1x_3 + 4x_2x_3$；

(2) $f(x_1, x_2, x_3, x_4) = -x_2^2 + x_4^2 + x_1x_2 - \frac{2}{3}x_1x_3 + x_2x_3 + x_2x_4$。

3. 2。

4. $a = 0$。

5～6. 略。

7.

(1) 正交变换 $\boldsymbol{x} = \boldsymbol{P}\boldsymbol{y}$，其中 $\boldsymbol{P} = \begin{pmatrix} \frac{2}{3} & \frac{4}{3\sqrt{5}} & -\frac{1}{\sqrt{5}} \\ \frac{1}{3} & \frac{2}{3\sqrt{5}} & \frac{2}{\sqrt{5}} \\ \frac{2}{3} & -\frac{5}{3\sqrt{5}} & 0 \end{pmatrix}$，化为标准形 $f = 8y_1^2 - y_2^2 - y_3^2$；

(2) 正交变换 $\boldsymbol{x} = \boldsymbol{P}\boldsymbol{y}$，其中 $\boldsymbol{P} = \begin{pmatrix} \frac{2}{3} & \frac{1}{3} & \frac{2}{3} \\ -\frac{1}{3} & -\frac{2}{3} & \frac{2}{3} \\ -\frac{2}{3} & \frac{2}{3} & \frac{1}{3} \end{pmatrix}$，化为标准形 $f = 2y_1^2 + 5y_2^2 - y_3^2$；

(3)正交变换 $\boldsymbol{x}=\boldsymbol{P}\boldsymbol{y}$,其中 $\boldsymbol{P}=\begin{pmatrix} -\frac{1}{\sqrt{2}} & \frac{1}{\sqrt{6}} & \frac{1}{\sqrt{3}} \\ 0 & \frac{2}{\sqrt{6}} & -\frac{1}{\sqrt{3}} \\ \frac{1}{\sqrt{2}} & \frac{1}{\sqrt{6}} & \frac{1}{\sqrt{3}} \end{pmatrix}$,化为标准形 $y_1^2+y_2^2-2y_3^2$。

8.(1)$y_1^2-y_2^2+3y_3^2$;(2)$2y_1^2+\frac{1}{2}y_2^2+2y_3^2$;(3)$4z_1^2-4z_2^2-z_3^2$。

9.(1)$y_1^2-2y_2^2-3y_3^2$;(2)$y_1^2-3y_2^2+\frac{1}{3}y_3^2$;(3)$2y_1^2-\frac{1}{2}y_2^2+6y_3^2$。

10.$c=4$,$y_1^2+y_2^2$。

11.(1)正定;(2)负定;(3)非正定,也非负定。

12.(1)$-4<t<4$;

(2)$-\frac{4}{5}<t<0$;

(3)$t>1$。

13～15.略。

*16.极小值 $f(24,-144,-1)=-6913$。

习题六

1.无零元。

2.不是。

3.是。

4.(1)$\boldsymbol{V}_1$ 的一组基:$\begin{pmatrix}1&0\\0&0\end{pmatrix}$,$\begin{pmatrix}0&1\\0&0\end{pmatrix}$,$\begin{pmatrix}0&0\\1&0\end{pmatrix}$,$\begin{pmatrix}0&0\\0&1\end{pmatrix}$;

(2)$\boldsymbol{V}_2$ 的一组基:$\begin{pmatrix}1&0\\0&-1\end{pmatrix}$,$\begin{pmatrix}0&1\\0&0\end{pmatrix}$,$\begin{pmatrix}0&0\\1&0\end{pmatrix}$;

(3)$\boldsymbol{V}_3$ 的一组基:$\begin{pmatrix}1&0\\0&0\end{pmatrix}$,$\begin{pmatrix}0&0\\0&1\end{pmatrix}$,$\begin{pmatrix}0&1\\1&0\end{pmatrix}$。

5.$(2,3,-1)^{\mathrm{T}}$。

6.$\begin{pmatrix}2&3&4\\0&-1&0\\-1&0&-1\end{pmatrix}$。

7.$\begin{pmatrix}y_1\\y_2\\y_3\end{pmatrix}=\begin{pmatrix}13&19&43\\-9&-13&-30\\7&10&24\end{pmatrix}\begin{pmatrix}x_1\\x_2\\x_3\end{pmatrix}$。

8.(1)$\begin{pmatrix} 2 & 0 & 5 & 6 \\ 1 & 3 & 3 & 6 \\ -1 & 1 & 2 & 1 \\ 1 & 0 & 1 & 3 \end{pmatrix}$；

(2)$\begin{pmatrix} y_1 \\ y_2 \\ y_3 \\ y_4 \end{pmatrix} = \begin{pmatrix} 12 & 9 & -27 & -33 \\ 1 & 12 & -9 & -23 \\ 9 & 0 & 0 & -18 \\ -7 & -3 & 9 & 26 \end{pmatrix} \begin{pmatrix} x_1 \\ x_2 \\ x_3 \\ x_4 \end{pmatrix}$；

(3)$c(1, 1, 1, -1)^T$（c 是任意常数）。

9.(1)不是;(2)是。

10.$\begin{pmatrix} 1 & 0 & 0 \\ 2 & 1 & 0 \\ 0 & 1 & 1 \end{pmatrix}$。

11.$\begin{pmatrix} 1 & 0 & 0 \\ 1 & 1 & 0 \\ 1 & 2 & 1 \end{pmatrix}$。

12.$\begin{pmatrix} 2 & 4 & 4 \\ -3 & -4 & -6 \\ 2 & 3 & 8 \end{pmatrix}$。

参考文献

[1]北京大学数学系前代数小组.高等代数(第四版)[M].北京:高等教育出版社,2013.

[2]同济大学应用数学系.线性代数(第四版)[M].北京:高等教育出版社,2003.

[3]同济大学应用数学系.线性代数(第六版)[M].北京:高等教育出版社,2014.

[4]同济大学应用数学系.线性代数学习辅导与习题选解(第四版)[M].北京:高等教育出版社,2003.

[5]同济大学应用数学系.线性代数附册学习辅导与习题全解(第五版)[M].北京:高等教育出版社,2007.

[6]卢刚.线性代数(第二版)[M].北京:高等教育出版社,2004.

[7]刘吉佑,徐诚浩.线性代数(经营类)[M].武汉:武汉大学出版社,2006.

[8][美]戴维·C.雷.线性代数及其应用(第3版)[M].沈复兴,傅莺莺,莫单玉等,译.北京:人民邮电出版社,2007.

[9]刘国新,谢成康,刘花.线性代数[M].北京:科学出版社,2013.

[10]北京大学数学系前代数小组.高等代数(第三版)[M].北京:高等教育出版社.2003.

[11]袁新生,邵大宏,郁时炼.LINGO 和 EXCEL 在数学建模中的应用[M].北京:科学出版社,2007.

[12]赵静,但琦.数学建模与数学实验[M].北京:高等教育出版社,2000.

[13]王紫萍.Lingo 在线性方程组中的应用[J],才智,2009(13):36—37.

[14]谢国瑞.线性代数及应用[M].北京:高等教育出版社,1999.